国家精品在线开放课程配套教材
“十三五”江苏省高等学校重点教材(编号:2017-2-127)
江苏省“青蓝工程”资助
金陵科技学院数字化、立体化教材
服装高等教育应用型创新型规划教材

服装立体裁剪

主　编　张　华　匡才远
副主编　宋　湲　陈倩云　陈　吉

东南大学出版社
·南京·

内容提要

本书是“十三五”江苏省高等学校重点教材，国家精品在线开放课程、江苏省在线开放课程“服装立体裁剪”配套教材，金陵科技学院数字化、立体化教材，服装高等教育应用型创新型规划教材，江苏省“青蓝工程”资助项目。全书结构严谨，图文并茂，以各类传统文化“故事”开启课程“篇章”，课程内容打破传统教学的知识体系，强调三维造型设计的准确性和二维结构的严谨性，强调立体裁剪布样的纸样转化，形成从创意构思、立体造型到成衣制作的递进式课程层次，教学重点突出，注重阐述立体裁剪样板数字化修正及虚拟试衣。本书主要讲授了服装立体裁剪基础、衣身原型的立体裁剪、成衣立体裁剪（裙、连衣裙、女裤、衬衫、女西装）、面料性能与立体造型、礼服立体造型、创意立体裁剪、成衣样板数字化修正、3D虚拟试衣等内容。

本书还录制了教学视频，制作了PPT，具有集设计性、技术性、鉴赏性于一体的特色，既适用于高等院校服装专业培养应用型人才的教学，也可用于服装设计制作人员以及服装设计爱好者的学习。

本书含有各章节MOOC知识点讲解视频内容，请扫封底二维码观看。

图书在版编目（CIP）数据

服装立体裁剪 / 张华，匡才远主编. — 南京 ：东南大学出版社，2018.10

ISBN 978-7-5641-8166-6

Ⅰ.①服… Ⅱ.①张…②匡… Ⅲ.①服装立体裁剪—教材 Ⅳ.①TS941.631

中国版本图书馆CIP数据核字(2018)第286845号

服装立体裁剪

主　　编：张　华　匡才远
出版发行：东南大学出版社
社　　址：南京市四牌楼2号　邮编：210096
出 版 人：江建中
责任编辑：史建农
网　　址：http://www.seupress.com
电子邮箱：press@seupress.com
经　　销：全国各地新华书店
印　　刷：江阴金马印刷有限公司印刷
开　　本：787 mm×1092 mm　1/16
印　　张：15.25
字　　数：372千字
版　　次：2018年10月第1版
印　　次：2018年10月第1次印刷
书　　号：ISBN 978-7-5641-8166-6
定　　价：48.00元

前　言

在数字化时代背景下，高校的教育教学模式日新月异，高校学生的学习方式日益多样化和个性化，高校教师的授课方式也在悄悄地发生变革，高校教材数字化、立体化建设势在必行。本教材在服装造型立体化、板型制作科学化及艺术表现手法中，注重内容创新，重视学科交叉、知识面的扩展和应用能力的培养，注重实践体系创新，使理论与实践、技术与艺术紧密结合。

教材《服装立体裁剪》的编写体系具有以下特点：

(1) 作为国家精品在线开放课程、江苏省在线开放课程的配套教材，教学设计符合在线课程的运行规律，注重从知识的传授到能力的培养。该教材构建了“以多维化教学目标为导向、以数字化教学资源为支撑、以趣味化教学方法为手段、以一体化实训方法为途径、以多元化评价体系为保证”的立体化教学模式，为应用型人才培养探索一条新途径。

(2) 该教材的内容进行了重构，强调在线教学过程与教学内容的融合。构建了常规立体裁剪教学＋创意立体裁剪＋样板修正＋虚拟试衣等教学模块，实现了立体裁剪知识体系的完备性。

(3) 构建了“整体分析—艺术造型—假缝试穿—样板修正—实例应用”一体化实践教学方法，实施“从实践中提出问题，教、学、做、练合一”的多样化实践方法，有助于提升学生的综合设计能力、创新能力。

金陵科技学院、北京服装学院、苏州大学文正学院等高校的教师匡才远、张华、宋湲、陈倩云、陈吉、秦芳、叶聪、江影、叶晴等参与本教材的编写工作，全书由主编匡才远统稿。非常感谢我的学生陈久彪、高汉、郭路清、宋印康、张琳、吉宁、汪思佳、郭影、刘思凡等在本教材的图片、文字整理过程中给予的帮助。

在本教材的编写过程中，查阅了大量的相关文献资料，借此机会，谨向所直接引用或间接引用的作者表示诚挚的谢意。

限于知识和经验，书中可能有诸多疏漏和不妥之处，恳请读者批评指正。

匡才远

2018 年 10 月于南京

目　录

第一章　服装立体裁剪基础

章节提示:本章主要讲述服装立体裁剪的起源与发展、特点及应用,立体裁剪的基础工具与材料,以及与立体造型相关的先期准备工作,旨在为立体造型设计做好必要的准备。

第一节　服装立体裁剪概述

随着现代服饰文化和服装工业的不断发展,以及人们生活水平的提高,人们对服装款式、品位的要求也随之不断提高,对于多样化、个性化服装的要求与日俱增,对服装的款式设计和裁剪技术也提出了更高的要求。在个性化和造型独特的服装设计中,常用的平面裁剪方法显示出其局限性,已不能满足服装设计市场的要求。而立体裁剪能够快捷直观地表达服装设计的构思,塑造出平面裁剪难以达到的造型效果。欧美国家运用立体裁剪技术比较普遍,也较为成熟,成就了很多占据高端服装市场的知名品牌。

一、立体裁剪的概念

立体裁剪是服装设计的一种独特的造型手法,顾名思义,它是直接将面料披挂在立体的人体或人体模型上进行裁剪与设计,它融技术与艺术于一体,有“软雕塑”之称。

立体裁剪是相对于平面裁剪而言的一种服装造型手法,是完成服装款式造型的重要方法之一。服装立体裁剪在法国被称之为“抄近裁剪(Cauge)”,在美国和英国被称之为“覆盖裁剪(Draping)”,在日本被称之为“立体裁断”。

立体裁剪常使用与服装面料特性相近的试样布或白坯布,将面料直接覆盖在人体或人体模型上,使用大头针、剪刀等工具,通过分割、折叠、抽缩、拉展等手法,在注重面料经纬向的同时,靠视觉与感觉塑造出服装造型,然后再从人体或人体模型上取下裁好的布样进行平面修正,转换得到更加精确得体的服装纸样。立体裁剪可以边设计边裁剪,能够直观地完成服装结构设计,是行之有效的裁剪方法,也是服装设计师灵感表现的技术,如图 1-1-1 所示。

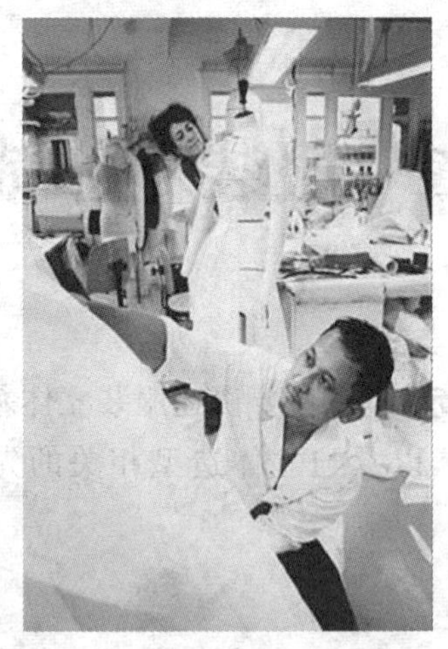

图 1-1-1　立体裁剪工作坊

二、立体裁剪的起源与发展

立体裁剪有着悠久的历史，它与服装发展史有不可分割的关系。在人类服装发展过程中，经历了非成型、半成型和成型三个阶段，每个阶段都代表了服装史的发展过程。

在原始社会，人们将兽皮、树皮、树叶等材料，稍加分割整理，直接在人体上进行披挂缠裹，并用兽骨、皮条、树藤等材料进行固定，形成最古老的服装，这便产生了原始的裁剪技术，如图 1-1-2 所示。

图 1-1-2　原始的裁剪技术

在古希腊、古罗马时期，苏格拉底的“美善合一”的哲学思想，对服装的影响就是强调自然，以人体为美。古希腊、古罗马时期的服装是非成型阶段服装，将长方形布料对折，头、手伸出，前后搭在肩上，然后用扣环和饰针加以固定，完全不用裁剪，让其自然下垂，形成衣褶，用其优美悬垂的线条来表现人体的自然美，服装是通过人体而得以成型的。

我们看到，在非成型时期的服装技术手段，是服装材料直接作用于人体，这和立体裁剪的不经过平面化处理是一致的，如图 1-1-3 所示。

图 1-1-3　非成型时期的服装

在东方，特别是东亚，由于受儒家、道家哲学思想的支配，强调“天人合一”哲学观念，服装表现含蓄，不强调人体，以遮盖人体为美。中国自周朝的章服至清代的旗袍以及日本的和服等在服装构成上偏向于平面裁剪技术，如图 1-1-4 所示。

图 1-1-4　东方的平面化裁剪

随着科学技术的发展，人类逐渐学会了简单的数据运算和几何图形绘制，于是产生了平面裁剪技术，由于平面裁剪方便快捷，人们渐渐淡化了立体的成衣手法裁剪。

到了中世纪时期，受基督教文化的影响，欧洲产生了哥特式艺术风格，其特点是哥特时期的建筑外形修长挺拔，出现了高耸入云的塔尖形式，如图 1-1-5 所示。

13 世纪到 15 世纪的哥特时期，是欧洲服装史上窄衣文化形成的重要时期，在北方日耳曼窄衣文化的基础上，逐渐形成了强调人体曲线的西方人文主义哲学和审美观，在服装上出现了三维立体造型，如图 1-1-6 所示。

图 1-1-5　哥特式建筑

图 1-1-6　哥特风格服装

从 15 世纪哥特式的耸肩、卡腰、蓬松裙的立体型服装的产生，至巴洛克、洛可可时期的服装风格，强调三维差别、注重立体效果的立体型服装成为西方服装的主体造型，如图 1-1-7、图 1-1-8 所示。

图 1-1-7　巴洛克风格服装

图 1-1-8　洛可可风格服装

立体剪裁就是在这个服装发展的第三期——成型期得到确定。在这个时期，定制服装得到发展，定制服装要求合体度高，所以以实际人体为基础，进行立体裁剪是必然的。这种方法一直沿用到今天的高级时装制作。

20 世纪 20 年代的服装设计师玛德琳·维奥尼(Madeleine Vionnet)认为“利用人体模型进行立体裁剪造型，是设计服装的唯一途径”，维奥尼是真正运用立体裁剪作为服装设计生产灵感手段的第一位服装设计师，其设计作品如图 1-1-9 所示。

图 1-1-9　玛德琳·维奥尼和她的立体裁剪作品

随着现代服饰文化与服装工业的发展，人们的审美观念不断改变。世界服饰文化通过碰撞、互补、交融，促进了服装裁剪技术的不断完善和提高，立体裁剪与平面裁剪的交替、互补使用，使立体裁剪成为世界范围的服装构成技术，如图 1-1-10 所示。

图 1-1-10　合身结构的现代服装

三、立体裁剪的造型特点

(1) 直观性:立体裁剪是一种模拟人体穿着状态的裁剪方法,可以直接感知成衣的穿着形态、特征及松量等,是公认的最简便、最直接的观察人体体型与服装构成关系的裁剪方法,是平面裁剪所无法比拟的,如图 1-1-11 所示。

图 1-1-11　立体裁剪的直观性

(2) 实用性:立体裁剪不仅适用于结构简单的服装,也适用于款式多变的时装;既适用于套装,也适用于礼服。同时由于立体裁剪不受平面计算公式的限制,而是按设计的需要在人体模型上直接进行裁剪创作,所以它更适用于个性化的品牌时装设计,如图 1-1-12 所示。

(3) 适应性:立体裁剪技术不仅适合专业设计和技术人员掌握,也非常适合初学者掌握。只要能够掌握立体裁剪的操作技法和基本要领,具有一定的审美能力,就能自由地发挥想象空间,进行设计与创作,如图 1-1-13 所示。

(4) 灵活性:在操作过程中,可以边设计、边裁剪、边改进,随时观察效果、随时纠正问题。这样就能解决平面裁剪中许多难以解决的造型问题。比如:在礼服的设计和时装设计

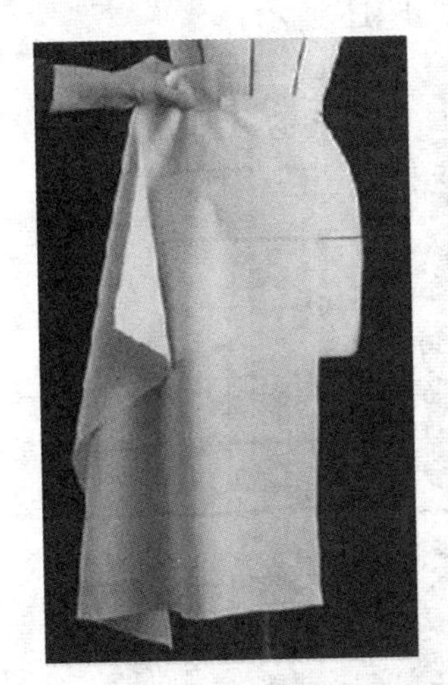
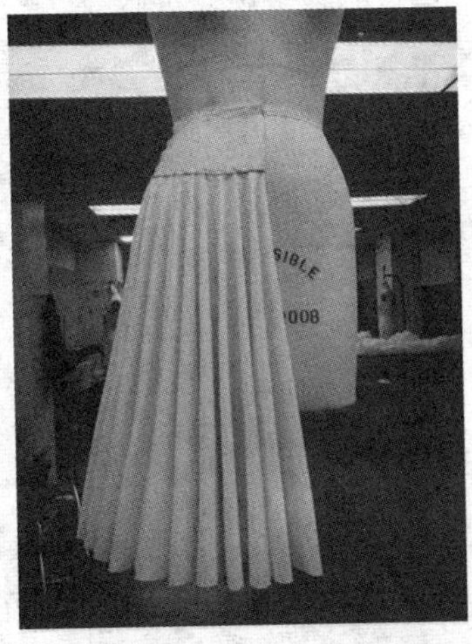

图 1-1-12　立体裁剪的实用性

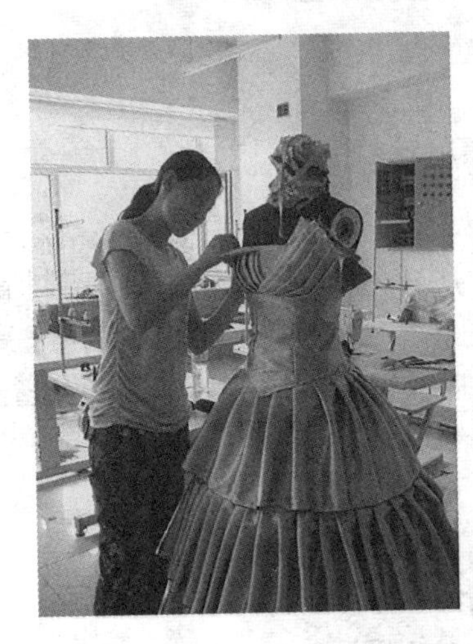
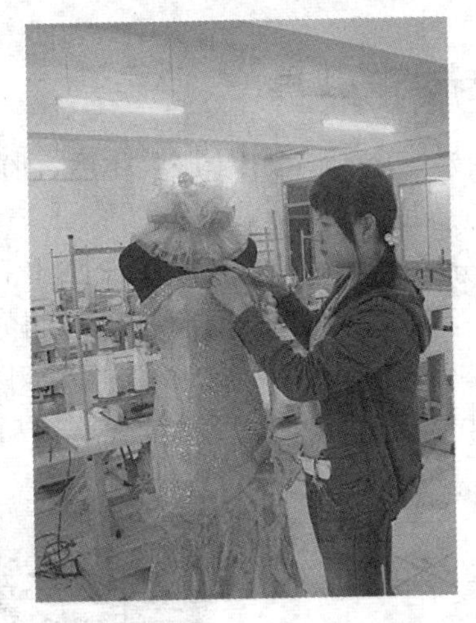

图 1-1-13　立体裁剪的适应性

中，不对称、多皱褶及不同面料组合的复杂造型，利用平面裁剪方法是难于实现的，而用立体裁剪就可以方便地塑造出来，如图 1-1-14 所示。

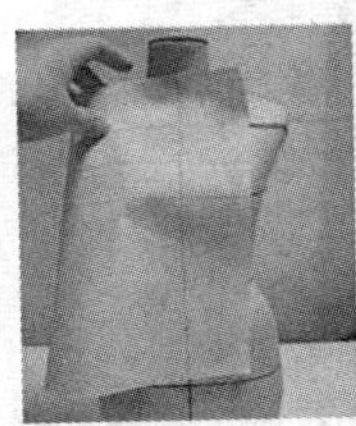
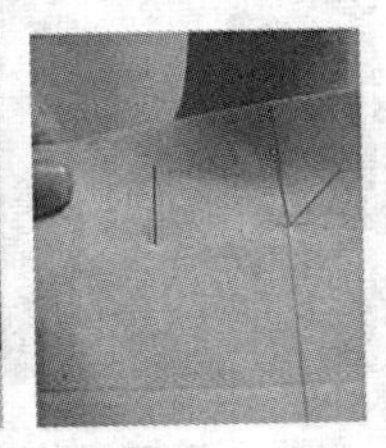
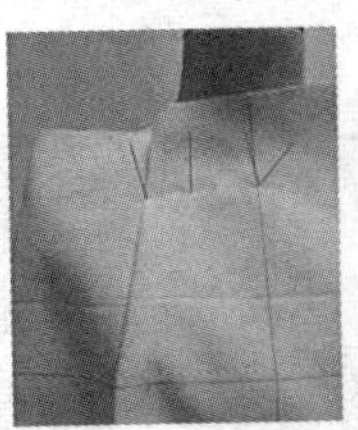
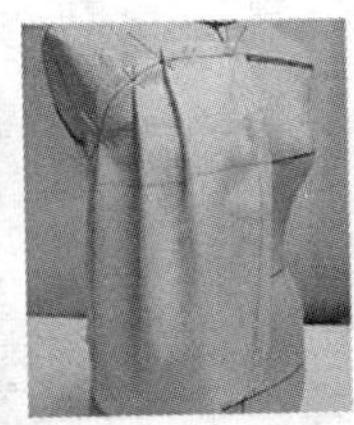

图 1-1-14　立体裁剪的灵活性

(5) 正确性：平面裁剪是经验性的裁剪方法，设计与创作往往受设计者的经验及想象空间的局限，不易达到理想的效果。而立体裁剪直接在立体的形态上考虑立体的服装款式，思维更加直接，正确性与成功率都非常高，如图 1-1-15 所示。

图 1-1-15　立体裁剪的正确性

四、立体裁剪的应用

立体裁剪技术广泛地运用于服装生产、橱窗展示和服装教学中。

1. 用于服装生产的立体裁剪

服装生产分为两种不同的形式，即产量化的成衣生产和单件的度身定制形式。在服装生产中也常常因生产性质的不同而采用不同的技术方式：一种为平面裁剪；一种为立体裁剪与平面裁剪相结合，利用平面结构制图获得基本板型，再利用立体裁剪进行试样、修正；还有一种是直接在标准人台上获得款式造型和纸样，如图 1-1-16 所示。

图 1-1-16　用于服装生产的立体裁剪

2. 用于服装展示的立体裁剪

立体裁剪以其夸张、个性化的造型，也较多地运用于服装展示设计，如橱窗展示、面料陈列设计、大型的展销会的会场布置等，在灯光、道具和配饰的衬托下，将款式与面料的尖端流行感性地呈现在观者眼前，体现了商业与艺术的结合，如图 1-1-17 所示。

图 1-1-17　用于服装展示的立体裁剪

3. 用于服装教学的立体裁剪

在服装教学中，通过设计、材料、裁剪和制作等环节的研究，逐步掌握立体裁剪的思维方式和手工操作的各种技能，从而熟练地将创作构想完美地表达出来，如图 1-1-18 所示。

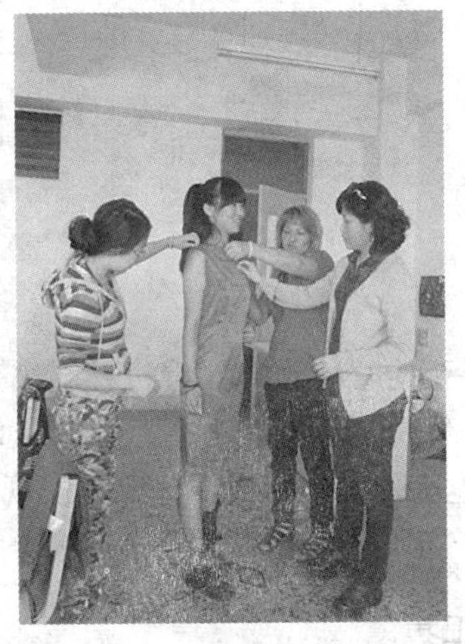

图 1-1-18　用于服装教学的立体裁剪

五、立体裁剪与平面裁剪的关系

平面裁剪是基于测量尺寸而运用原型或直接在平面上进行试样的裁剪作业，是二维操作；立体裁剪是以人体模型和人体为基础，进行服装造型的手法，是三维操作。

在当代服装纸样的设计与制作过程中，平面裁剪与立体裁剪这两种不同的结构设计方法是并举的，各有所长、相辅相成、相互渗透。平面裁剪理论来源于立体裁剪的结构分析与归纳，通过立体裁剪，可以更好地理解和加深平面裁剪的理论；立体裁剪的最终目的是平面纸样，如图 1-1-19 所示。

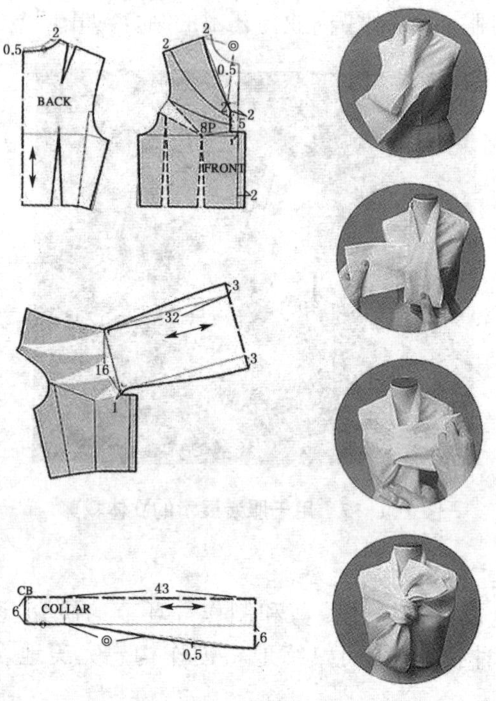

图 1-1-19　两种裁剪方式的关系*

第二节　立体裁剪准备

引　言

看过动人心弦的时装秀吧？看过社会名流的着装吧？看过影视明星的时装吧？这就是所谓的服装高级定制，如图 1-2-1 所示。立体裁剪的一个重要环节是“白坯”，也就是用白坯布做样衣，这个环节是通过立体裁剪实现的，如图 1-2-2 所示。正所谓：一把剪刀裁剪春夏秋冬，两只巧手缝制棉麻丝毛。

一、基础工具

人体模型是人体的替代物(简称人台)，是立体裁剪最主要的工具之一。其规格、尺寸、质量都应基本符合真实人体的各种要素，人体模型的标准比例是否准确，将直接影响在立体裁剪中设计服装成品的质量。

(一) 人体模型的种类

1. 立体裁剪用

多为裸体人体模型。按照人体比例和裸体形态仿造出的人体模型，适用于内衣、礼服

---

* 注　*本书图样中的尺寸均以 cm 为单位。

图 1-2-1　高级定制

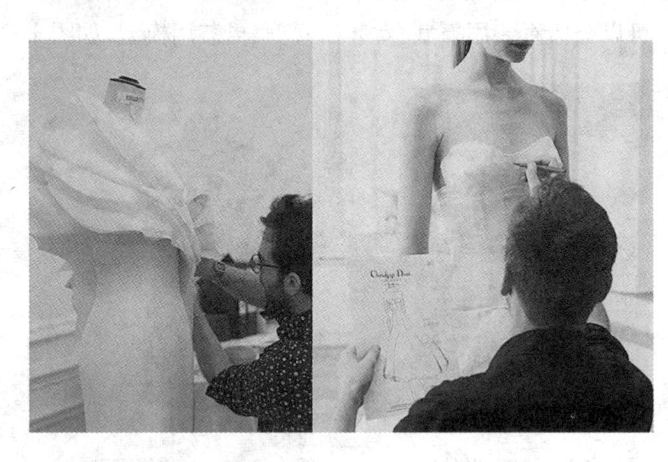

图 1-2-2　“白坯”环节

等不同款式的服装造型和裁剪。

2. 成品检验用

多为工业人体模型。在裸体人体模型的基础上，在胸围、腰围、臀围及肩颈等部位加了放松尺寸，由固定的规格型号构成的工业生产用的人体模型，适合于外套生产和较宽松的服装造型设计。

3. 服装展示用

多为静态展示人体模型。带有五官、发型、动势及颜色，一般与展示的服装背景等相协调，适合于橱窗、展厅、商店等静态展示。

（二）人体模型的划分

1. 按长度分

可以分为 2/3 身人体模型、半身长人体模型、全身人体模型，如图 1-2-3、图 1-2-4、图 1-2-5 所示。

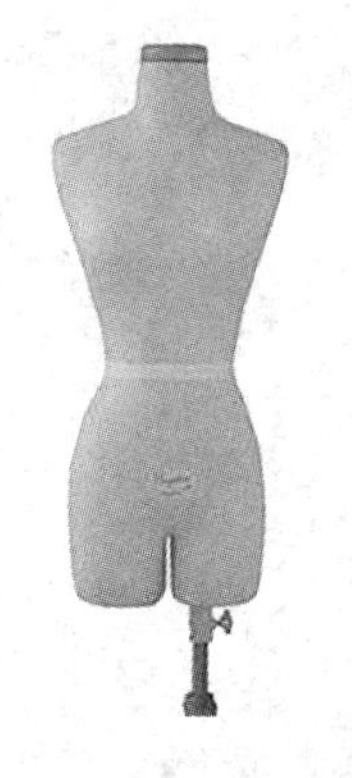

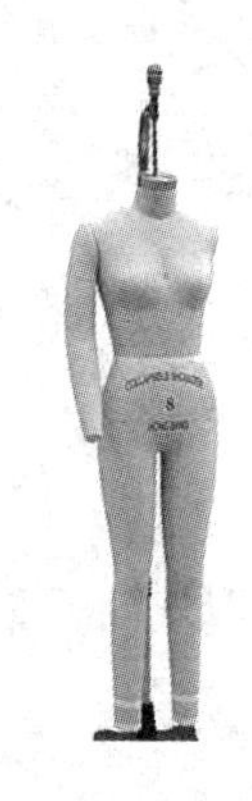

图 1-2-3　2/3 身人体模型　　图 1-2-4　半身长人体模型　　图 1-2-5　全身人体模型

2. 按性别与年龄分

可以分为童装用模型、女装用模型、男装用模型，如图 1-2-6、图 1-2-7、图 1-2-8 所示。

图 1-2-6　童装用模型

图 1-2-7　女装用模型

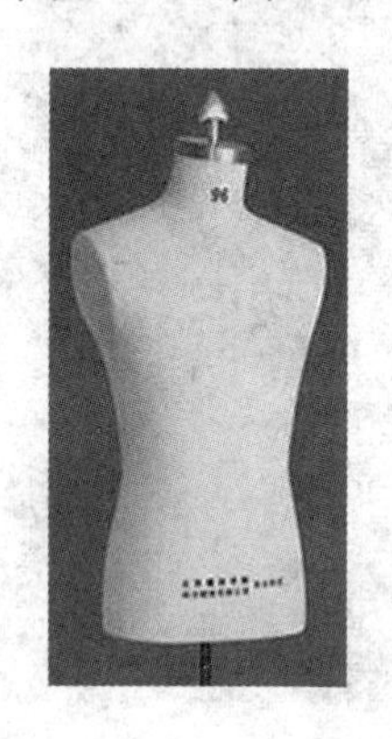

图 1-2-8　男装用模型

除了人台，服装立体裁剪还需要白坯布、棉花、大头针、针包、剪刀、色带、记号笔（或画粉）、滚轮、软尺、直尺、熨斗、铅笔等工具，如图 1-2-9 所示。

图 1-2-9　其他工具

二、标记线

（一）基准线的标记

基准线的标记就是将人体模型的重要部位或必要的结构线，在人体模型上标记出来。

基准线的标记部位有横向标记线、纵向标记线、弧向标记线等。

（1）纵向标记线：包括前中心线、后中心线、左侧缝线、右侧缝线、前公主线、后公主线，共 6 条标记线。

（2）横向标记线：包括胸围线、腰围线、臀围线，共 3 条标记线。在设计裤装时，需增加膝围线。

（3）弧向标记线：包括颈围线、左袖窿弧线、右袖窿弧线、肩线，共 4 条标记线。

（二）基准线标记方法

人台上的各基准线都要做得平整、规范，基准线要贴靠，该直顺的地方要直顺，标记要对称，弯势一致，充分体现人体的曲线特征，起到立体裁剪的尺规作用。

1. 上肢人体模型的标记

上肢人体模型基准线的标记顺序一般依次为：前后中心线、三围线（胸围线、腰围线、臀围线）、颈围线、肩线、侧缝线、前后公主线、整体调整等。

2. 下肢人体模型的标记

下肢人体模型基准线的标记部位有：腰围线、臀围线、前裆线、后裆线、侧缝线、前后挺缝线等。标记方法基本同前述。

（三）基准线标记技巧

（1）前中心线（如图 1-2-10 所示）：自颈中心固定标记带的一端，另一端系一重锤下垂地面，不偏斜后，标记线固定在人体模型前中心线表面。

（2）后中心线（如图 1-2-11 所示）：标记方法同前中心线。当前、后中心线标记后，要用软尺测量胸、腰及臀部的左右间距是否相等，若有差池应调整至相等为止。

（3）胸围线（如图 1-2-12 所示）：是胸部最高位置。应保证胸围与地面平行。

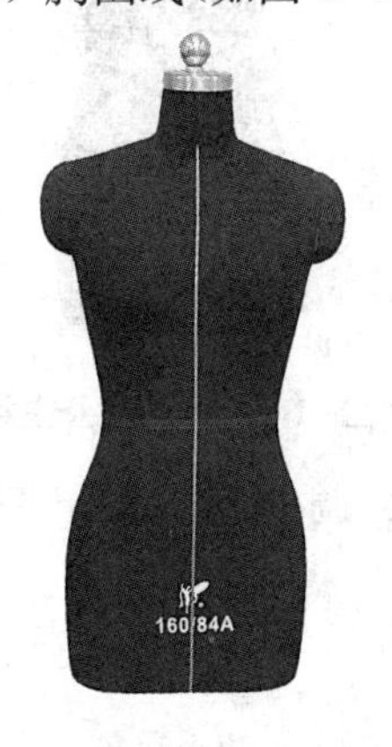

图 1-2-10　前中心线

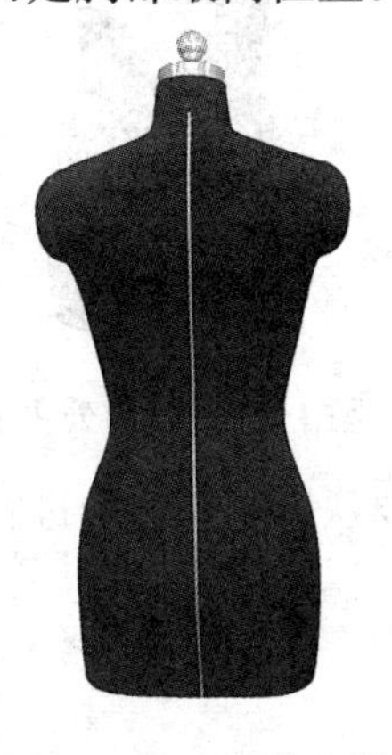

图 1-2-11　后中心线

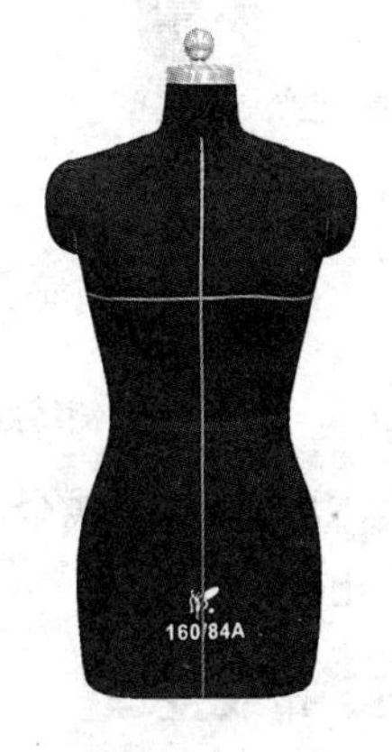

图 1-2-12　胸围线

(4) 腰围线(如图 1-2-13 所示):在腰部最细处。与地面、胸围线保持平行。

(5) 臀围线(如图 1-2-14 所示):在臀围最丰满部位,距腰线 18～20 cm,与地面保持平行。

(6) 颈围线(如图 1-2-15 所示):为环绕人体模型的颈根处的基准线,约 38 cm,经前后中心点标示成圆顺曲线。

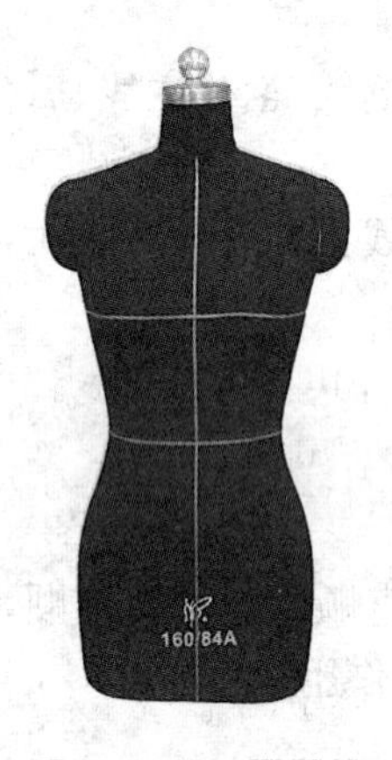

图 1-2-13　腰围线

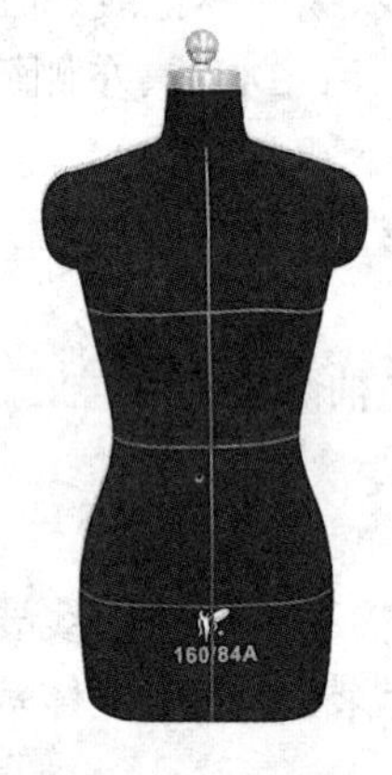

图 1-2-14　臀围线

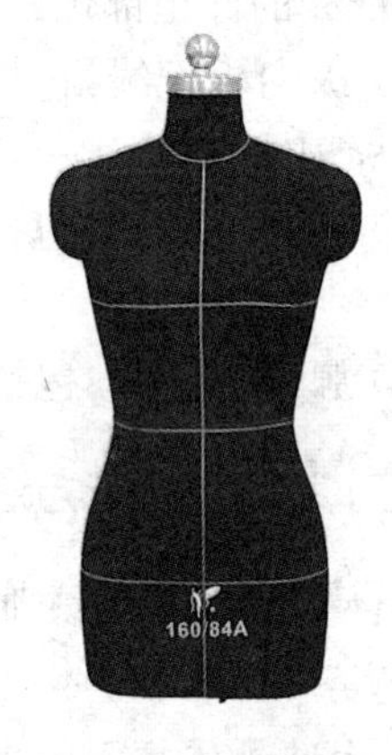

图 1-2-15　颈围线

(7) 肩线、侧缝线(如图 1-2-16 所示):以颈部厚度中心略偏后,先确定肩颈点,再以肩部厚度中心点确定肩端点,两点间贴标记线。通过臂根截面中点向下将模型的侧面均分为两部分,标示侧缝基准线。

(8) 前公主线(如图 1-2-17 所示):自前小肩宽的中点,经乳点向下作优美的曲线,要保持其自然均衡的线条。

(9) 后公主线(如图 1-2-18 所示):自小肩宽中点,经肩胛骨向下自然标记基准线。

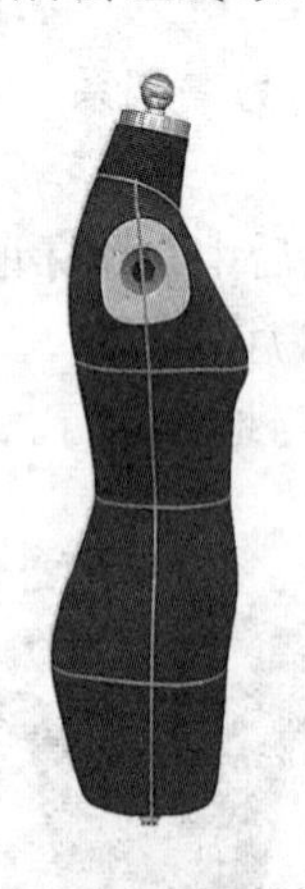

图 1-2-16　肩线、侧缝线

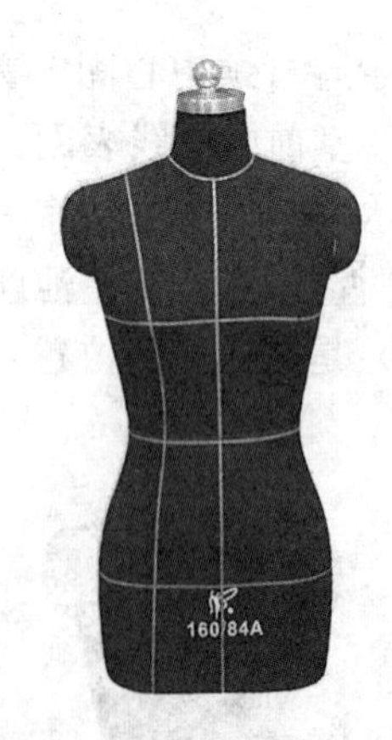

图 1-2-17　前公主线

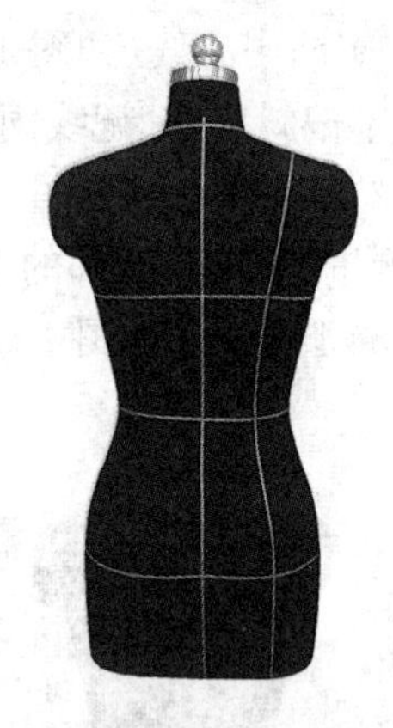

图 1-2-18　后公主线

整体调整:基准线全部标记后要从正、侧、背面进行整体观察,调整不理想的部位,直至满意为止。

三、布纹整理

面料在织造、染整的过程中,常常会出现布边过紧、轻度纬斜、面料拉延等现象,导致面料丝缕歪斜、错位。用这样的面料做出的衣服会出现形态畸变，这是立体裁剪的大忌。因此，需要进行布纹整理。

（1）划出印记：用右手拿一根大头针，把针尖插入纱线与纱线之间，左手拽住布端，右手向后微力移动大头针，使面料上面形成一条顺直的纵向印记，再用相同的方法做出一条顺直的横向印记。

（2）矫正布纹：把布料较短的一面向斜向拉伸使之加长，这种做法达不到要求时，可使用熨斗进行推拉、定型，直到纵横丝缕顺直为止。

（3）检查整理：用直角三角板的两条边对合面料的纵横丝缕，当它们各自吻合时（即相互垂直）便说明布纹整理好了。

四、大头针的正确使用

（一）使用原则

（1）大头针针尖不宜插出太长，这样易划破手指。

（2）大头针挑布量不宜太多，防止别合后不平服。

（3）别合一进一出要用大头针的尾部，固定后比较稳定。

（4）衣片直线部分的大头针间距可稍大些，曲线部分的间距要小些。

（二）大头针的别法

（1）对别法：将两块布料的边沿对齐合拢，大头针沿着欲缝合的位置扎别，大头针方向一致，别合的位置即缝合线。这是立体取样及造型时的常用针法，如图 1-2-19 所示。

（2）重叠法：将两块布重叠在一起，用大头针依次固定。此针法适合于布料拼接及需要平服的部位，如图 1-2-20 所示。

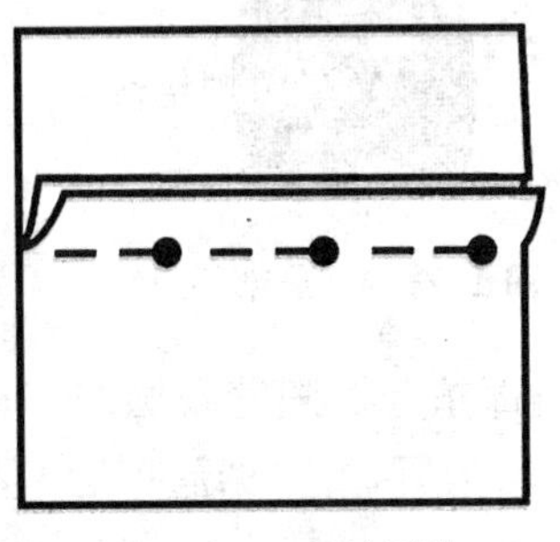

图 1-2-19　对别法

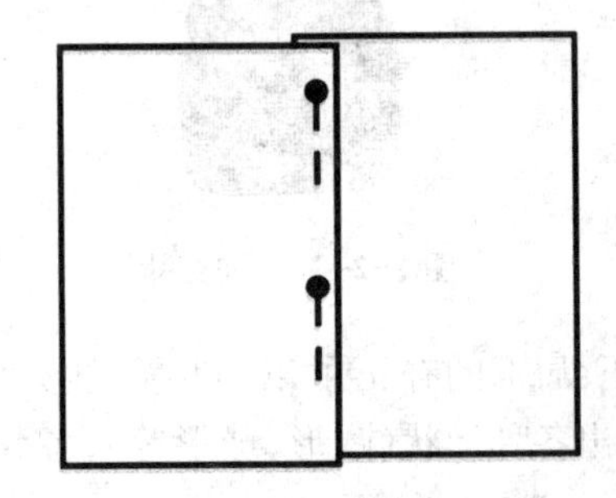

图 1-2-20　重叠法

（3）折叠法：先将一块布边缝缝折叠，覆盖在另一块布完成线上，用大头针依次固定。这种方法便于半成品试穿、标记等，常用于别合侧缝、袖缝、肩缝等部位，如图 1-2-21 所示。

（4）藏针法：从一块不得折线处插入大头针，穿过另一块布，再折回到折线内，这种方法能显示造型完成缝合效果，常用于装袖子等部位，如图 1-2-22 所示。

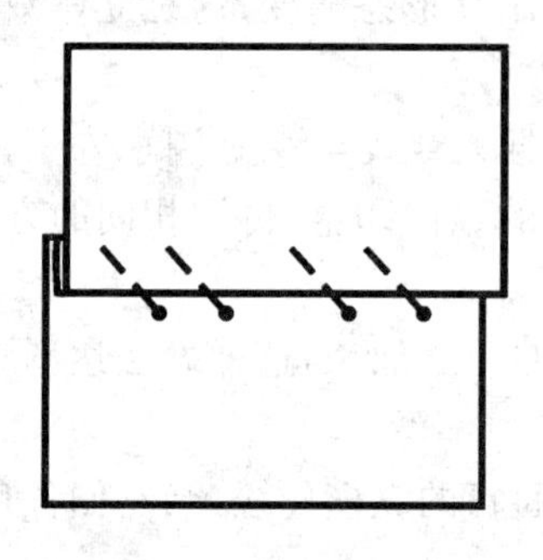

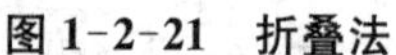

图 1-2-21　折叠法

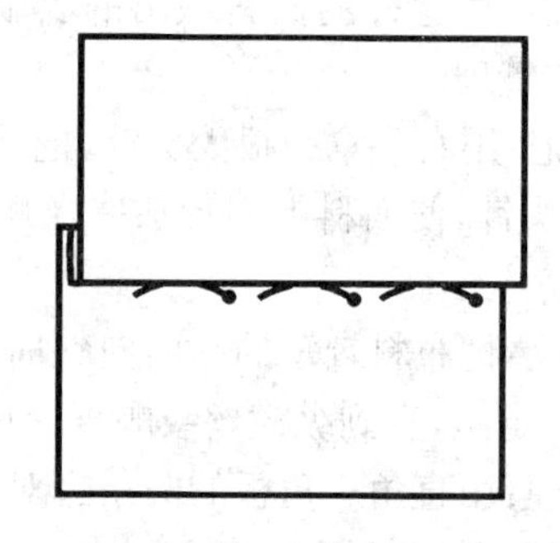

图 1-2-22　藏针法

五、人台修正

由于人体模型是理想化的形状，凝聚了人体的共性特征，但缺乏人体所具有的个性差异。在实际运用时，要根据个人体型及流行对模型做必要的补正，包括：

胸部补正：用棉花把胸部对称地垫起，并用布覆盖上面。胸垫的边缘要逐渐变薄，避免出现接痕。胸部补正也可用胸罩替代，如图 1-2-23 所示。

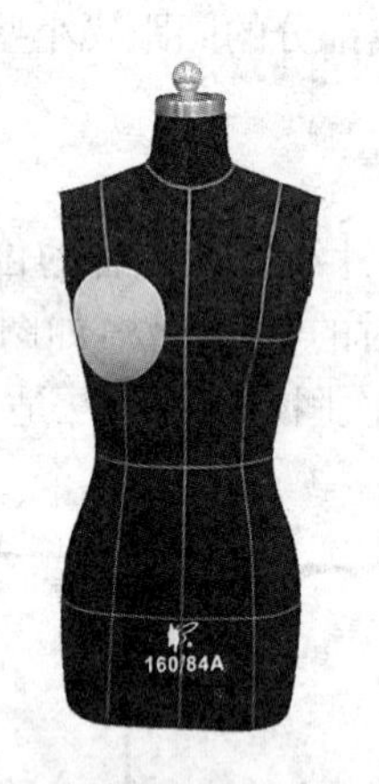

图 1-2-23　胸部补正

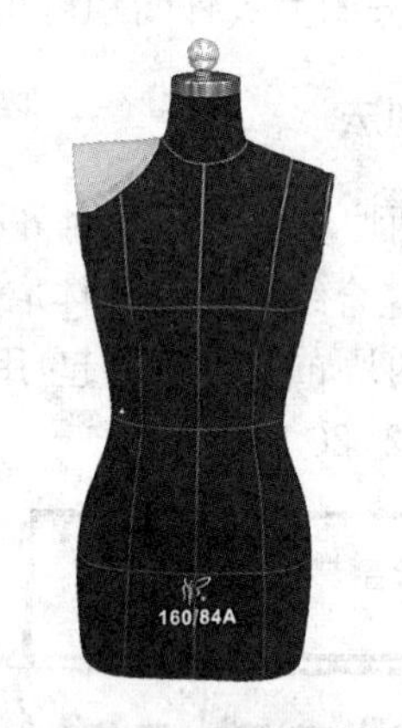

图 1-2-24　肩部补正

肩部补正：肩部的补正可以用垫肩把模型的肩部垫起。随着我国服装辅料的不断开发，已经生产出各种形状（圆形、球形等）、各种厚度的垫肩，可根据肩部造型和面料薄厚进行选择，如图 1-2-24 所示。

肩胛骨部位补正：为使背部具有起伏变化的人体形态美，以配合款式的需要，修正时可使用倒三角形的棉垫贴覆在肩胛骨部位，使其略微高耸。通常用于短大衣或 A 字型服装款式，以突出肩部及背部的美感，如图 1-2-25 所示。

胯臀部补正：若款式需要强调臀部隆起的体型，就要进行臀部修正。修正时要加衬垫。臀部的修正必须注意保持衬垫与腰部和臀部形成圆顺、自然的曲线美，如图 1-2-26 所示。

肩背部补正：强调肩背厚度突出的体型要进行背部修正，修正时沿着斜方肌的方向从颈部、肩部到背部形成自然的形态，如图 1-2-27 所示。

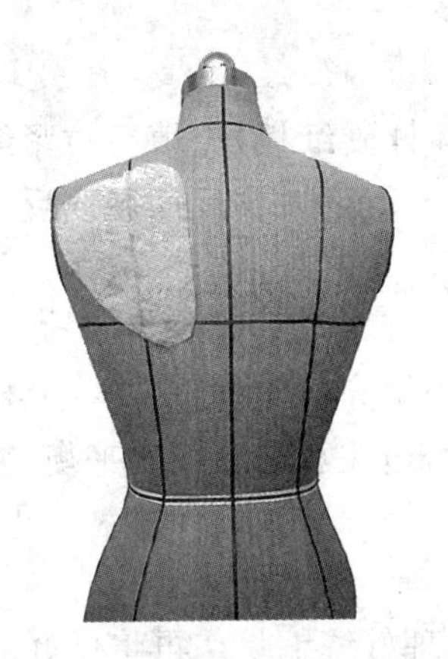

图 1-2-25　肩胛骨部位补正

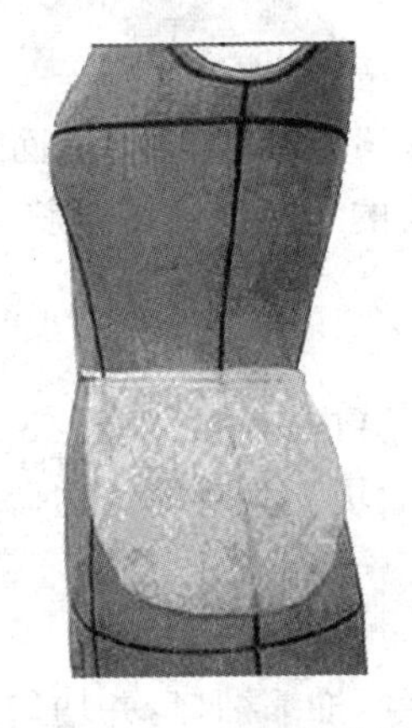

图 1-2-26　胯臀部补正

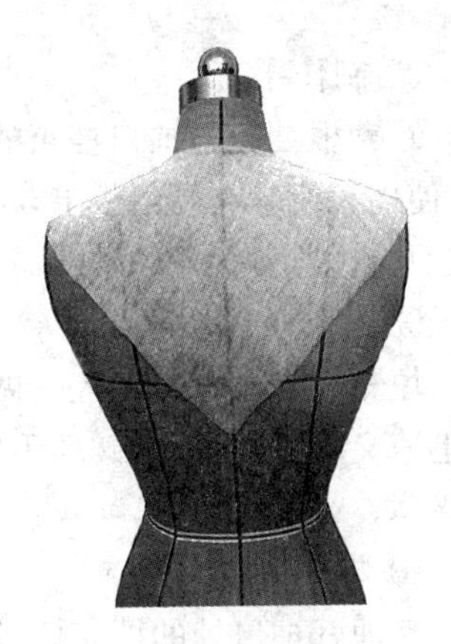

图 1-2-27　肩背部补正

六、手臂制作

(1) 先绘制各部件的结构图,如图 1-2-28,并裁剪出相应的面料。

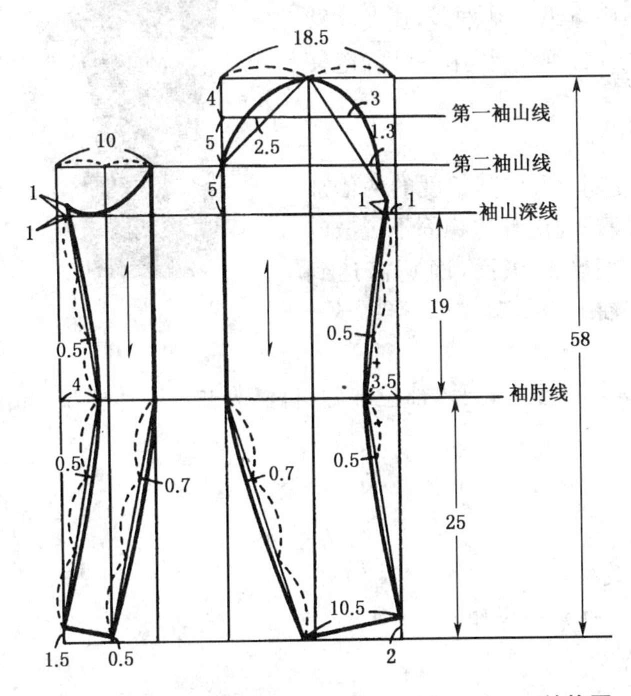

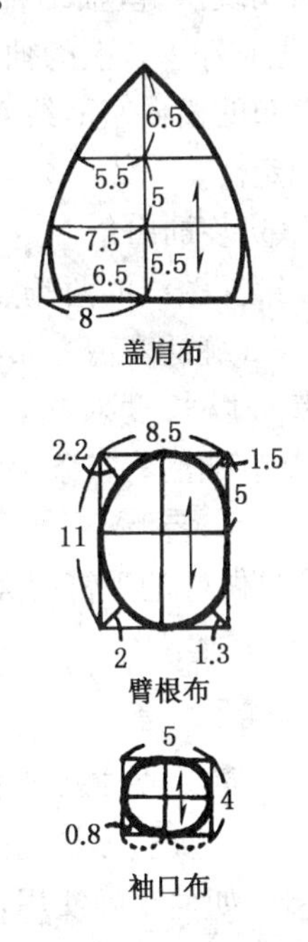

图 1-2-28　结构图

(2) 按照以下步骤,完成手臂的制作。主要包括:做手臂面、做手臂里并絮填充物、手臂里装入手臂面内、封袖口、装臂根布、装袖山斜长、装盖肩布。

① 缝合袖缝

先缝合前袖缝,且在袖肘处稍拉伸缝合;再缝合后袖缝,后袖缝是从两端向中间缝合,缝合时大小袖的袖山深线与袖口线对齐,但在袖肘线两侧 8 cm 处做缩缝处理,以符合肘部突起的特点。缝合后,大小袖片的袖肘线一般要错开 0.5 cm(即大袖高 0.5 cm),最后分烫缝缝。

② 制作挡布

距臂根挡布与袖口挡布的边缘 0.3 cm 缩缝，将里面衬垫(净样硬纸板)充填后拉紧缝线，使挡布绷紧在硬纸板上，正面原有的十字线不得歪斜。为了稳固，还要在反面用线反复多拦几道线。

③ 填充手臂

填充棉可以直接装入已做好的手臂内，也可用布(45°斜纱)把填充棉包好再装入手臂，即迅速又均匀，且不易破坏手臂造型。填充手臂时需边调整形状，边注意基准线的平衡，且无皱褶。

④ 装袖口挡布

整理好袖口处的填充棉，用线拱缝，抽缩袖口，并均匀分配整理好缝缩量。再将做好的袖口挡布手针缲缝固定到袖口上。

⑤ 装臂根挡布

整理好臂根部的填充棉，使其与手臂截面的倾斜度相吻合，然后用线拱缝，抽缩袖山，并均匀分配整理好缝缩量。装挡布时，先对好手臂上的袖山顶点与袖山底点纵向基准线，还要将臂根挡布的横向基准线对准手臂上的第二条线，再用手针缲缝使之固定。

⑥ 装袖山条

第二条线的两端点为装布条的起止点，按其长度的两倍加上 1 cm 缝缝裁剪一布条(这一布条最好利用独边稳固不脱散的特点)，以长度对折，缝合毛边，再翻转到正面，净宽需达到 2.5 cm。然后将布条手针缲缝固定在袖山净印上。

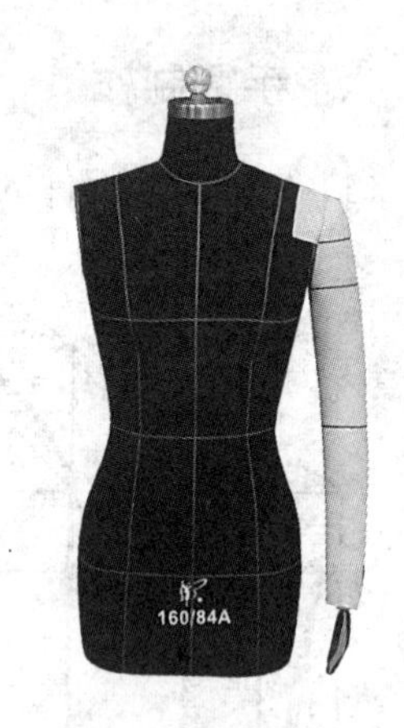

图 1-2-29　手臂模型

⑦ 安装手臂

将做好的手臂用大头针固定到人体模型上，要求袖位准确，自然服帖于人体模型，如图 1-2-29 所示。

【思考题】

1. 简答立体裁剪的造型特点。
2. 布纹整理与立体造型有哪些关系？
3. 如何正确使用各种针法进行立体裁剪操作？
4. 制作手臂时，要注意哪些要点？

第二章　衣身原型的立体裁剪

章节提示:本章讲述衣身原型的立体裁剪的方法与技巧;省道转移的原理及不同形式省道转移的差异;不同形式的胸部分割立体造型与胸部皱褶立体造型。

第一节　衣身原型的立体造型

引言

在服装结构设计中,第二代女上装原型的平面结构设计涉及复杂的公式,结构图也比较复杂,如图 2-1-1 所示。换一个思路,立体裁剪的方法,会更简洁吗?我们拭目以待!

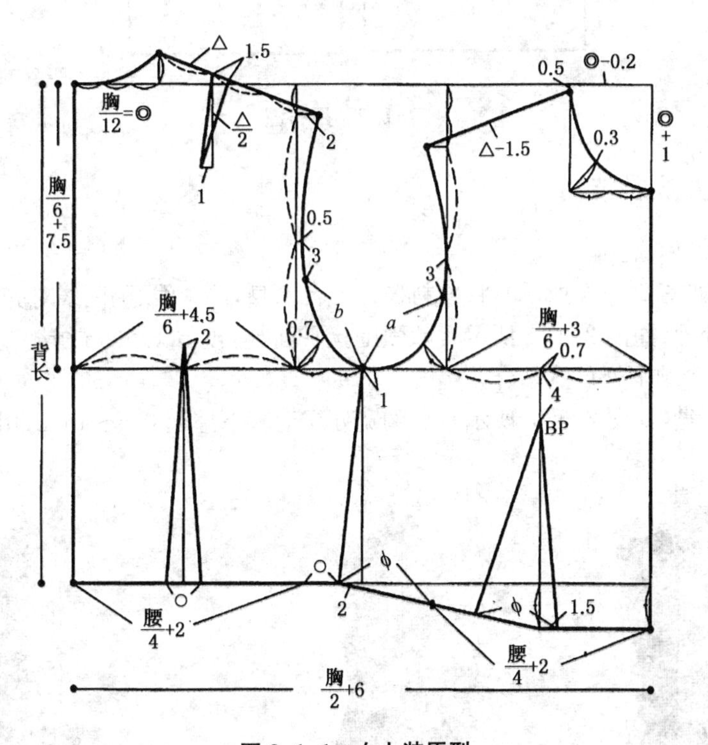

图 2-1-1　女上装原型

一、准备工作

1. 用布量

女上装原型属于贴体型结构图，贴体型基本衣身为两块长方形面料，面料的纵向取前(后)腰节长加 5 cm，横向取前(后)胸围大加 6 cm，如图 2-1-2 所示。

2. 粗裁

面料的纵横向均用手撕开，整理布纹，要求面料丝绺平直。

3. 画样

用醒目色线或 2B 铅笔，将基准线标记清楚。前衣片的标示线有：前中线、胸围线。后衣片的标示线有：后中线、背宽线。

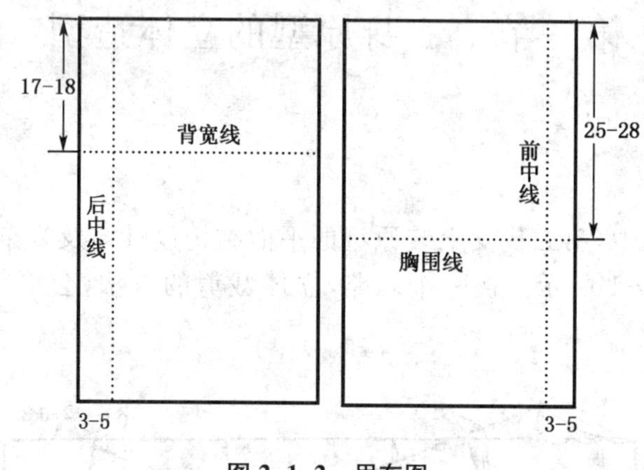

图 2-1-2　用布图

二、操作方法及技巧

1. 前衣片立体裁剪

(1) 披布(如图 2-1-3 所示)：将面料披在人台前身，前中线、胸围线对齐或平行，固定。

(2) 领口处理(如图 2-1-4 所示)：顺颈围抚平面料，预留 1.5 cm 缝缝，剪掉余料，打剪口，使面料与人台颈围处自然贴合。

(3) 加放松量(如图 2-1-5 所示)：在胸宽处靠近腋下捏起 0.5～1 cm，用针竖直别住。

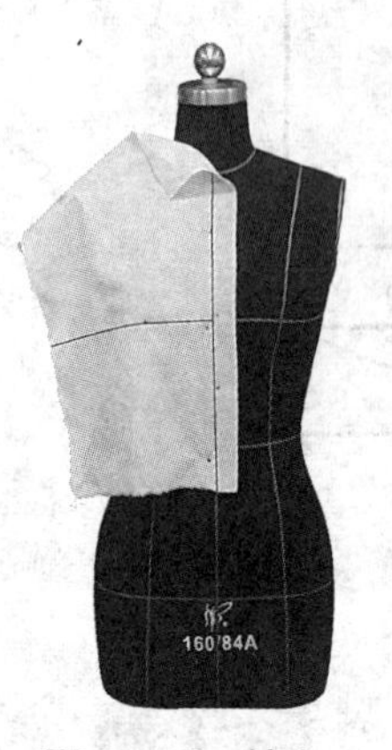

图 2-1-3　披布

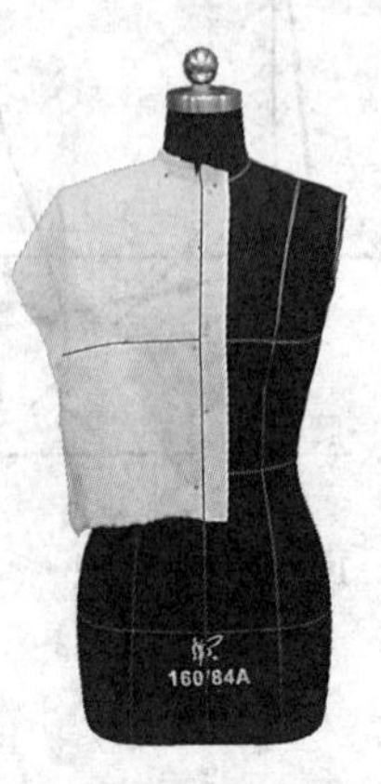

图 2-1-4　领口处理

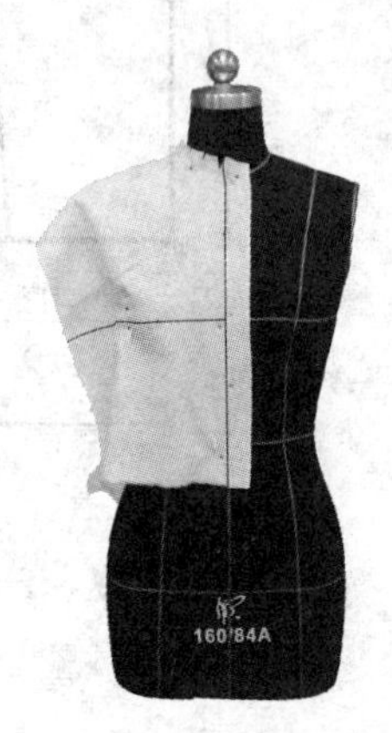

图 2-1-5　加放松量

(4) 理顺肩、袖窿(如图 2-1-6 所示):抚平肩部、袖窿及腋下,使面料自然贴合人台,固定肩点、腋下、侧腰点。

(5) 剪掉余料(如图 2-1-7 所示):留出 1.5～2 cm 缝缝,修剪肩、袖窿余料(注:袖窿深点在胸线上 2.5 cm 处)并在袖窿处打剪口。

(6) 做腰省(如图 2-1-8 所示):腰部留 0.5 cm 的松量,其余做腰省,省尖指向乳点,用针固定,腰部不平服处打剪口。

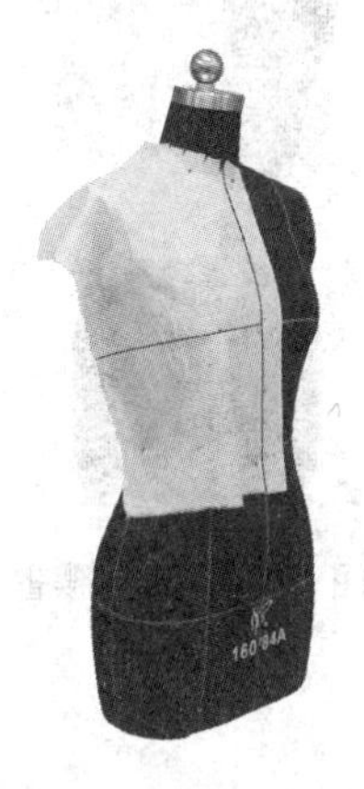

图 2-1-6 理顺肩、袖窿

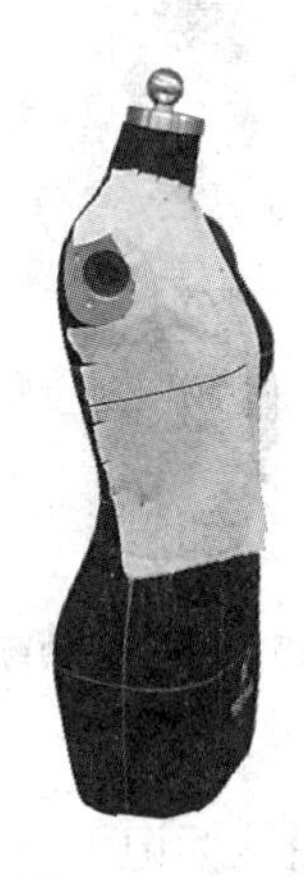

图 2-1-7 剪掉余料

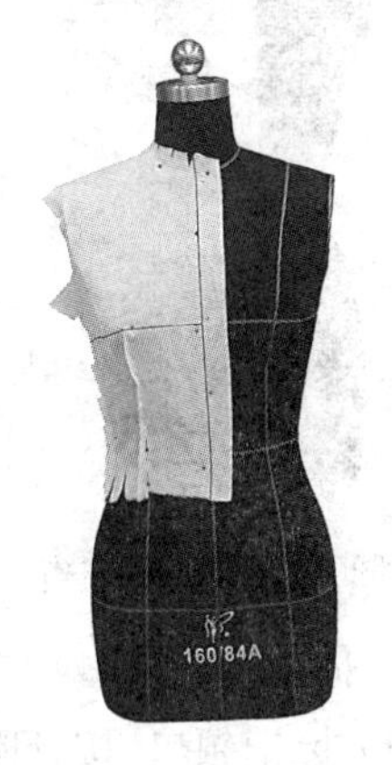

图 2-1-8 做腰省

2. 后衣片立体裁剪

(1) 披布(如图 2-1-9 所示):将面料披到人台后身,后中线、背宽线对齐,固定后颈点、后腰点、背凸点。

(2) 领口处理(如图 2-1-10 所示):顺颈围抚平面料,颈围留 1.5 cm 缝缝,剪掉余料,不平服处打剪口,使面料与人台颈围处自然贴合。

(3) 加放松量(如图 2-1-11 所示):背宽线保持水平,在背宽处加放松量 0.5～1 cm,用针竖直别住。

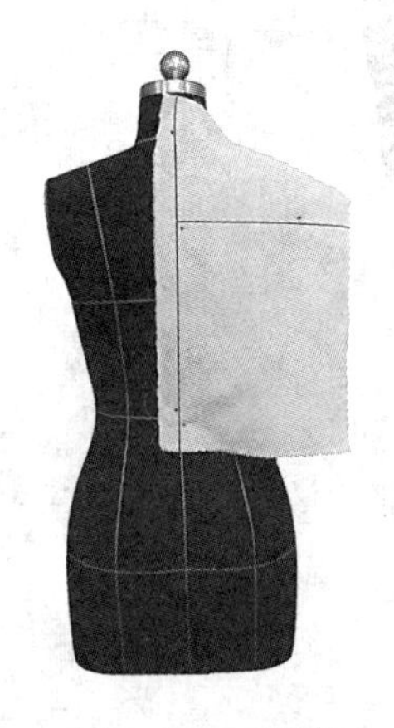

图 2-1-9 披布

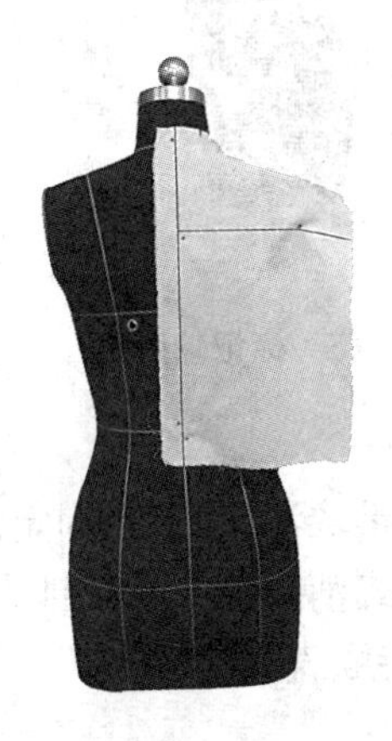

图 2-1-10 领口处理

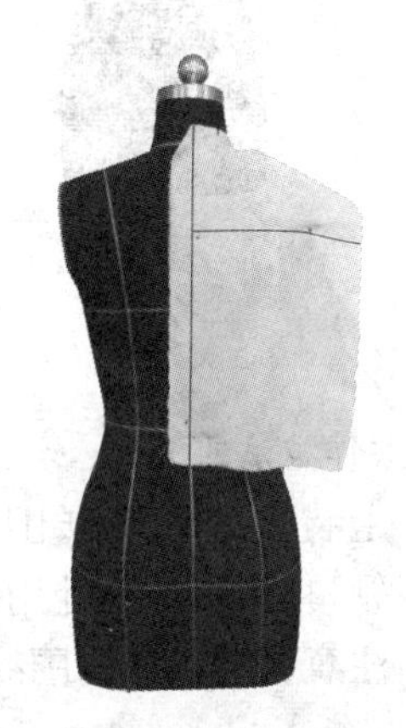

图 2-1-11 加放松量

(4) 做肩省(如图 2-1-12 所示):背宽线保持水平,肩部出现余料做肩背省,并剪掉肩部余料,然后将前、后肩线用针对别。

(5) 处理后袖窿、侧缝(如图 2-1-13 所示):抚平袖窿、侧面,粗剪后袖窿。将前、后侧缝对别，剪掉余量。

（6）做腰省（如图 2-1-14 所示）：腰部留 0.5 cm 的松量，其余做腰省，注意腰省的位置与省尖的指向。

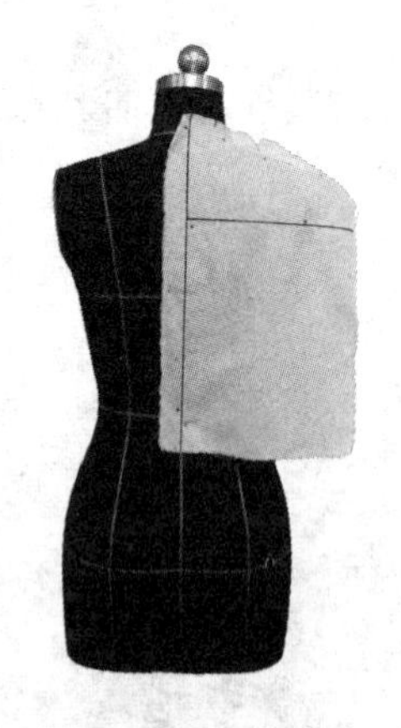

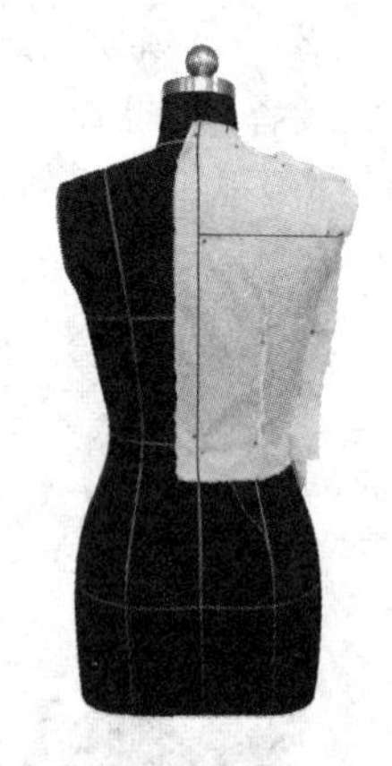

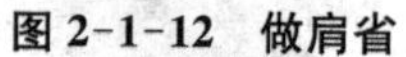

图 2-1-12　做肩省　　**图 2-1-13　处理后袖窿、侧缝**　　**图 2-1-14　做腰省**

3. 标记轮廓线

（1）标记领口：按领圈标记，或用铅笔标记。

（2）标记肩线、袖窿、侧缝：标记肩线、袖窿、侧缝及省位，袖窿深点在胸围线上 2.5 cm 处。

（3）标记腰围：在腰围处系带子，保持水平状，标记，剪腰部余量，如图 2-1-15 所示。

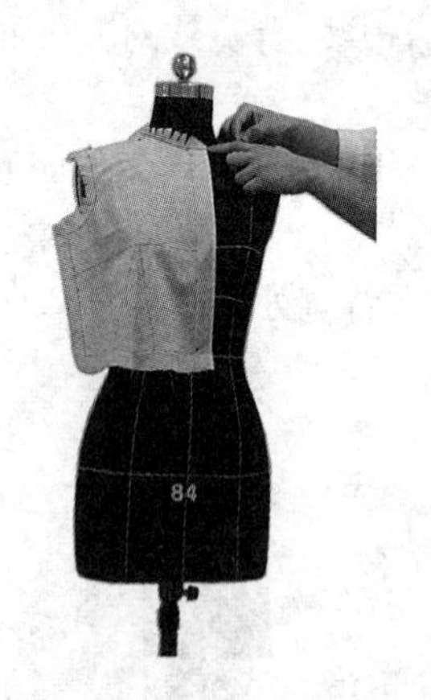

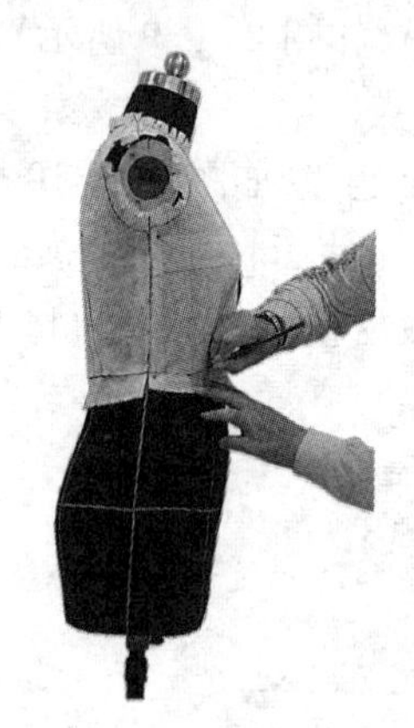

图 2-1-15　标记轮廓线

4. 操作技法重点

（1）上装原型胸围、腰围及背宽放松量取法：用双针固定法将各部位放松量固定。

（2）领口线、腰围线处用打剪口的方式消除坯布的牵扯力。

（3）注意侧缝部分胸围线的丝缕保持顺直。

三、衣身放松量与放缝

在衣身上放出必要的放松量与放出必要的缝缝量，是衣身立体裁剪必须注意的技术问题。

1. 原型放松量的设计

(1) 推移法：直接在胸宽处或背宽处推出一定的放松量，并用双针固定。

(2) 取下放置法：在立体裁剪完成后，将衣身布样从人台上取下，直接在侧缝处加放松量。

2. 放缝

在完成原型上衣前、后片的立体裁剪后取下布样，根据裁剪过程中点影标记画顺衣身原型轮廓线。在轮廓线外围加放缝缝，其中前中心和后中心处缝缝不变，其他部位如领口、肩线、袖窿、腰围线均加放 1 cm 缝缝，剪下衣片布样。

3. 整理原型结构图

(1) 确定结构线(如图 2-1-16 所示)：卸下衣身，取出大头针，展成平面。用专业尺描画出结构线。

(2) 肩线吻合(如图 2-1-17 所示)：前、后肩线对合，观察其长度是否吻合，前、后领口和袖窿曲线是否圆顺流畅。

图 2-1-16 确定结构线

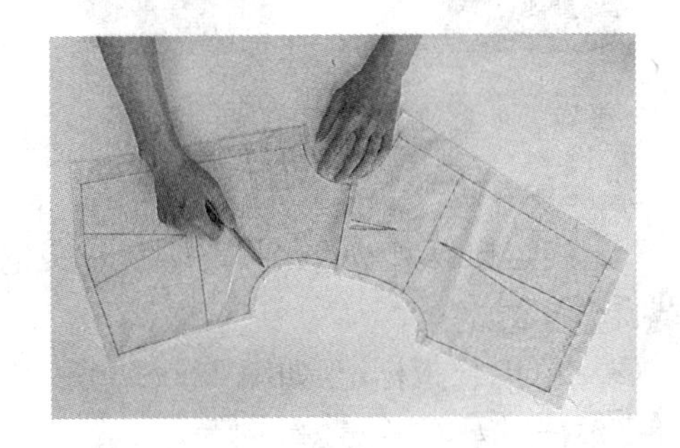

图 2-1-17 肩线吻合

(3) 侧缝吻合(如图 2-1-18 所示)：将前、后侧缝对合，使其等长，并保持袖窿与腰线圆顺。

(4) 扣烫(如图 2-1-19 所示)：用熨斗轻轻烫平衣片，并扣烫前、后衣片缝缝和省缝。

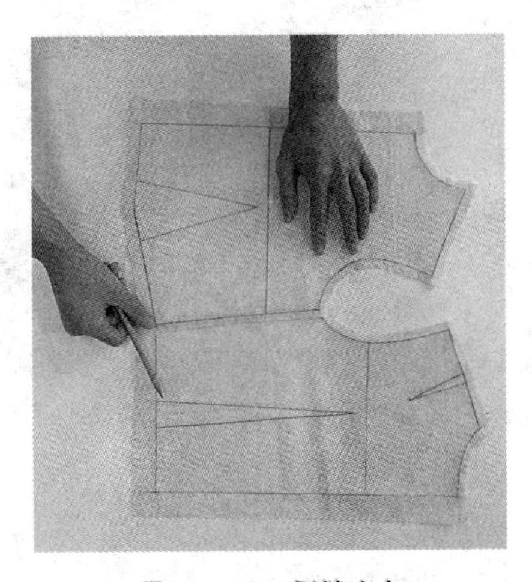

图 2-1-18 侧缝吻合

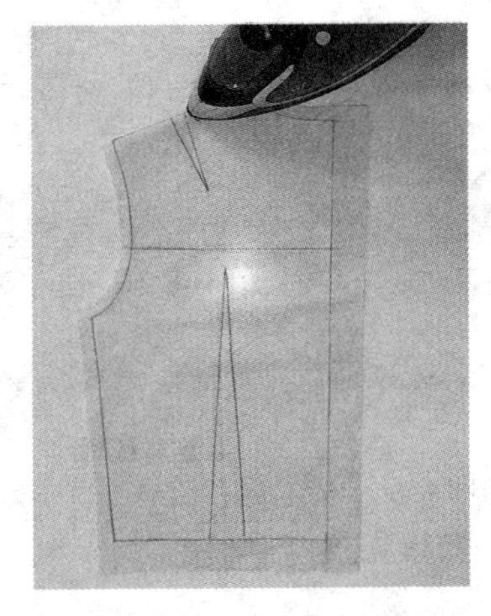

图 2-1-19 扣烫

四、假缝与纸样

1. 假缝试穿

假缝(如图 2-1-20 所示):用盖别法别好前后腰省、侧缝、肩缝等部位。

试样补正(如图 2-1-21 所示):假缝后原型衣穿在人台上,观察衣片前后各部位效果,调整不合适的部位,直至满意为止。

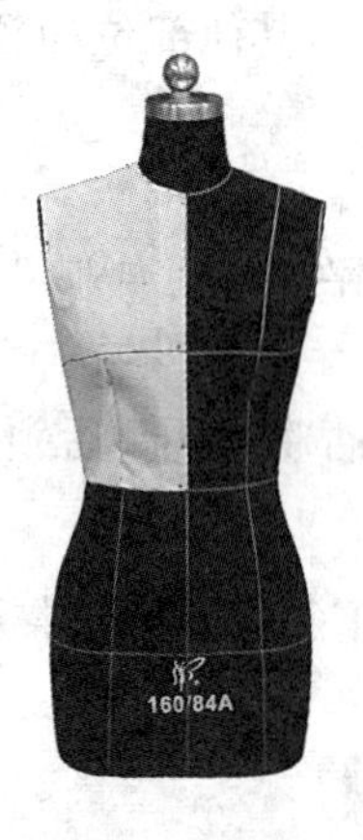

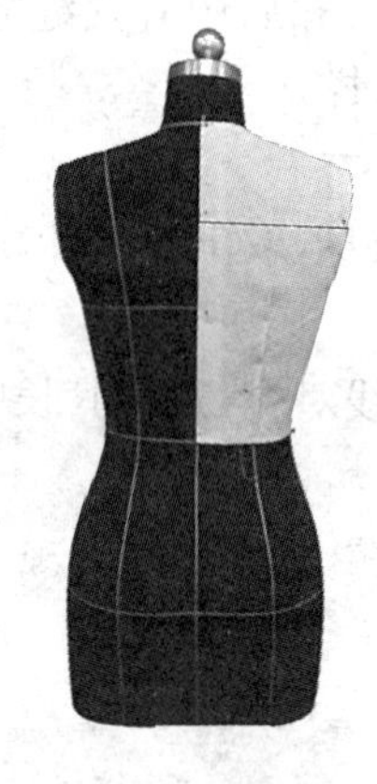

图 2-1-20　假缝

图 2-1-21　试样补正

2. 拓印样板

(1) 确定样板型(如图 2-1-22 所示):把假缝后原型衣身再次展成平面烫平,按修改的点线再次修正。

(2) 拓印、样板标记(如图 2-1-23 所示):用滚轮或其他方法拓印布样上纸样形状,并在纸样上标注对刀、对合点、纱向等。

图 2-1-22　确定样板型

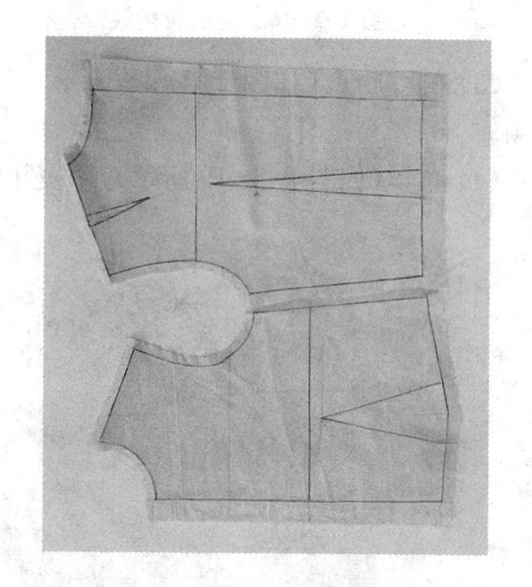

图 2-1-23　拓印、样板标记

五、知识拓展

随着人体体型的变化,女上装原型已经从第二代发展到第三代,如图 2-1-24 所示。第三代原型的立体裁剪与第二代原型有何不同？从本质上讲，第二代原型与第三代原型是一致的，形状的差别取决于下一节将要讲述的省道转移技术。

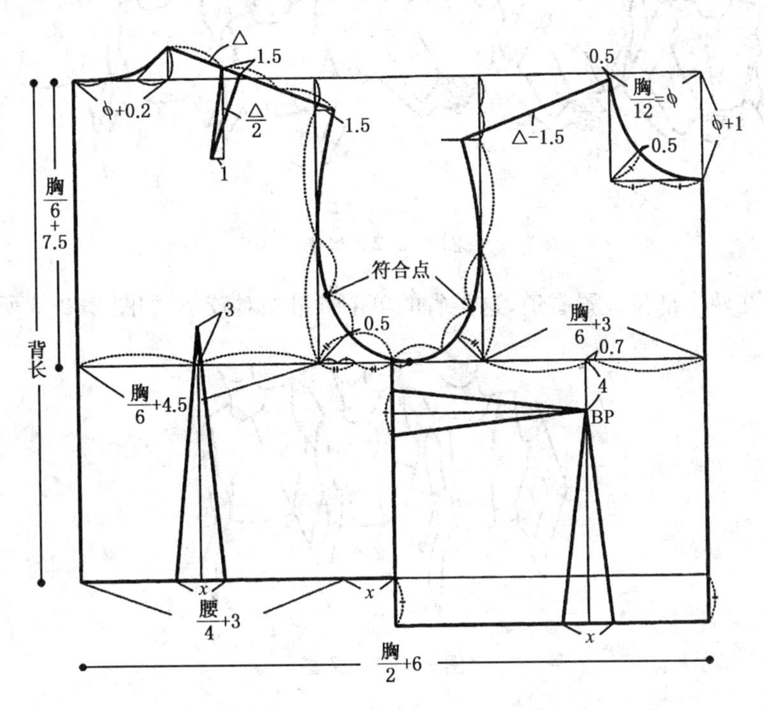

图 2-1-24　第三代女上装原型

第二节　省道转移技术

一、省道转移原理与方法

1. 原理

立体裁剪中省道转移的原理实际上遵循的就是凸点射线原理，即以凸点为中心进行的省道移位。例如围绕 BP 点的设计可以引发出无数条省道，除了最基本的胸腰省以外，肩省、袖窿省、领口省、前中心省、腋下省等，都是围绕着胸高点对余缺处部位进行的处理形式，如图 2-2-1 所示。

单省：指单个形式、单一部位设置的省道，这类省的省量相对较大，它将胸、腰凹凸形成的全部省量施于一处，如图 2-2-2 所示。

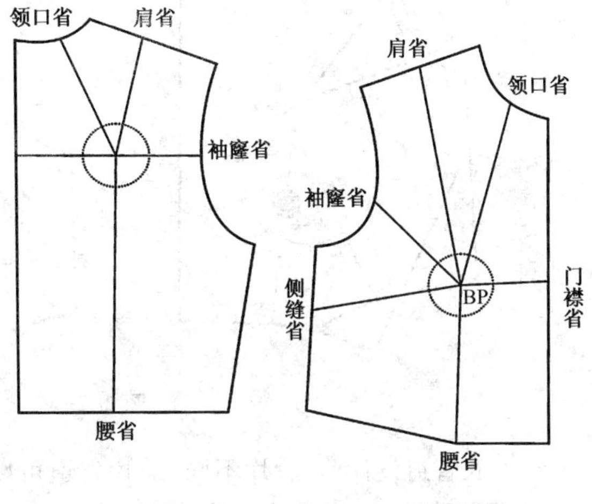

图 2-2-1　省道转移原理

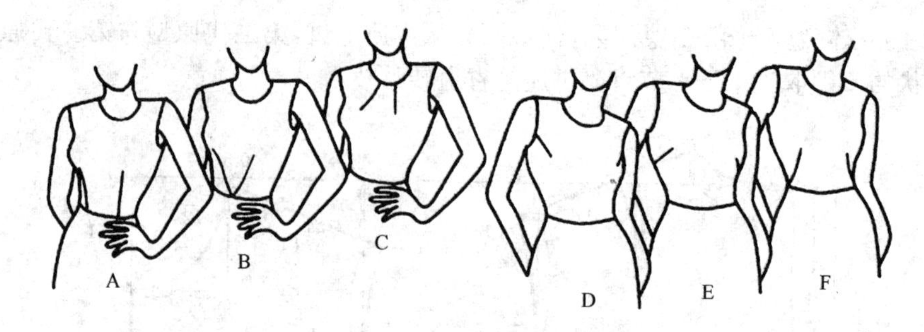

图 2-2-2　单省

双省:指在两个部位设置省道,这类省的单个省量相对较小,如图 2-2-3 所示。

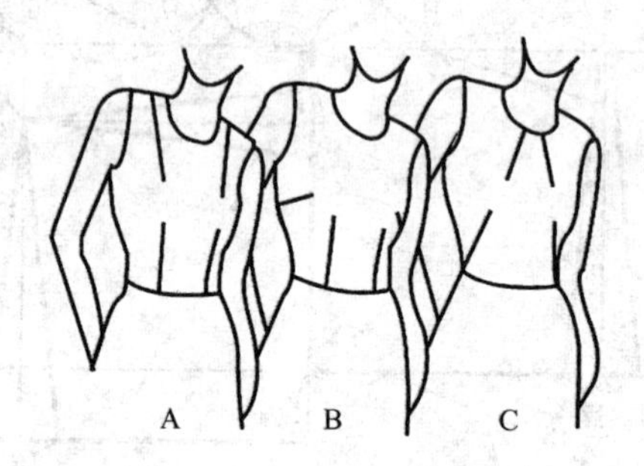

图 2-2-3　双省

2. 省道转移方法

转省法是以省尖为旋转中心,衣身旋转一个省角的量,将省道转移到其他设计部位。剪省法是先将原省折叠,在新位置剪开,使剪开部位张开形成新省,如图 2-2-4 所示。

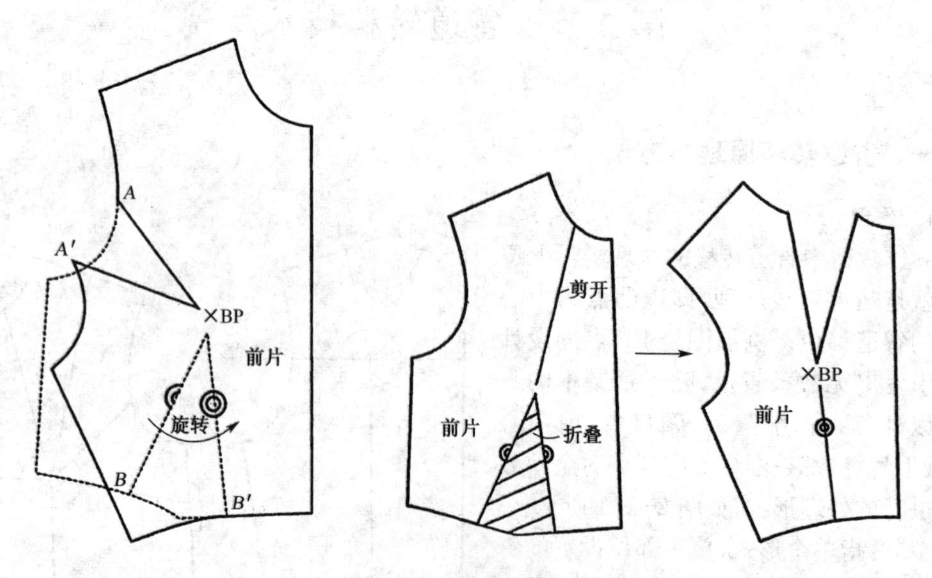

图 2-2-4　省道转移方法

上衣省道设计前、后片不同,前片省道可以围绕胸点进行多方位的设置。后片省道分为上、下两部分,上部分省道为肩胛骨服务,因此省道只能在上方区域内进行转移设计,下部分省道为解决胸腰差，省道可以围绕尖点在下方区域进行转移设计，如图 2-2-5 所示。

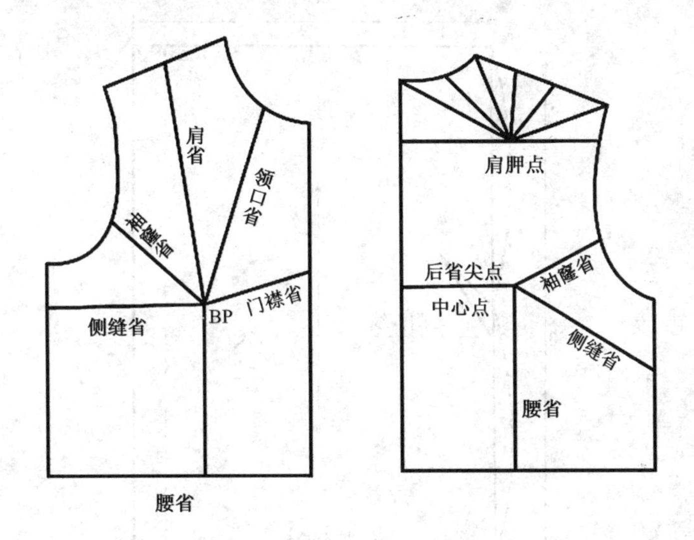

图 2-2-5　省道转移区域

二、单省的立体裁剪

侧胸省（单省）：将前片全部余量转移到侧缝处形成的侧胸省，如图 2-2-6 所示。

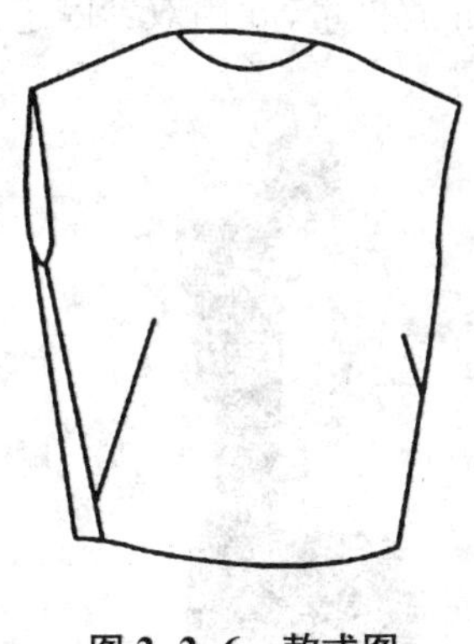

图 2-2-6　款式图

（一）坯布准备

(1) 粗裁布料；
(2) 整理布纹；
(3) 标记基准线，如图 2-2-7 所示。

（二）立体裁剪步骤

(1) 披布（如图 2-2-8 所示）：将确定好前中心线和胸围线的坯布覆于人台上，与人台上的前中心线、胸围线重合，在前中心线上、下端用珠针将坯布固定在人台上。

(2) 确定领口线（如图 2-2-9 所示）：将颈围的面料抚平，使面料与人台自然贴合，并用

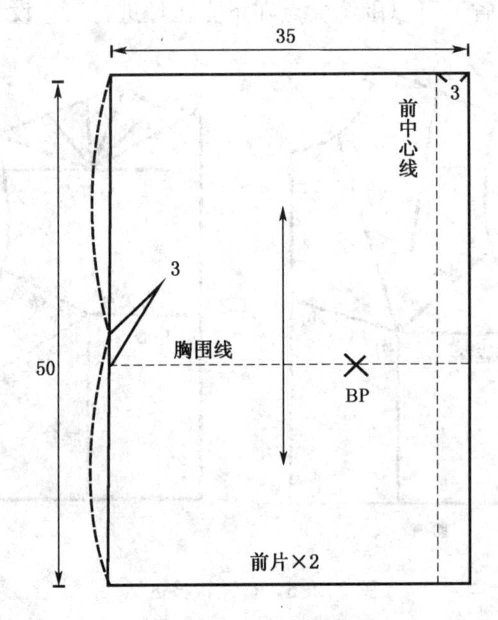

图 2-2-7　用布图

针固定。按人台的颈围线标记面料的领口线。注意领口不平服处可打剪口使之贴服。

(3) 加放松量(如图 2-2-10 所示):在胸围线侧面加放 0.5 cm 放松量,并用双针固定。顺势往下,在腰围线处加放 0.5 cm 放松量,并用双针固定。

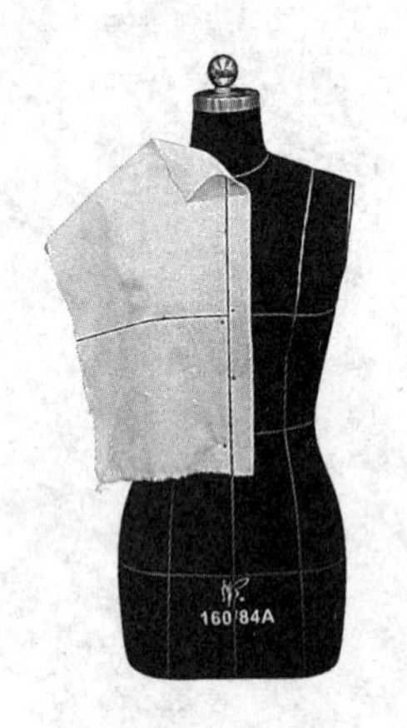

图 2-2-8　披布

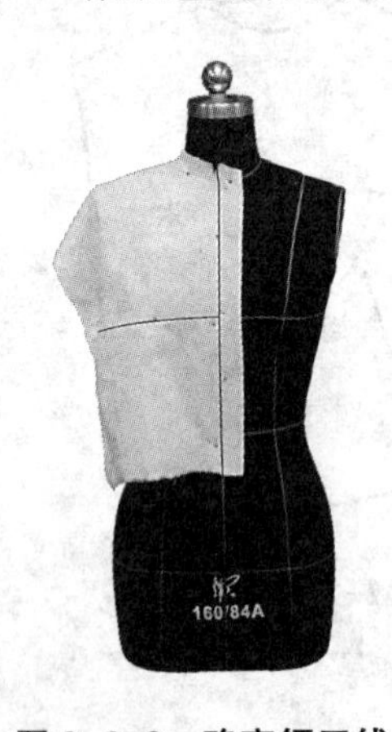

图 2-2-9　确定领口线

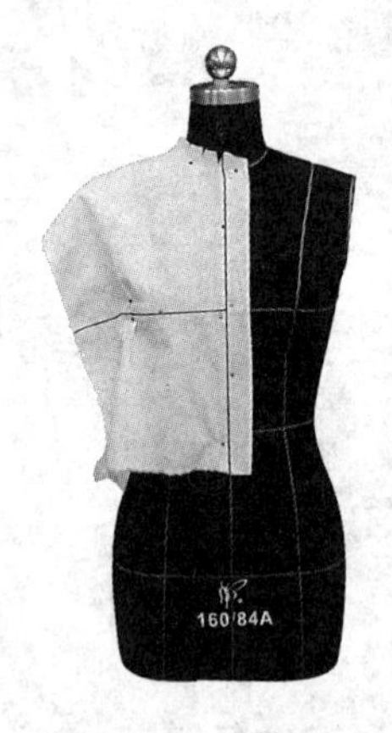

图 2-2-10　加放松量

(4) 确定侧缝线(如图 2-2-11 所示):胸围线以上平服,前腰部位平服,将全部多余的量抚顺到侧缝线处,一边抚平腰部、一边在腰围线缝处打少许剪口,使得腰部平服。

(5) 做侧胸省(如图 2-2-12 所示):在侧缝处抓合侧胸省,并用捏合固定针法做好侧胸省。

(6) 点影标记(如图 2-2-13 所示):在坯布上用胶带粘贴出标记线(也可用标记笔做出点影标记),同时确定省的位置和大小。

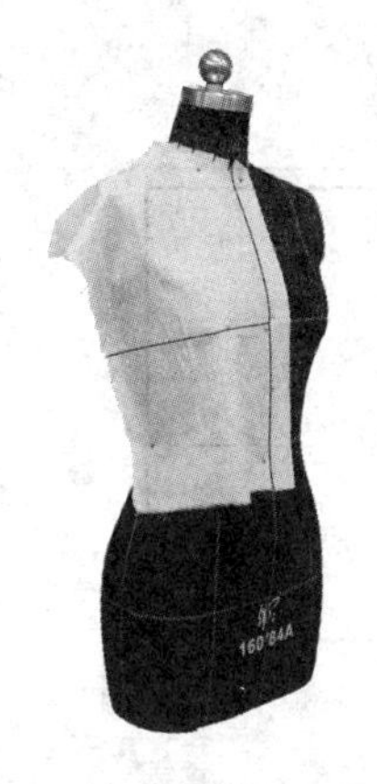

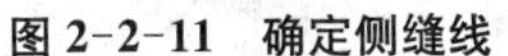

图 2-2-11　确定侧缝线

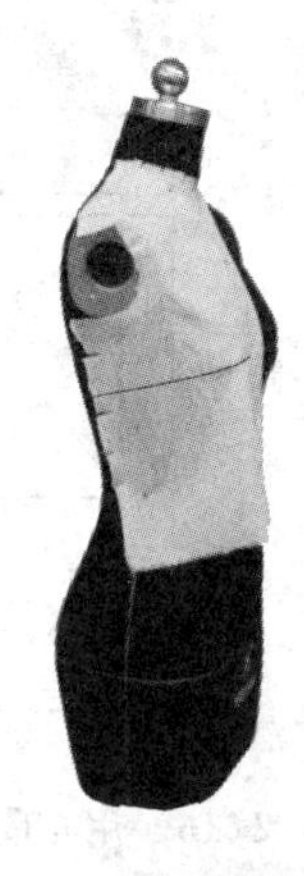

图 2-2-12　做侧胸省

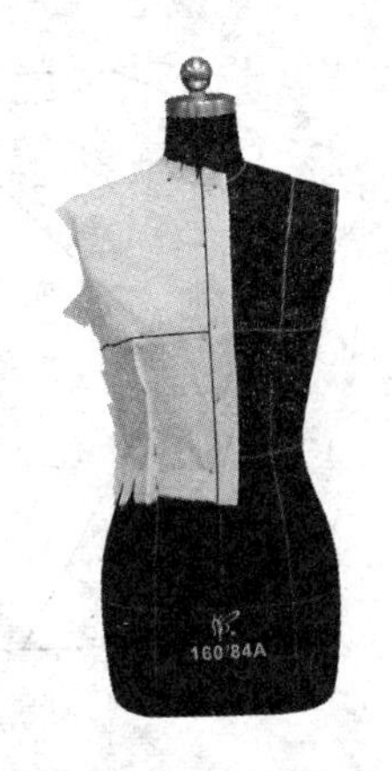

图 2-2-13　点影标记

(7) 将人台上的坯布取下进行描图，得到省道变化后的侧胸省平面结构图，如图 2-2-14 所示。

(8) 侧胸省款式立体效果展示，如图 2-2-15 所示。

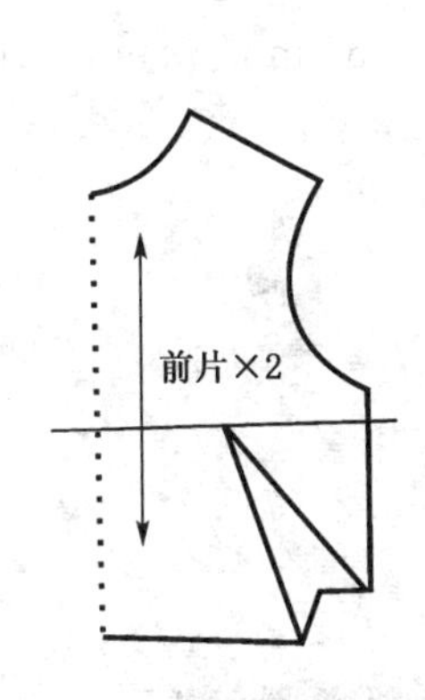

图 2-2-14　平面结构图

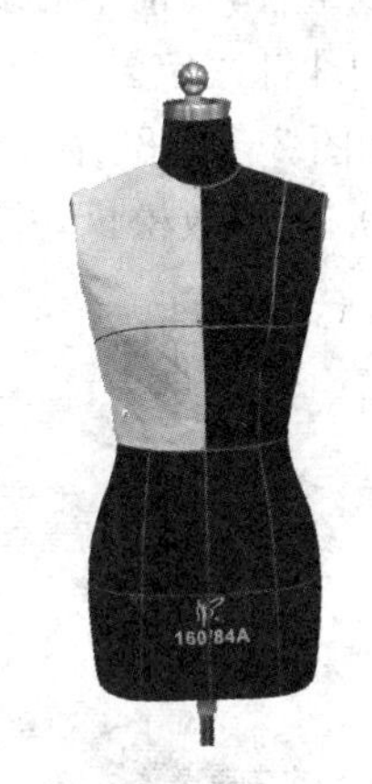

图 2-2-15　效果展示

三、双省的立体裁剪

人字省(双省)：人字省不同于以上各省的对称特点，它表现为不对称，同时还表现为字母省的特点，这类省还包括 T 型省、Y 型省等。

(一) 坯布准备

(1) 粗裁布料；
(2) 整理布纹；
(3) 标记基准线，如图 2-2-16 所示。

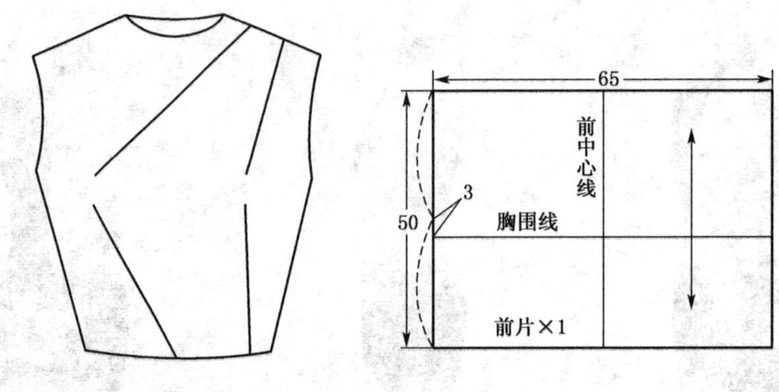

图 2-2-16　用布图

（二）立体裁剪步骤

(1) 披布(如图 2-2-17 所示):将确定好前中心线和胸围线的坯布覆于人台上,与人台上的前中心线、胸围线重合,在前中心线上、下端用珠针将坯布固定在人台上。这时胸围线保持水平,并在胸点用珠针固定。

(2) 加放松量(如图 2-2-18 所示):在胸围放 0.5 cm 放松量,并用双针固定。顺势往下,在腰围线处加放 0.5 cm 放松量,并用双针固定。

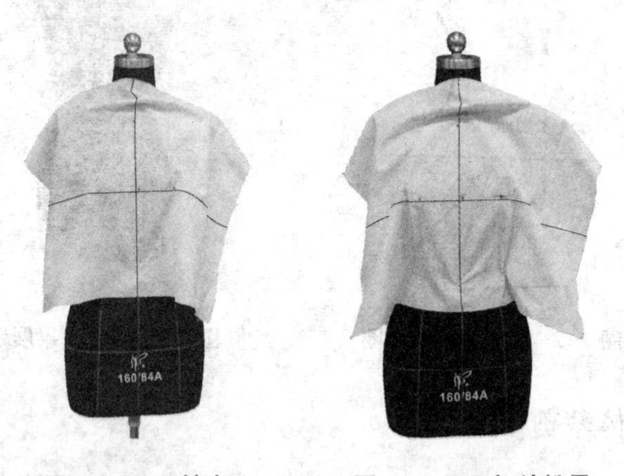

图 2-2-17　披布　　图 2-2-18　加放松量

(3) 固定右侧缝(如图 2-2-19 所示):固定右侧缝,注意侧缝丝缕顺直。

(4) 抚平右侧衣身(如图 2-2-20 所示):将坯布从袖窿向肩及领口处自然顺平推抚,把多余的量推至左肩部。

(5) 剪领口(如图 2-2-21 所示):沿领围线裁剪,在领围线处打剪口消除坯布牵扯力。

(6) 抚平左侧衣身(如图 2-2-22 所示):固定左侧缝,然后将坯布上的胸围线与人台的胸围线重合,由袖窿底部向肩部自然推抚坯布,将多余的量推至左肩。

图 2-2-19　固定右侧缝

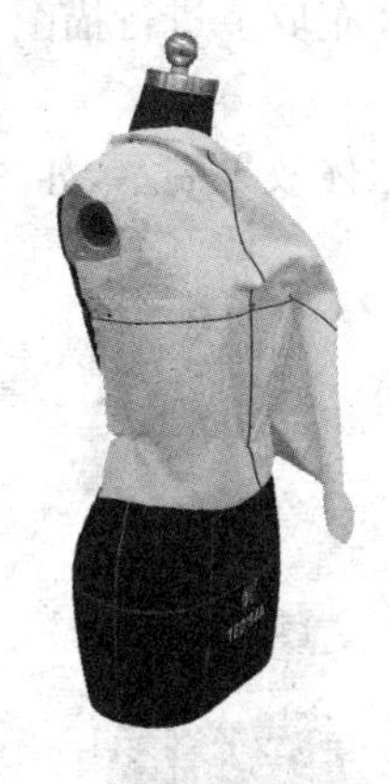

图 2-2-20　抚平右侧衣身

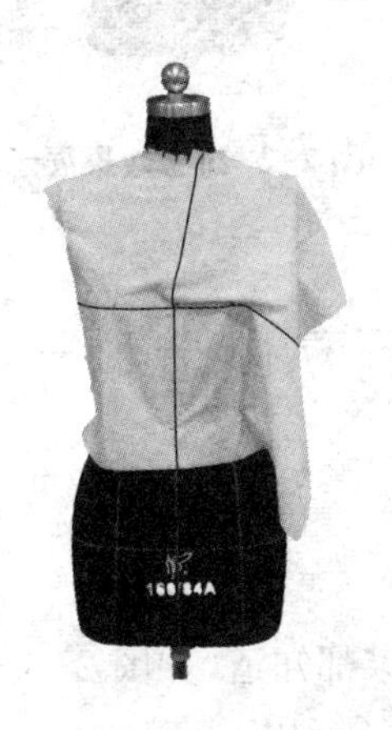

图 2-2-21　剪领口

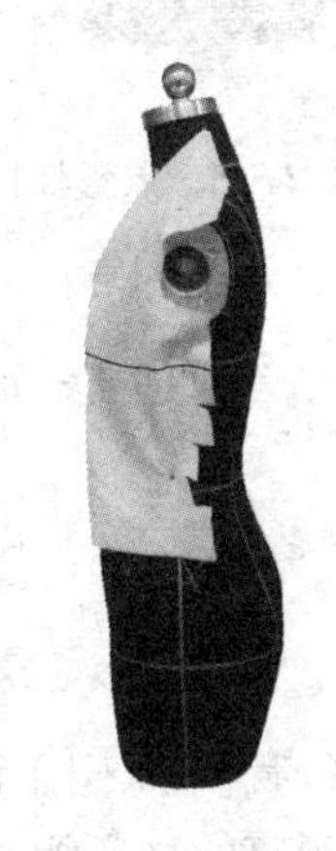

图 2-2-22　抚平左侧衣身

(7) 做肩省(如图 2-2-23 所示):在左肩分别做出两个肩省。

(8) 做腰省(如图 2-2-24 所示):分别做出左、右腰省。

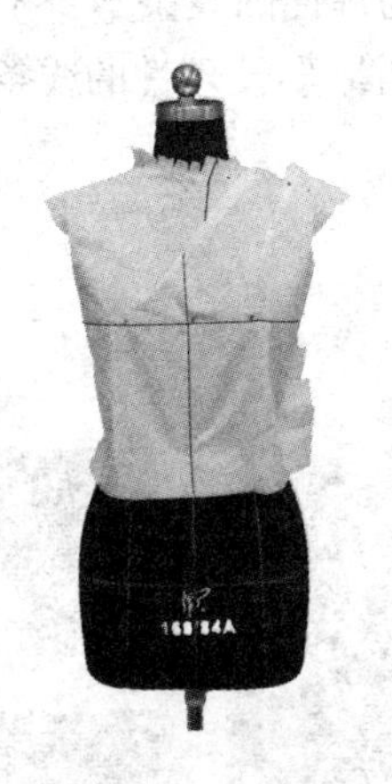

图 2-2-23　做肩省

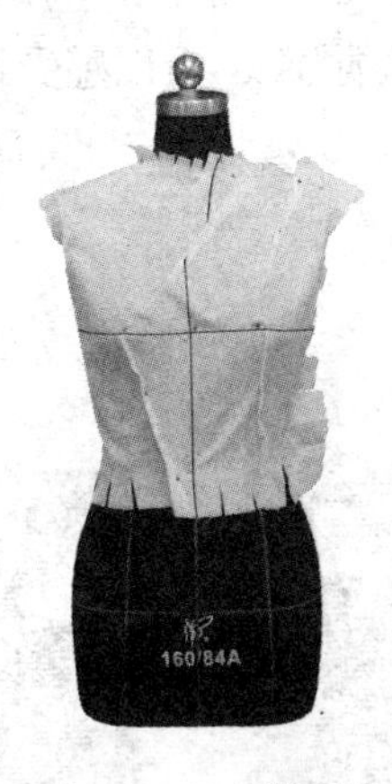

图 2-2-24　做腰省

(9) 点影标记(如图 2-2-25 所示):在坯布上用胶带粘贴出标记线(也可用标记笔做出点影标记),同时做出腰省和人字省的位置、大小的标记。

(10) 将人台上的坯布取下进行描图，修剪布边，缝缝 1 cm，得到省道变化后的人字省平面结构图。

(11) 人字省款式立体效果展示，如图 2-2-26 所示。

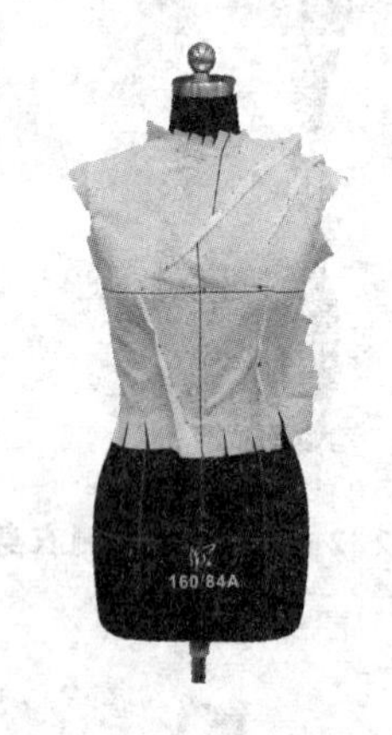

图 2-2-25　点影标记

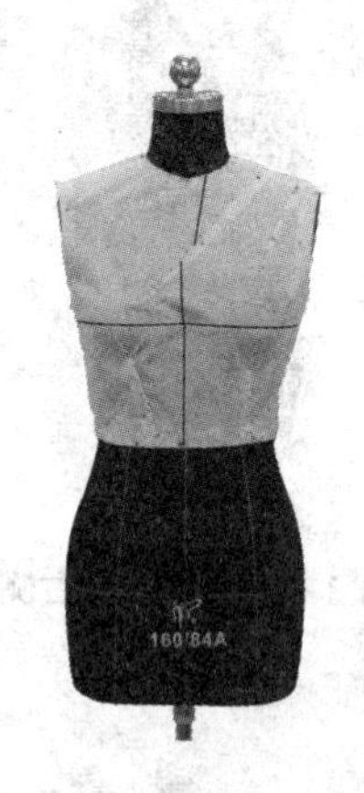

图 2-2-26　效果展示

第三节　胸部分割立体造型

引言

《司马光砸缸》的故事，我们都不陌生，结果大家都知道，如图 2-3-1 所示。今天，我们从另一个角度来看问题，砸碎的缸还能拼起来吗？还能用吗？

服装面料被分成若干部分后，还能用吗？分割后的面料经过组合，可以塑造出优美的造型。面料分割、拼合的使用过程，正如哲人所说的：整体是由部分组成的，整体的功能小于各个部分功能之和，如图 2-3-2、图 2-3-3 所示。作为物理性的线条本身不具备任何情感，但是人们依据自身的经验、视觉感受，可以感受到设计师的激情，使理性的线条变得生机勃勃。

图 2-3-1　司马光砸缸

图 2-3-2　面料的分割

图 2-3-3　面料的拼合

一、分割

1. 含义

分割是继省之后的又一种裁剪技巧，当两个省都指向胸高点时，我们可以将这两个省连接起来，形成一条分割线，这就是平面结构中所讲的连省成缝的结构形式。分割的技巧使用使合体服装在结构设计上又增加了一种表现手段，同时也使服装设计语言更加丰富，如图 2-3-4 所示。

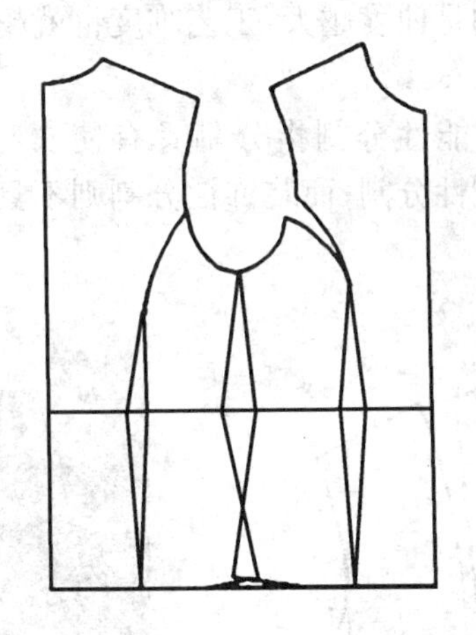

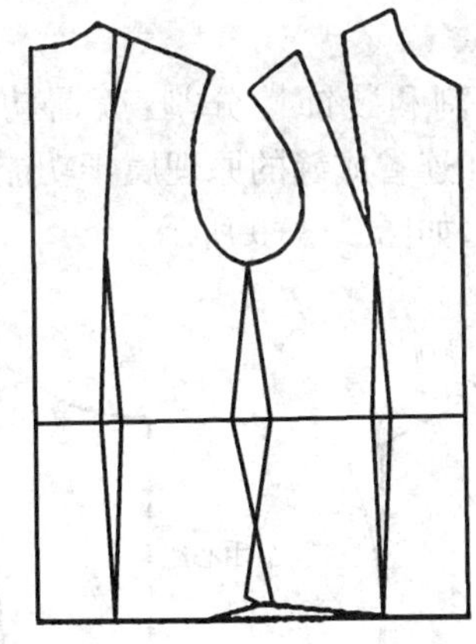

图 2-3-4　连省成缝

2. 形式

服装强调以人为本，因而分割也是以人体为主要参考依据。分割的表现形式有：从方向来看，分为纵向分割、横向分割、斜向分割；从形态上看，分为直线分割、曲线分割；从比例来看，分为均衡分割、不对称分割。分割线也因功能不同分为结构分割和装饰分割，如图 2-3-5 所示。

(1) 纵向分割：将肩省与胸腰省结合起来形成一条纵向分割线，如经典的公主线。除此之外，领口省与腰省、袖窿省与腰省等都是纵向分割。

(2) 横向分割：主要体现为一种水平或近似水平的分割线，如将袖窿省与前中心省连接形成横向分割，将肩胛省转移至袖窿处，连接两省形成后片的水平分割，如图 2-3-6 所示。

图 2-3-5　分割

图 2-3-6　横纵向分割

图 2-3-7　斜向分割

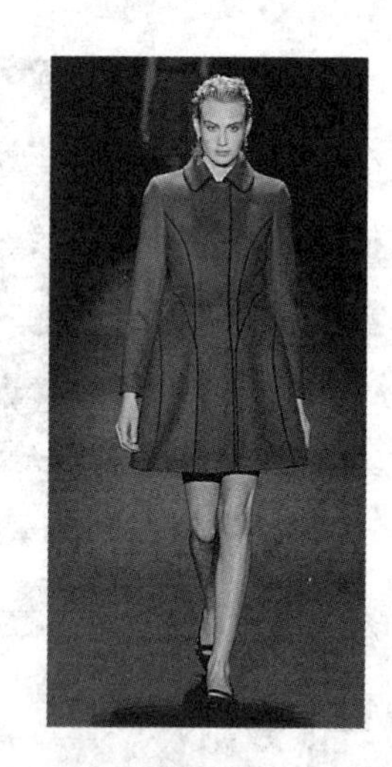

图 2-3-8　直线分割与曲线分割

(3) 斜向分割:界于水平与垂直之间的分割形式,且是一种不对称的分割,如将右衣身的肩省与左衣身的侧缝省连接,形成贯穿衣身的斜向分割线,如图 2-3-7 所示。

(4) 直线分割与曲线分割:在服装分割设计中其成型后的线形主要表现为直线分割与曲线分割两种基本形式,其余皆是在此基础上的变体。直线分割是分割的基本表现形式,而曲线分割是对分割设计的丰富,但应注意的是曲度越大,工艺难度也就越大,如图 2-3-8 所示。

(5) 功能性分割和装饰性分割:所谓功能性分割指分割具有使衣身穿着合体的功能——收省功能,如连省成缝的原理属于功能性分割;而装饰性分割则不具备收省功能,它只是起着装饰作用,如图 2-3-9 所示。

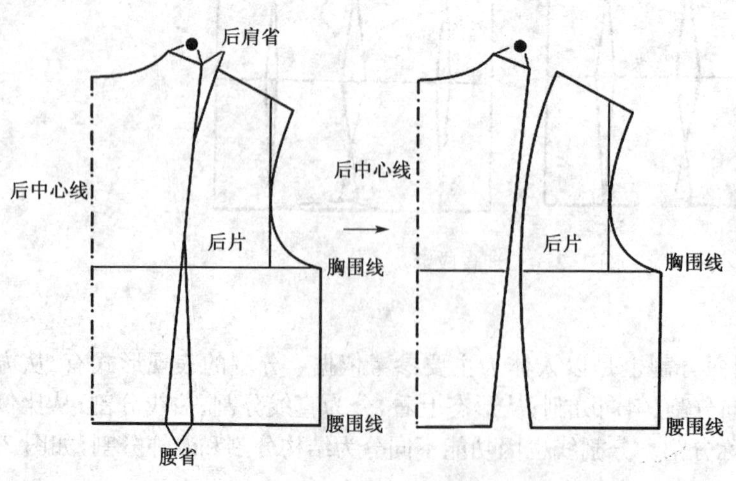

图 2-3-9　功能性分割和装饰性分割

二、公主线立体造型

（一）坯布准备

（1）粗裁布料；
（2）整理布纹；
（3）标记基准线，如图 2-3-10 所示。

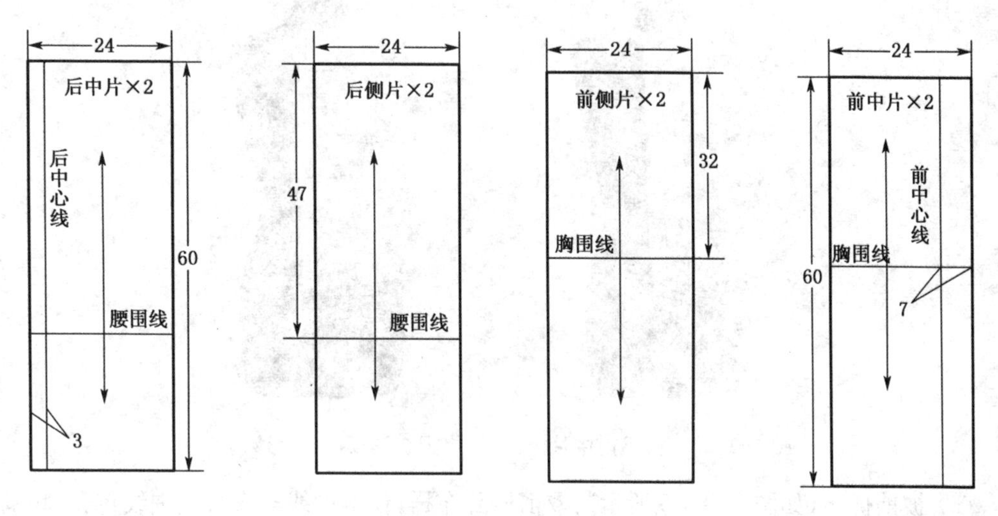

图 2-3-10 用布图

（二）前衣片立体造型

（1）披前中布（如图 2-3-11 所示）：前中片的前中心线、胸围线分别与人台的前中心线和胸围线重合，在前中心线上、下两端用珠针固定。注意前中心处可增加 0.5 cm 放松量。

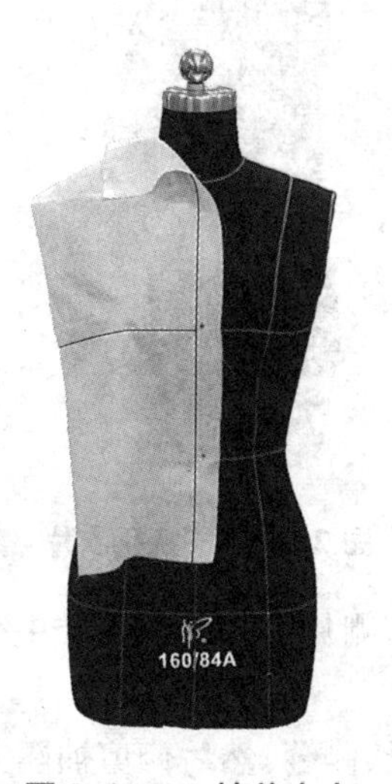

图 2-3-11 披前中布

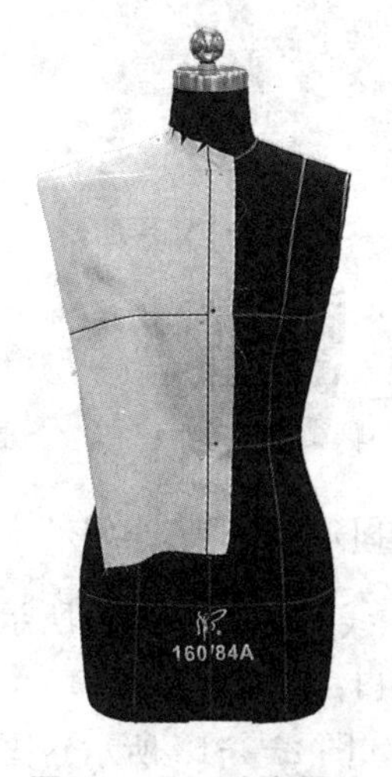

图 2-3-12 确定领口

(2) 确定领口(如图 2-3-12 所示):胸点以上部分,边抚平坯布、边固定领围线,领围线处打剪口,以消除坯布的牵扯力。

(3) 抚平前中片(如图 2-3-13 所示):在腰围线处打剪口,抚平前中片并固定。

(4) 点影标记(如图 2-3-14 所示):在领围线、肩线、公主线、腰围线上,每间距 1 cm 点影。

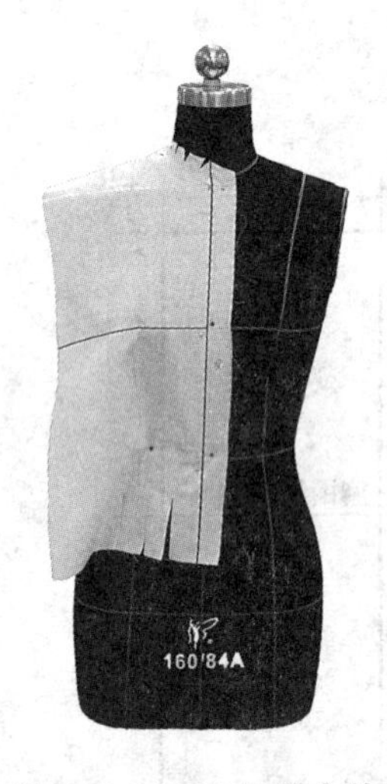

图 2-3-13　抚平前中片

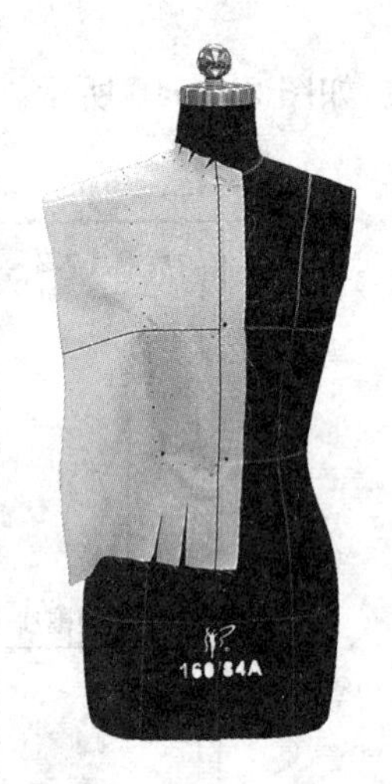

图 2-3-14　点影标记

(5) 披前侧布(如图 2-3-15 所示):取前侧片布样,使胸围线与人台胸围线重合,胸围居中加 0.5 cm 放松量,并用双针固定。顺势向下,腰围处也加 0.5 cm 放松量,并用双针固定。

(6) 抚平衣片(如图 2-3-16 所示):在腰围线处打剪口,抚平并固定。

图 2-3-15　披前侧布

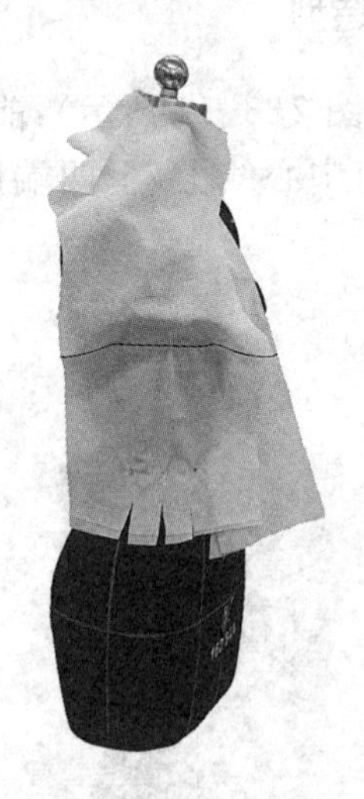

图 2-3-16　抚平衣片

(7) 粗裁前公主线(如图 2-3-17 所示):将前侧片与前中片沿公主线捏合并进行粗略修剪,缝线外端可打剪口。

(8) 假缝试穿(如图 2-3-18 所示):固定肩线、侧缝,然后修剪袖窿并打剪口。在操作过程中注意上、下、左、右的平衡以及丝缕的顺直,并在肩线、侧缝线、腰围线、袖窿弧线上点影标记，完成前片的假缝试穿。

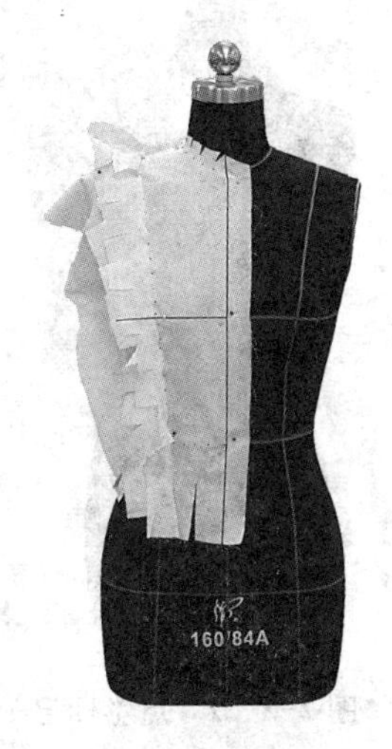

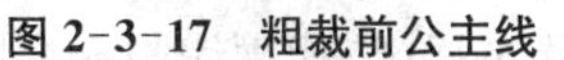

图 2-3-17　粗裁前公主线　　图 2-3-18　点影标记

（三）后衣片立体造型

（1）披后中布（如图 2-3-19 所示）：将后中片布样上的后中心线与人台后中心线重合，上、下两端用珠针固定。

（2）确定领口（如图 2-3-20 所示）：腰围线以上的坯布，边抚平、边剪出领围线，领围线处打剪口以消除坯布的牵扯力。

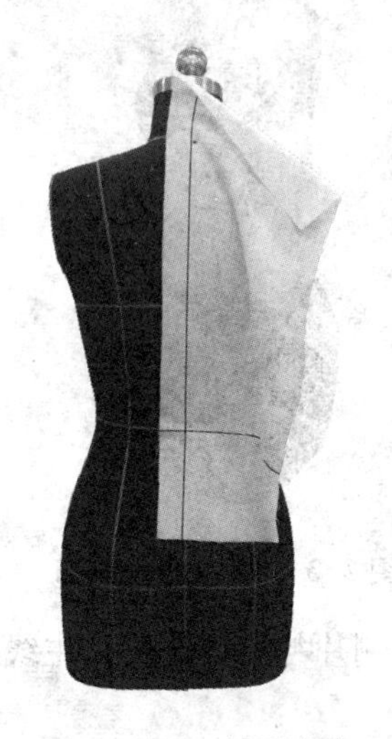

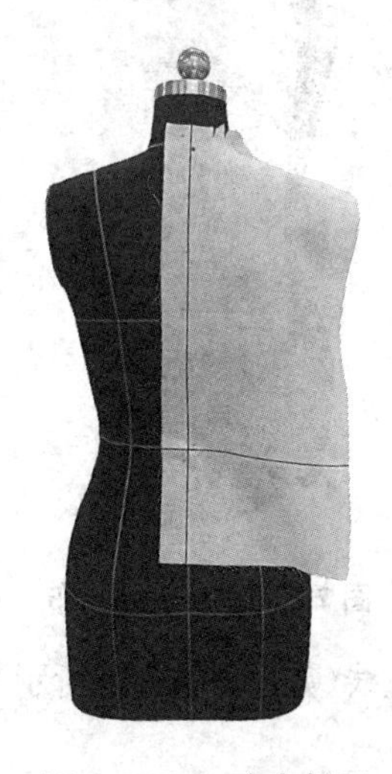

图 2-3-19　披后中布　　图 2-3-20　确定领口

（3）抚平后中片（如图 2-3-21 所示）：在腰围线处打剪口，抚平后中片并固定。

（4）点影标记（如图 2-3-22 所示）：在领围线、肩线、公主线、腰围线上，每间距 1 cm 点影。

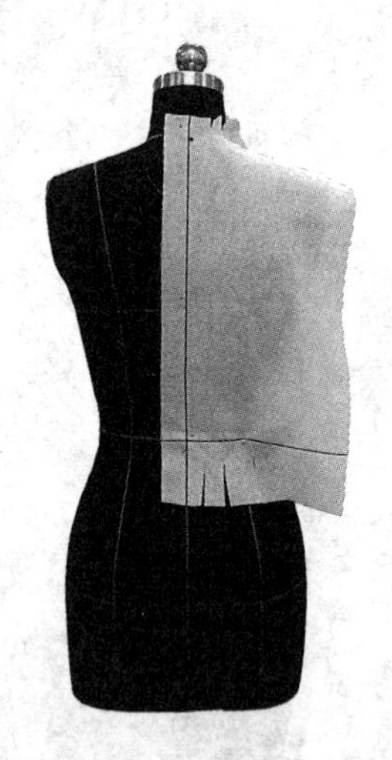

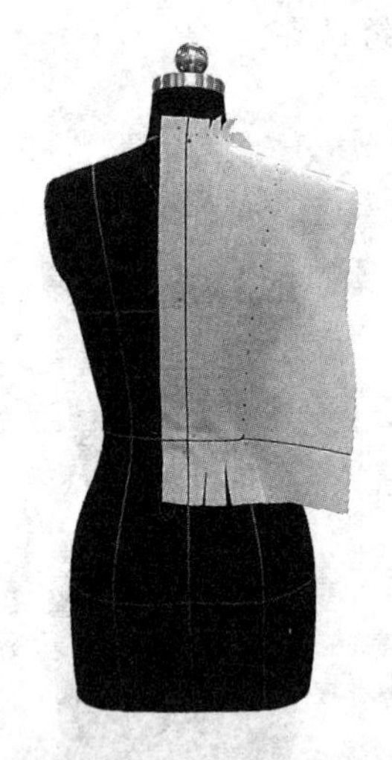

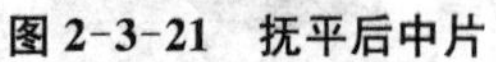

图 2-3-21　抚平后中片　　　　**图 2-3-22　点影标记**

(5) 披后侧布(如图 2-3-23 所示):取后侧片布样,将腰围线与人台腰围线重合,腰围居中加放 0.5 cm 放松量,并用双针固定。

(6) 抚平后侧布(如图 2-3-24 所示):在腰围线处打剪口,抚平坯布并固定。注意丝缕不扭曲,整体平衡。

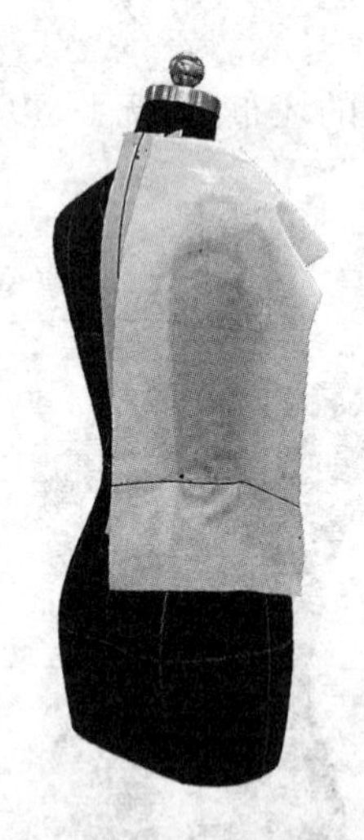

图 2-3-23　披后侧布　　　　**图 2-3-24　抚平后侧布**

(7) 粗裁后公主线(如图 2-3-25 所示):将后侧片与后中片沿公主线捏合并进行粗略修剪,缝线外端打剪口。

(8) 假缝试穿(如图 2-3-26 所示):固定肩缝、侧缝,然后修剪袖窿并打剪口。在肩线、侧缝线、腰围线、袖窿弧线粘贴胶带(也可点影),完成后片的假缝试穿。

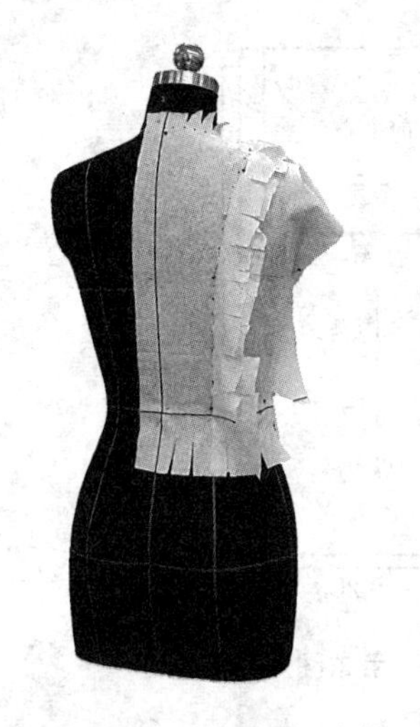

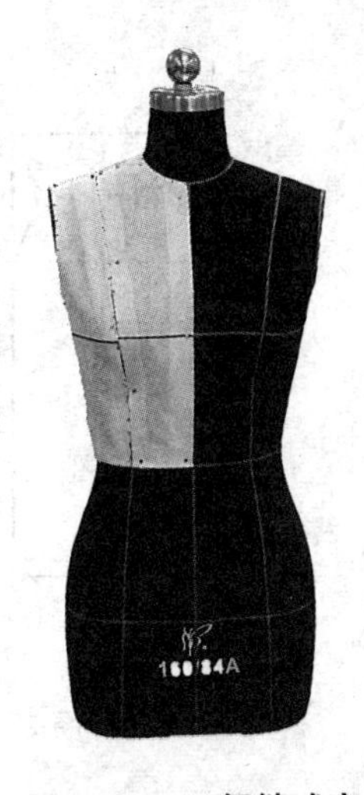

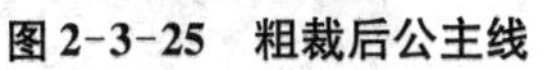

图 2-3-25　粗裁后公主线　　　　图 2-3-26　假缝试穿

(9) 把衣片从人台上取下进行描图，并留 1 cm 缝缝进行修剪，得到经典公主线款式平面结构图，如图 2-3-27 所示。

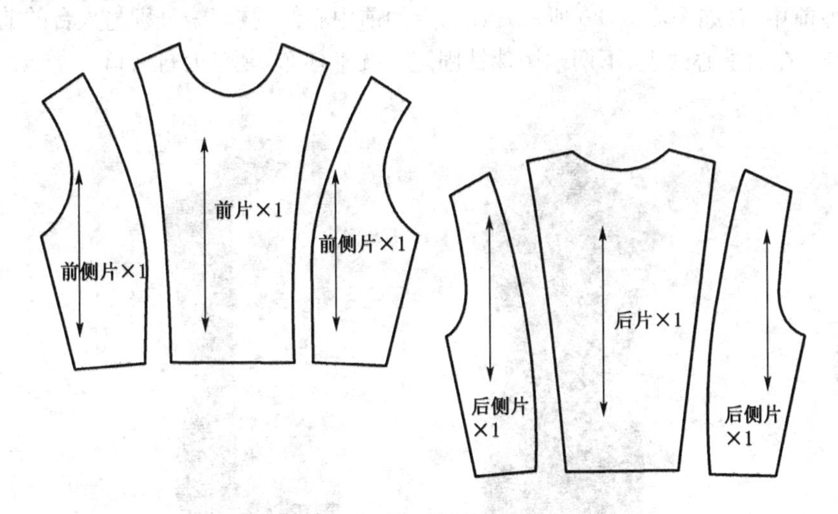

图 2-3-27　平面结构图

三、刀背缝立体造型

结构分析：分割线起于袖窿，经胸凸、腰节、延至下摆，是集功能性与装饰性于一身的完美曲线之一。

（一）坯布准备

（1）确定两块布料长度、围度；
（2）标记基准线；
（3）整理布纹，如图 2-3-28 所示。

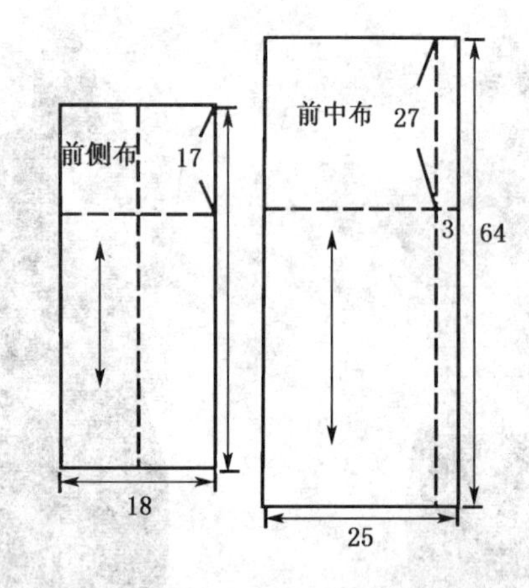

图 2-3-28　用布图

（二）前中片立体造型

(1) 标记刀背线(如图 2-3-29 所示)：根据款式标记刀背缝设计线。

(2) 披前中布(如图 2-3-30 所示)：坯布上的前中心线、胸围线分别与人台的前中心线、胸围线对齐，在前中心线上、下两端用珠针固定。抚平坯布，领口处打剪口。

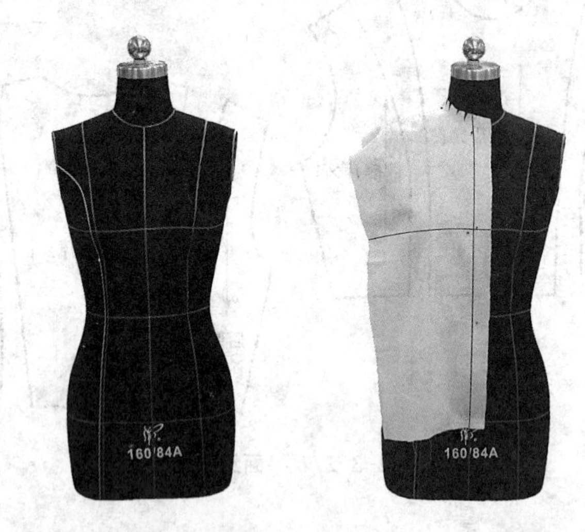

图 2-3-29　标记刀背线　　　图 2-3-30　披前中布

(3) 加放松量(如图 2-3-31 所示)：胸围线处增加 0.5 cm 放松量，双针固定，顺势向下，腰围处增加 0.5 cm 放松量。抚平领口、肩部面料，粗裁袖窿。

(4) 标记轮廓(如图 2-3-32 所示)：领口、肩线、分割线、腰围线等部分贴上标记线(或点影标记)。

（三）前侧片立体造型

(1) 披侧布(如图 2-3-33 所示)：坯布的胸围线与人台的胸围线对齐，保证坯布丝绺垂直。

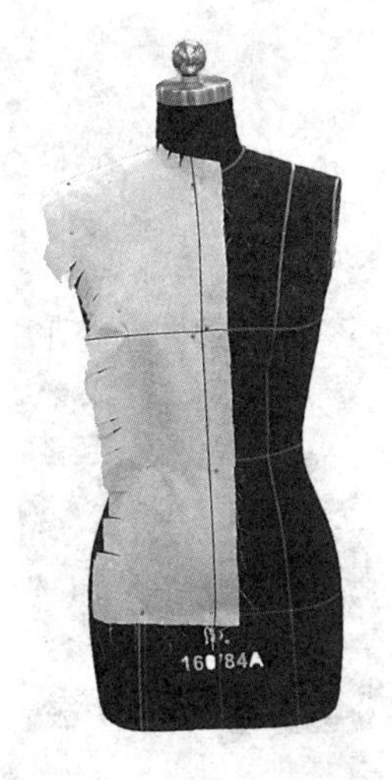

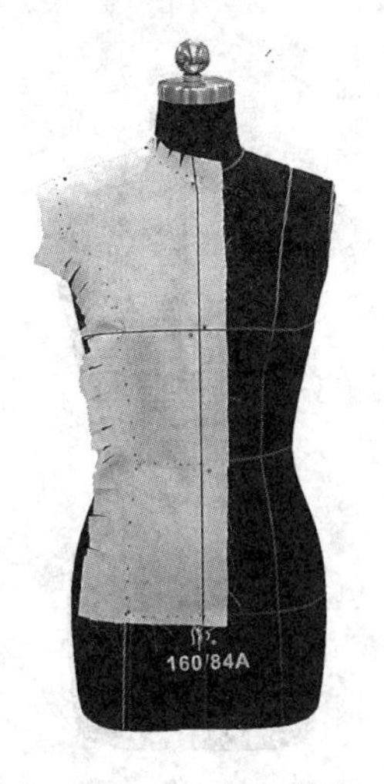

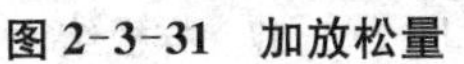

图 2-3-31　加放松量　　　　图 2-3-32　标记轮廓

(2) 粗裁袖窿(如图 2-3-34 所示):修剪袖窿,并打剪口。

(3) 标记轮廓(如图 2-3-35 所示):分割线、侧缝、腰围等部分贴上标记线(或点影标记)。

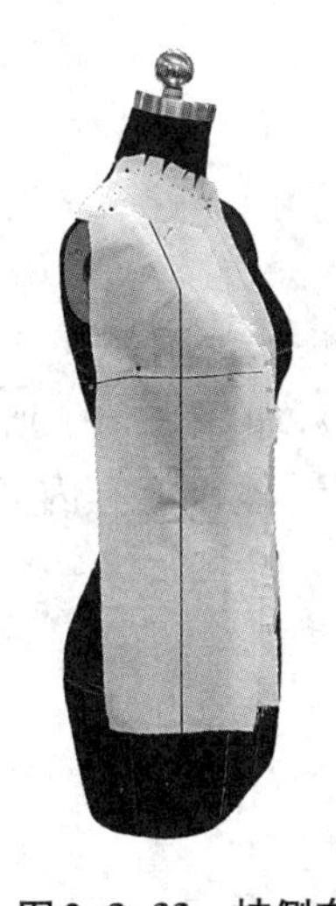

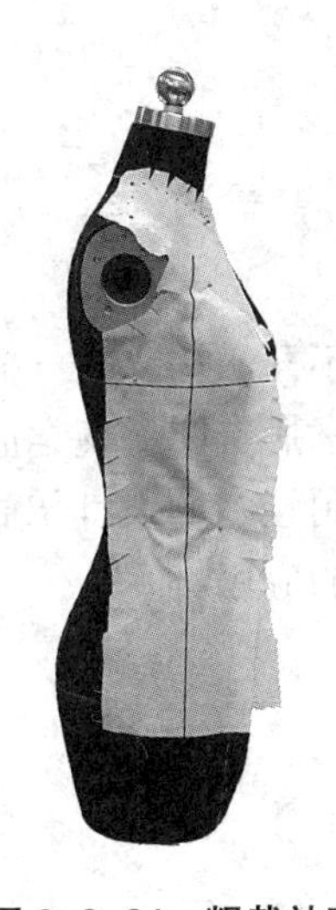

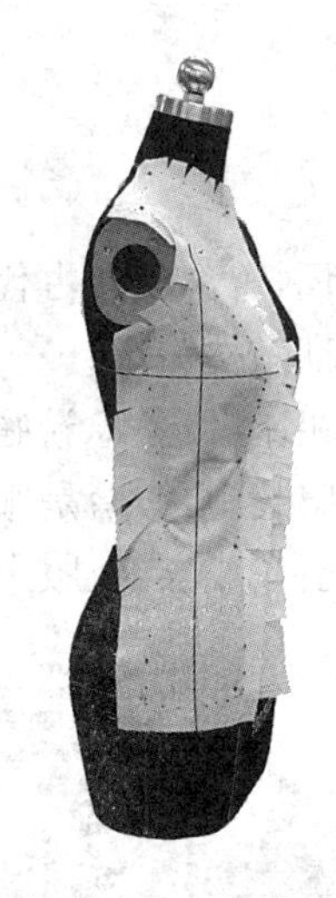

图 2-3-33　披侧布　　　　图 2-3-34　粗裁袖窿　　　　图 2-3-35　标记轮廓

(四) 整理效果与展开

(1) 假缝试穿(如图 2-3-36 所示):将衣片取下描图,留 1 cm 缝缝修剪。扣烫缝缝,假缝试穿,观察效果。

(2) 样板结构(如图 2-3-37 所示):把修正后的衣片展开平面,用弧尺、直尺修画各条结构线。

160/84A

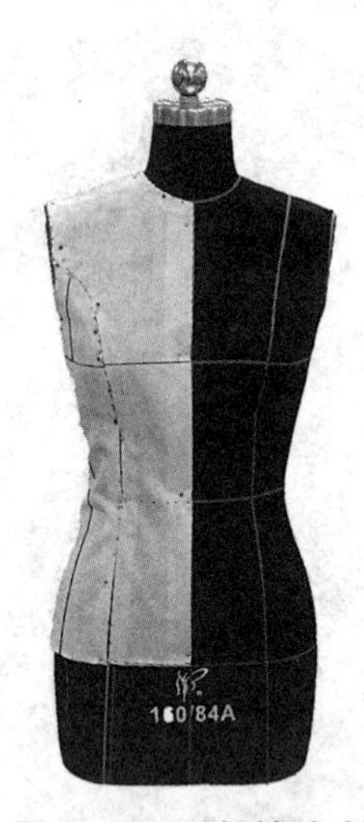

图 2-3-36 假缝试穿

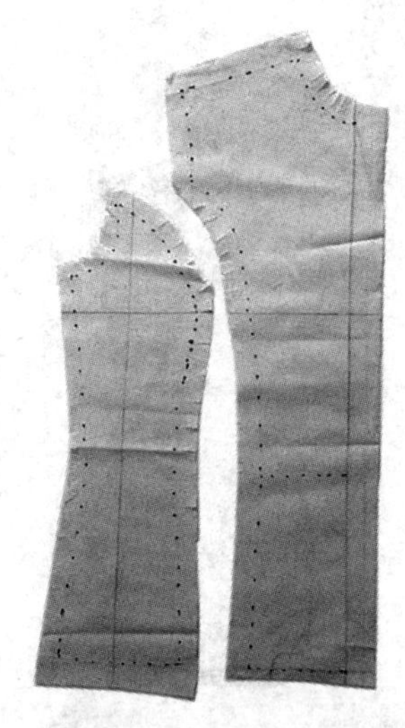

图 2-3-37 样板结构

第四节 胸部皱褶立体造型

引言

皱褶一词，曾出现在古代文学作品中：

休将包袱做枕头，怕……怕干时节熨不开皱褶。——摘自《西厢记》，如图 2-4-1 所示。

其两膝相比者，各隐卷底衣褶中。——摘自明·魏学洢《核舟记》，如图 2-4-2 所示。

在现代服装中，皱褶是服装设计中运用较多的设计语言，它使服装显得更有内涵、更生动活泼。皱褶在成衣、礼服中都有着广泛的应用。

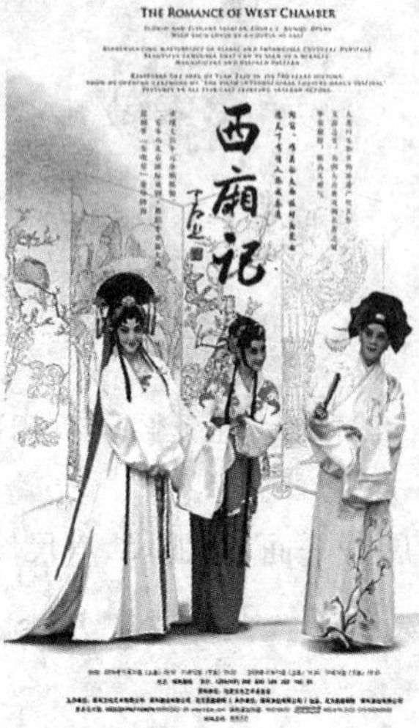

THE ROMANCE OF WEST CHAMBER
西厢记

图 2-4-1 《西厢记》

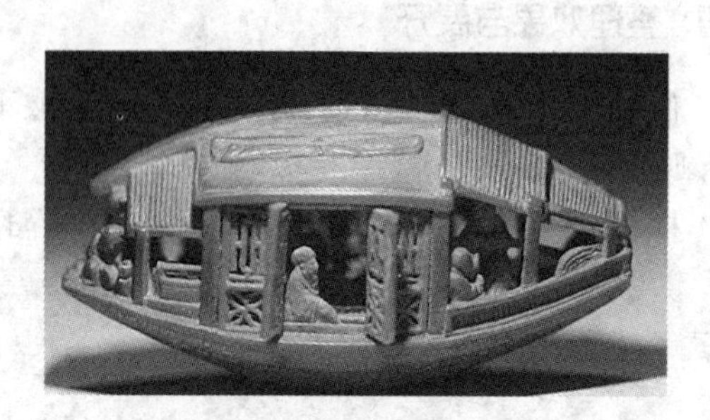

图 2-4-2 《核舟记》

一、皱褶的概念与特征

1. 皱褶概念

服装中把面料折皱或重叠，产生层次变化的各种形式均称之为皱褶，也称褶纹。

2. 皱褶特征

皱褶具有动感、美感、量感等特点，有较强的装饰性，能改变面料单一的表现形式，产生造型上的视觉效应。

3. 皱褶形成

皱褶形成与分割线相关，通过分割线可以固定褶纹。斜纱面料形成的皱褶效果最佳。

4. 抽褶的形式

褶可分为规律褶和自由褶两种基本形式。

（1）规律褶：主要体现为褶与褶之间表现出一种规律性，如褶的大小、间隔、长度相同或相似。规律褶表现的是一种成熟与端庄之感，活泼之中不失稳重，如图 2-4-3 所示。

图 2-4-3　规律褶

（2）自由褶：与规律褶相反，在褶的大小、间隔等方面都表现出一种随意之感，体现了活泼大方、怡然自得、无拘无束的服装风格，如图 2-4-4 所示。

图 2-4-4　自由褶

二、胸部皱褶立体造型

胸部皱褶表现形式一般有两种：一是皱褶与省缝组合，二是皱褶与分割线组合。两种胸部皱褶的共同点是改变单一省缝的表现形式，使胸部富于变化。其不同点是皱褶与省缝组合受到面料的限制（一块面料完成），操作起来难度较大；而皱褶与分割线组合则没有任何限制（两块以上面料完成），操作方便，表现充分。

实例一　胸部皱褶与腰部育克

款式图如图 2-4-5 所示。

（一）布料准备

（1）确定长度、围度；

（2）标记基准线：纵横各一条，如图 2-4-6 所示；

（3）整理布纹。

图 2-4-5　款式图

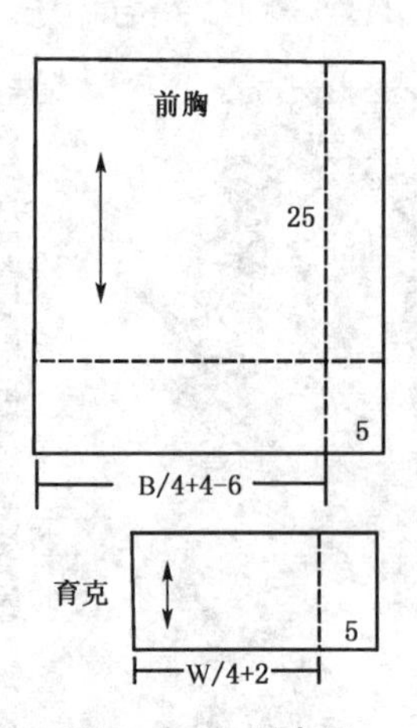

图 2-4-6　用布图

（二）操作方法与步骤

（1）标记（如图 2-4-7 所示）：按款式图在人台上标记设计线。

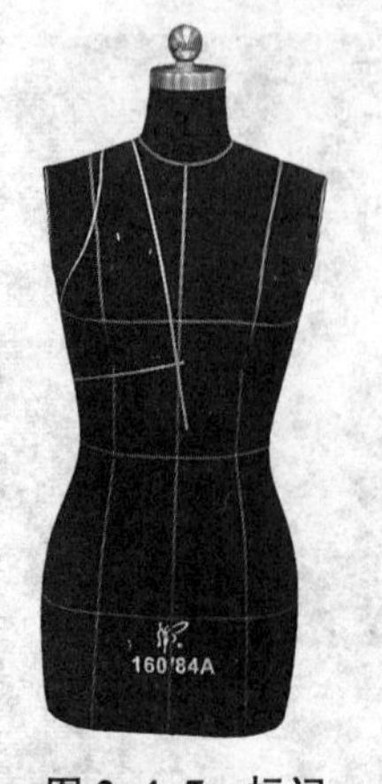

图 2-4-7　标记

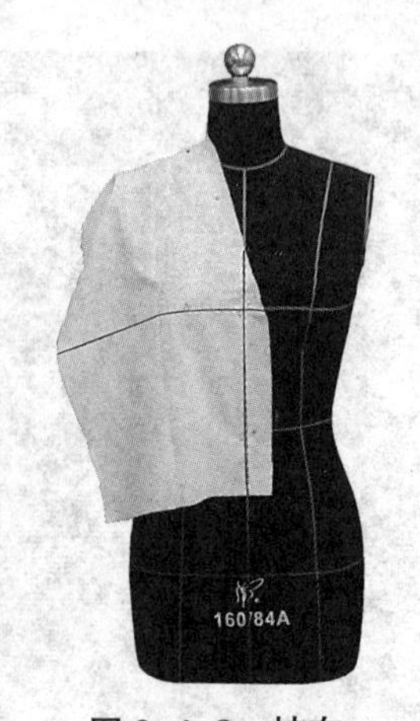

图 2-4-8　披布

(2) 披布(如图 2-4-8 所示):确定立口线,剪掉余料。

(3) 加松量(如图 2-4-9 所示):腋下撮 1cm 松量。

(4) 确定侧缝(如图 2-4-10 所示):侧面布料抚平,把褶集中在腰部。

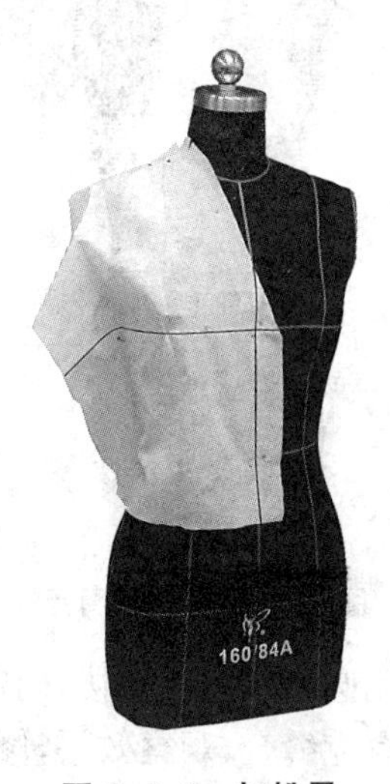

图 2-4-9 加松量

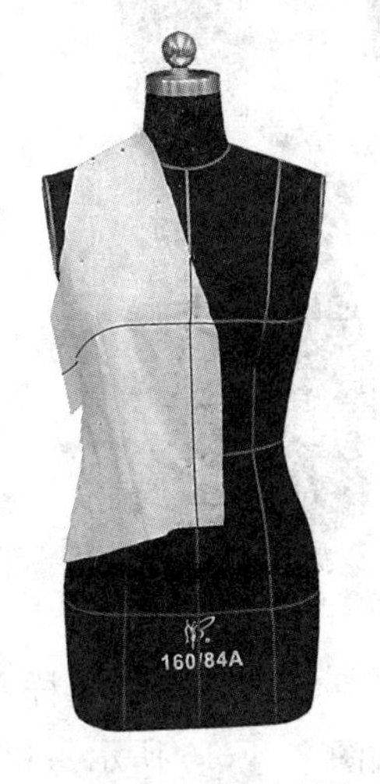

图 2-4-10 确定侧缝

(5) 做皱褶(如图 2-4-11 所示):将胸部余料做褶。

(6) 披育克(如图 2-4-12 所示):将育克布披到腰部,并对合前中线。

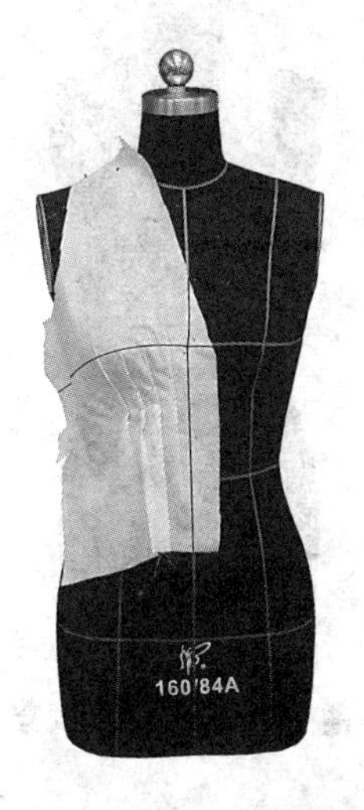

图 2-4-11 做皱褶

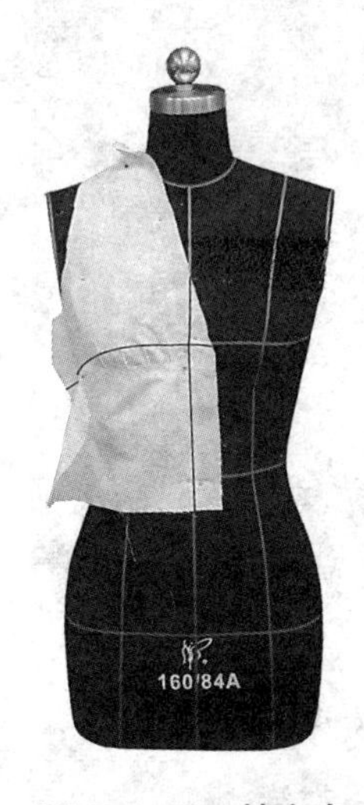

图 2-4-12 披育克

(7) 剪余料(如图 2-4-13 所示):按接合处设计线将育克布余料剪掉。

(8) 标记育克(如图 2-4-14 所示):标记育克形状,并剪掉其他余料。

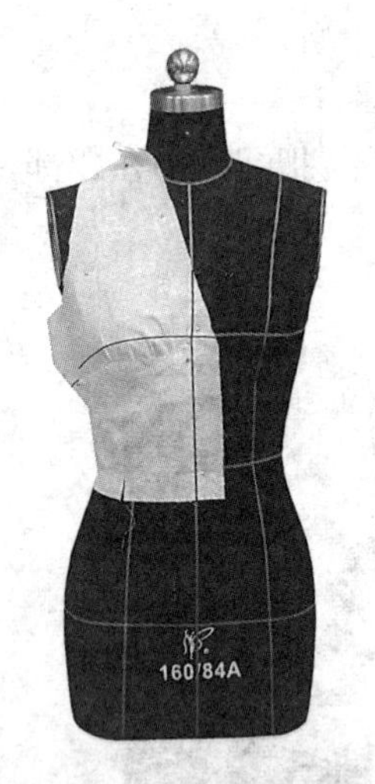

图 2-4-13　剪余料

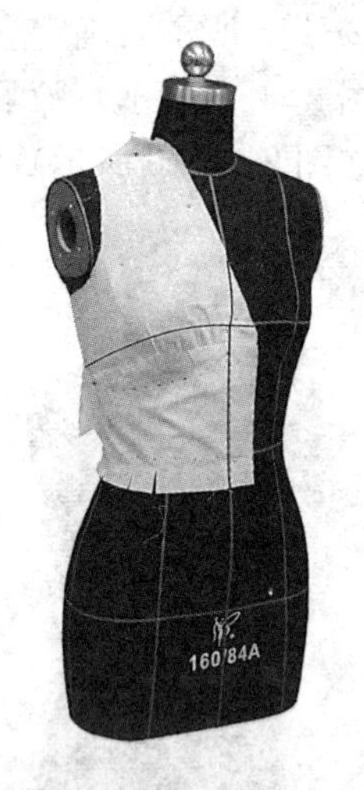

图 2-4-14　标记育克

(9) 展开图(如图 2-4-15 所示):将样衣展开,用圆滑的曲线连接,确定其轮廓。

(10) 假缝试穿(如图 2-4-16 所示):将前胸与育克缝合,观察效果,修正不合适之处。

图 2-4-15　展开图

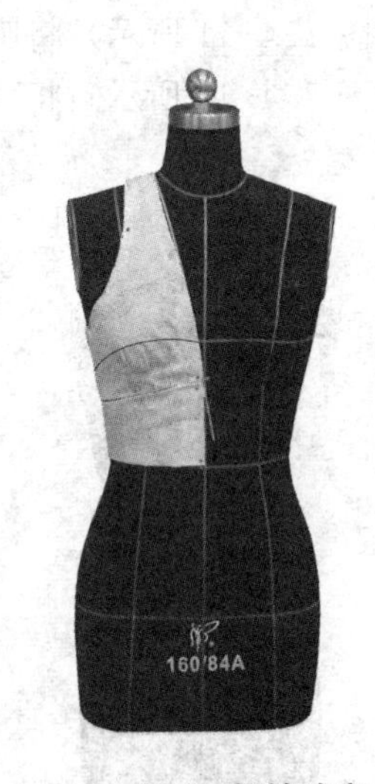

图 2-4-16　假缝试穿

实例二　皱褶与分割线

款式图如图 2-4-17 所示。

(一) 布料准备

(1) 确定两块布料长度、围度;

(2) 标记基准线,如图 2-4-18;

(3) 整理布纹。

图 2-4-17　款式图

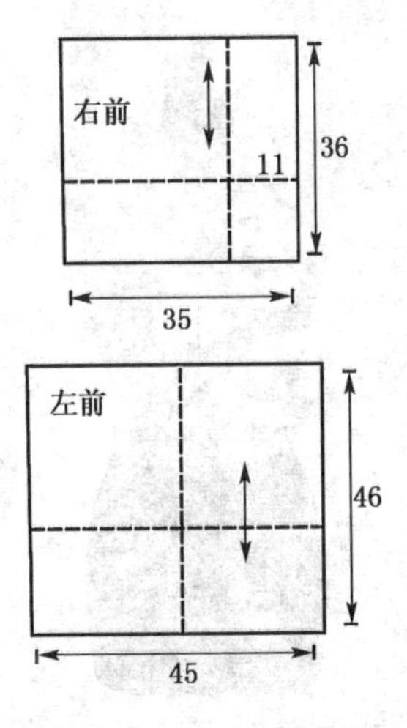

图 2-4-18　用布图

(二) 操作方法与步骤

(1) 标记设计线(如图 2-4-19 所示):根据款式标记左肩至右肋分割线。

(2) 抚推面料(如图 2-4-20 所示):沿肩、袖窿、侧缝抚推面料至腰省位置。

(3) 做皱褶(如图 2-4-21 所示):将腰省量别出皱褶,考虑褶纹的分布与大小。

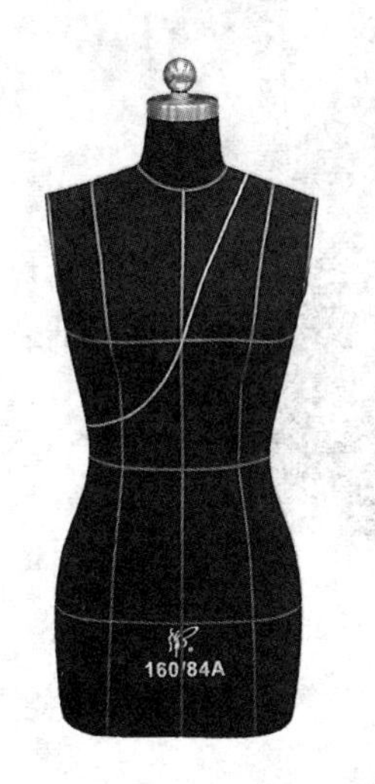

图 2-4-19　标记设计线

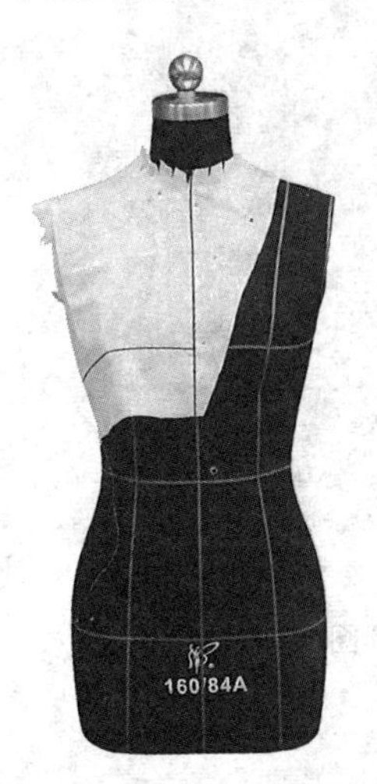

图 2-4-20　抚推面料

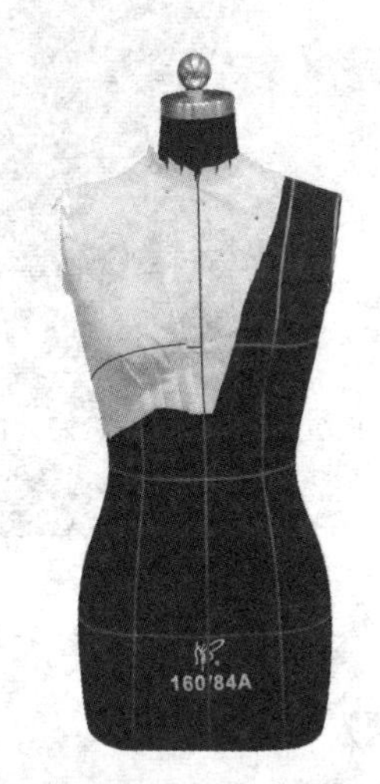

图 2-4-21　做皱褶

(4) 左前身(如图 2-4-22 所示):抚推左侧布料集中至中心省位置。

(5) 做皱褶(如图 2-4-23 所示):别出中心皱褶,考虑褶纹分布、大小及整体形状。

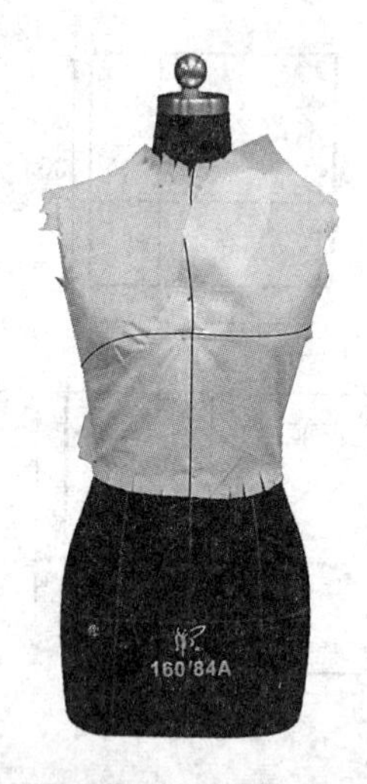

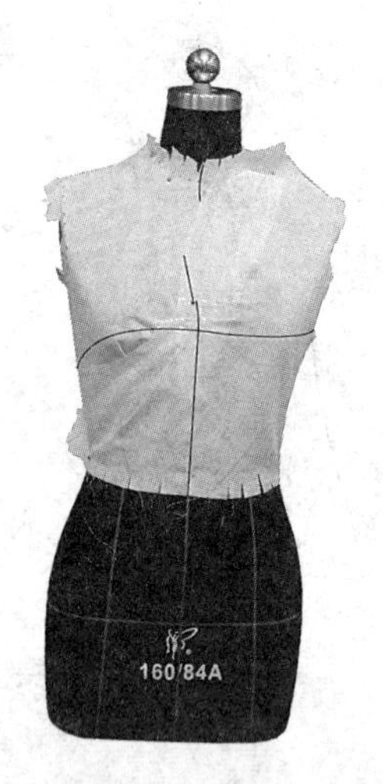

图 2-4-22　左前身　　　　图 2-4-23　做皱褶

(6) 展开图(如图 2-4-24 所示):样衣展平,连接相应各点,确定其轮廓。

(7) 假缝试穿(如图 2-4-25 所示):将前胸与育克缝合,观察效果。

图 2-4-24　展开图

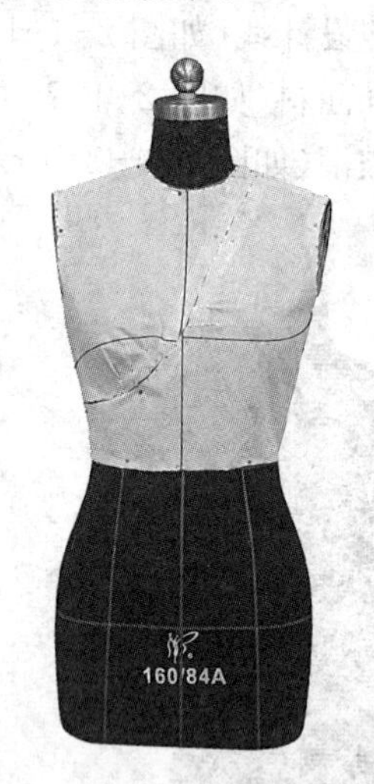

图 2-4-25　假缝试穿

【思考题】

1. 女上装原型立体裁剪时有哪些注意点?
2. 女上装不同部位的省道转移时,有哪些规律?
3. 不同形式的胸部分割,在操作时,需要注意哪些操作技巧?
4. 不同形式的胸部皱褶,在操作时,需要注意哪些操作技巧?

第三章 成衣立体裁剪——裙

章节提示：本章主要讲述 H 型裙、波浪裙的立体造型技巧及其变化，掌握立体造型与平面结构设计之间的对应关系。

第一节 H 型裙立体造型

引言

2015 年，从《甄嬛传》到《琅琊榜》，再到《芈月传》，古装剧热播。

《芈月传》刚刚开播，就刷爆各个圈子，演员们的服饰也遭到了热议。网友开启吐槽模式，尤其是对该剧“花花绿绿”的服装质疑不断：“战国时候的衣服有这么鲜艳吗?”

豆瓣网站上，不少影评人“吐槽”电视剧《芈月传》中过于前卫的穿戴。影评人“生活笔记”表示，《芈月传》定妆照上的头饰及服装因为色彩太过艳丽、装饰过于繁重而导致效果浮夸，如图 3-1-1 所示。

在那个时代，人们的服装，尤其裙装，究竟是什么样子的?

我国裙子的历史，源远流长。传说黄帝“垂衣裳而天下治”，为穿裙之始。

图 3-1-1 《芈月传》剧照

东周时期，深衣居多，可看作连衣裙的雏形。

两汉以来，穿裙渐多。东汉末年刘熙撰写的《释名·释衣服》上说："裙"，"群"也，联结群幅也。西汉时流行一种折叠成许多褶纹的"留仙裙"。

晋代时兴绛红纱复裙、丹碧纱纹双裙等。

唐朝时一般穿红色裙子，白居易有"血色罗裙翻酒污"(《琵琶行》)之句。

元朝后期，流行素淡色的裙子。

明代又流行百褶长裙，以红色为主。

清代的裙子，名目繁多，曹雪芹在《红楼梦》中提到有大红灰鼠皮裙、葱黄绫子棉裙、翡翠撒花洋绉裙等，如图 3-1-2 所示。

图 3-1-2　古代裙装

进入 20 世纪，经过第一次、第二次世界大战，女性进入社会，裙装逐渐演变成为功能性的裙装。

随着流行的不断变化，裙装也因此出现各种各样的长度和造型。在现在重视个性的时尚流行中，裙装作为女性的基本下装，与上装相结合，再加上各种材料、造型及裙长等的变化，使得在生活中穿着裙装更显得轻松惬意。

直上直下的 H 型铅笔裙以成熟端庄为特点，一直深受职业女性的喜爱。现在的 H 型裙，装饰手法越来越强，面料种类越来越丰富，只要搭配得体，可以穿出优雅大气的气质，如

图 3-1-3 所示。

图 3-1-3　H 型铅笔裙

一、款式特点

H 型裙，就是原型裙，即基本裙（经典款）。腰腹与腰臀间设腰省达到合体，裙身直筒型，裙长在膝盖上下，裙后中开衩，以方便运动，如图 3-1-4 所示。

图 3-1-4　款式图

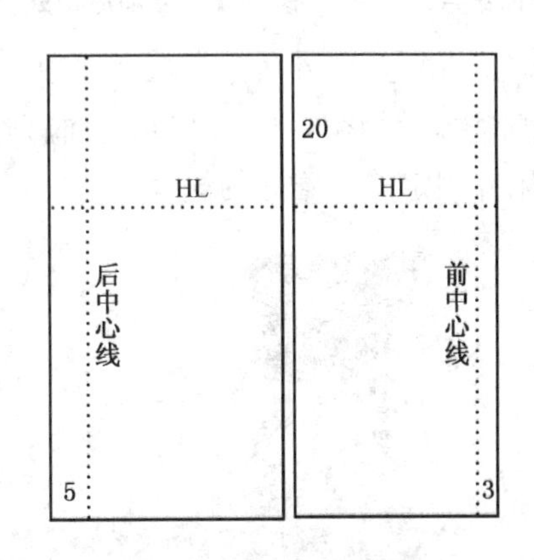

图 3-1-5　用布图

二、布料准备

(1) 前、后裙片：

长＝裙长＋5＝55 cm

宽＝臀围/4＋8＝30 cm

(2) 熨烫整理布纹垂正。

(3) 标记前、后中心线，臀围线，如图 3-1-5 所示。

三、立体造型步骤

(1) 披前裙片(如图 3-1-6 所示)：把前裙片放在人台上，坯布的前中线、臀围线分别与人台的前中线、臀围线对齐，用针固定。

(2) 加放松量(如图 3-1-7 所示)：臀围线处加 1 cm 放松量，双针固定。腰围线处增加 0.5 cm 放松量。

(3) 披后裙片加放松量(如图 3-1-8 所示)：同方法把后裙片放在人台上。臀围线处加 1 cm 放松量，双针固定。腰围线处增加 0.5 cm 放松量。

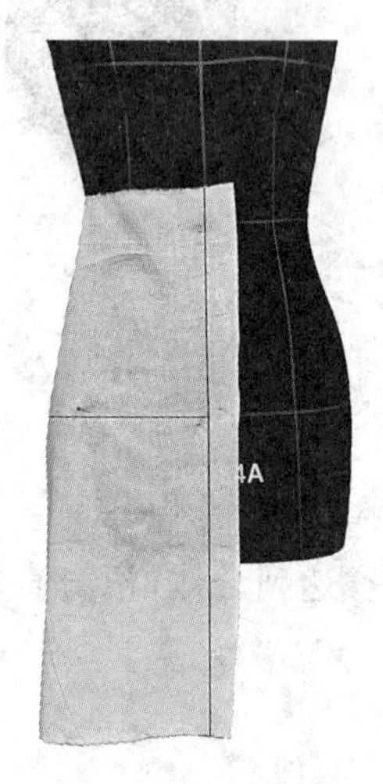

图 3-1-6　披前裙片

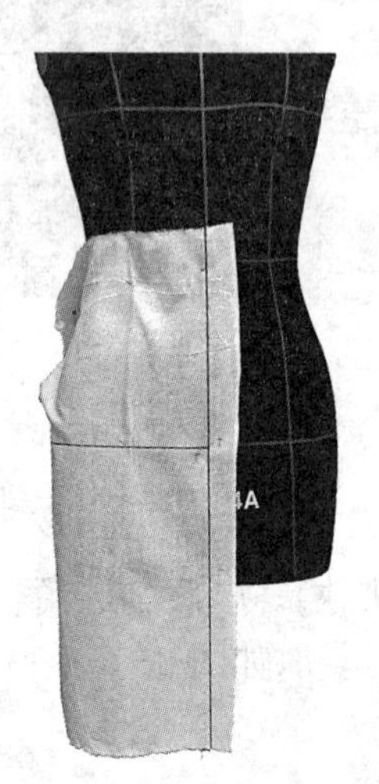

图 3-1-7　加放松量

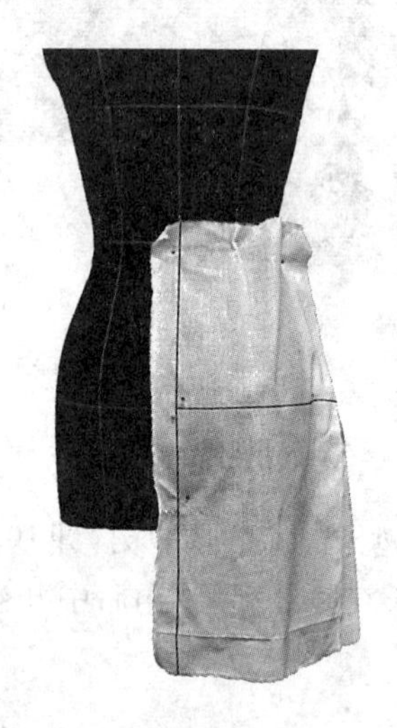

图 3-1-8　披后裙片加放松量

(4) 侧缝拼合(如图 3-1-9 所示)：侧缝拼接，直丝对齐。

(5) 确定侧腰臀弧(如图 3-1-10 所示)：将腰臀围差量三等分，其中的一份撇到侧缝，根据人台的形态，用针固定前后裙片的侧缝。

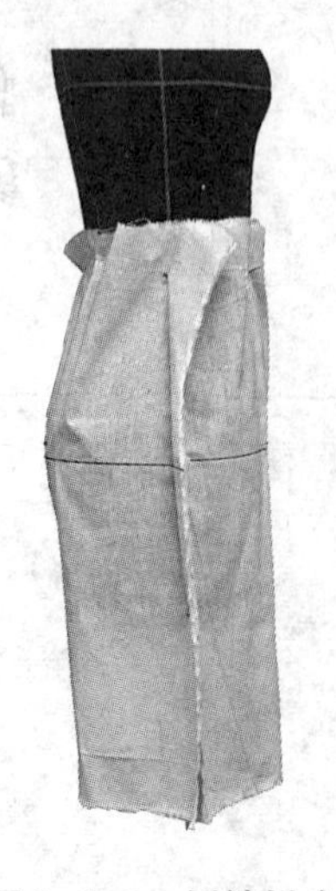

图 3-1-9　侧缝拼合

图 3-1-10　确定侧腰臀弧

(6) 做腰省(如图 3-1-11 所示):将前后裙片腰部的剩余腰臀差各整理成两个腰省,固定。省的位置、间距、长短根据腹臀部形状而定。

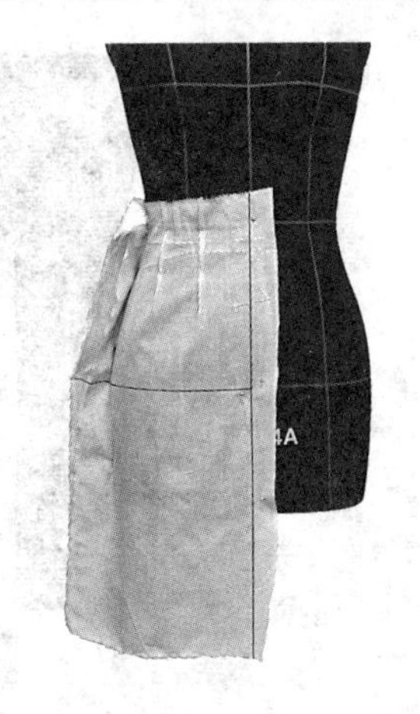

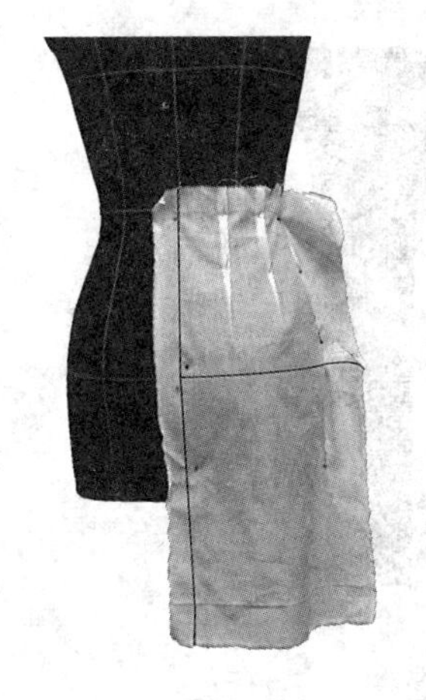

图 3-1-11　做腰省

(7) 标记、剪余料(如图 3-1-12 所示):留出缝缝,剪掉余料,用标记带(或点影标记)标出侧缝、省道净缝线、腰线、底摆线和对位记号。

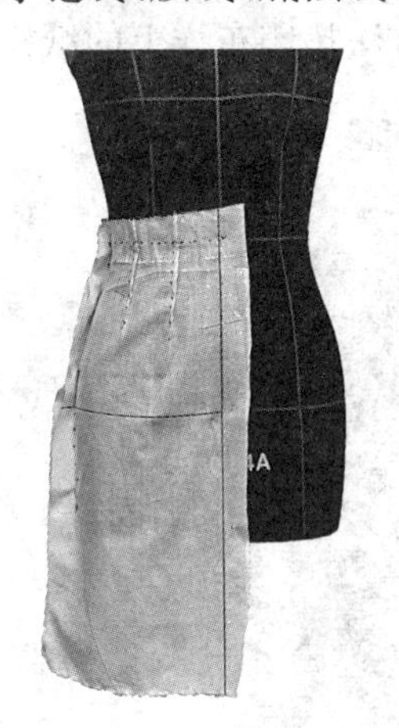

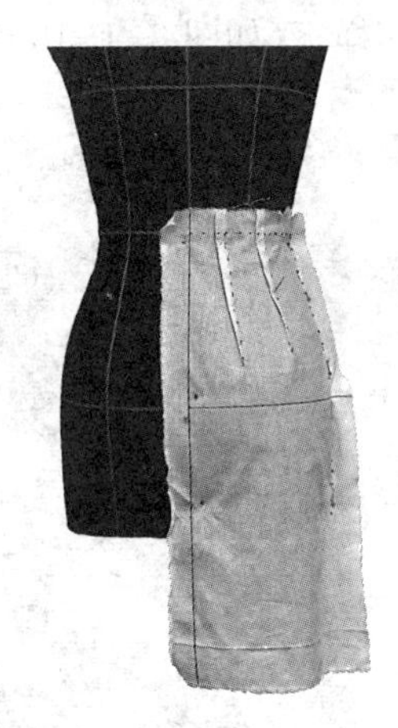

图 3-1-12　标记、剪余料

(8) 整理结构线(如图 3-1-13 所示):把衣片展为平面,用弧尺、直尺修画各条结构线,留 1 cm 缝缝。

图 3-1-13　整理结构线

(9) 扣烫缝缝、假缝试穿、观察效果(如图 3-1-14 所示):按前、后裙片净缝线扣烫缝缝,假缝试穿,并放上腰头,观察整体效果。

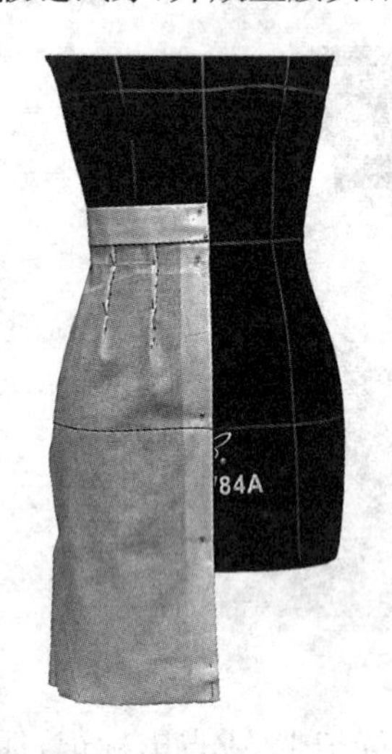

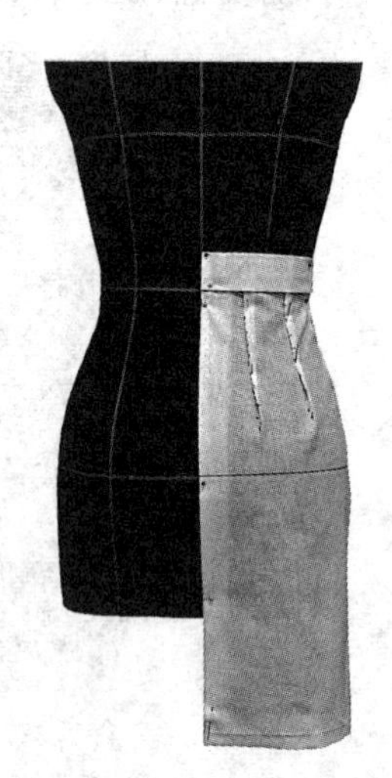

图 3-1-14　扣烫缝缝、假缝试穿、观察效果

(10) 拓印样板(如图 3-1-15 所示):用滚轮或其他方法拓印布样上的纸样形状。

图 3-1-15　拓印样板

第二节　A 型波浪裙立体造型

引言

波浪裙多次出现在文学作品中:

云想衣裳花想容,春风拂槛露华浓。——李白《清平调·其一》

曲曲折折的荷塘上面,弥望的是田田的叶子。叶子出水很高,像亭亭的舞女的裙。——朱自清《荷塘月色》。

优美的波浪裙，深受青睐，如图 3-2-1、图 3-2-2 所示。

图 3-2-1　作品中的波浪裙

图 3-2-2　明星的波浪裙

波浪裙能否走进寻常百姓家呢?

你了解自己的身材吗? 请根据图 3-2-3 判读自己的身材。A 字型身材的姑娘该穿什么裙子呢?

波浪裙的裙型与皱褶设计可以不动声色地修饰 A 字型身材人的臀胯线条以及大腿赘肉，对于腿型不匀称的姑娘而言是贴心救星。在高跟鞋的提拉作用下，原本纤长的小腿线条变得更加漂亮，突出优点，大放异彩。

图 3-2-3　体型分类

一、款式特点

波浪裙又称圆裙，呈上小下大的放射状，裙身垂挂下来形成波浪褶。

下摆造型：有平齐、参差不齐、一边长一边短、前短后长等裙摆变化。

波浪的褶量及个数，影响裙摆的大小。有 180°半圆裙、270°圆裙、360°圆裙等。

常有一片裁、二片裁、三片裁等裁剪方法，如图 3-2-4 所示。

图 3-2-4　款式图

二、波浪裙立体造型

二片平齐摆波浪裙的款式图如图 3-2-5 所示。

(一) 布料准备

(1) 估料:长=2×L(裙长)+20~24(cm),
宽=L(裙长)+10~12(cm),
长方形两块面料。
(2) 整烫:熨烫布面平整,丝缕垂正。
(3) 画线与剪口:在布中画垂线,剪口 10 cm,如图 3-2-6 所示。

图 3-2-5 款式图

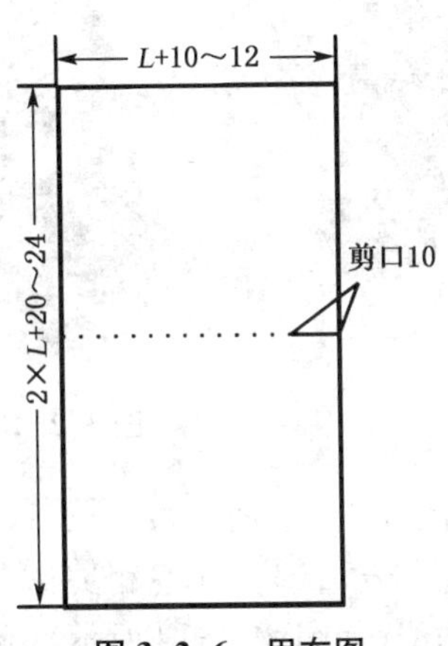

图 3-2-6 用布图

(二) 波浪裙立体造型

(1) 披布(如图 3-2-7 所示):面料的垂线与人台的前中心线对齐固定。
(2) 做第一个波浪(如图 3-2-8 所示):与前中腰相距 1~2 cm 用针固定,整理波浪褶,腰线上 1 cm 打横剪口。

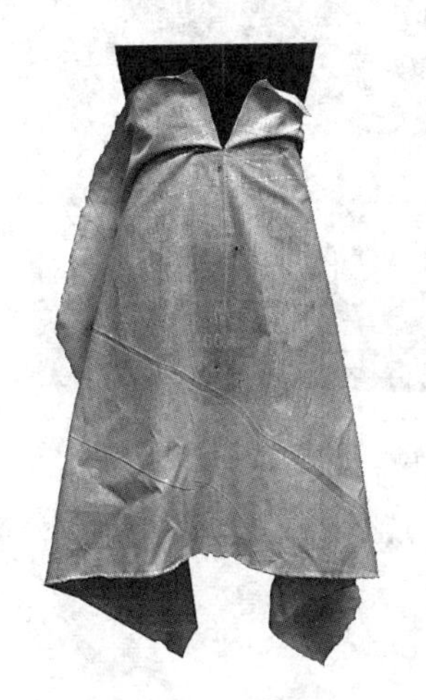
图 3-2-7 披布

图 3-2-8 做第一个波浪

图 3-2-9 做第二个波浪

（3）做第二个波浪（如图 3-2-9 所示）：与第一个波浪间距 2～4 cm 用针固定，整理波浪，腰线上 1 cm 打横向剪口。

（4）依次做波浪（如图 3-2-10 所示）：同方法依次做波浪褶及另一边波浪褶，要求波浪大小均匀、左右对称。

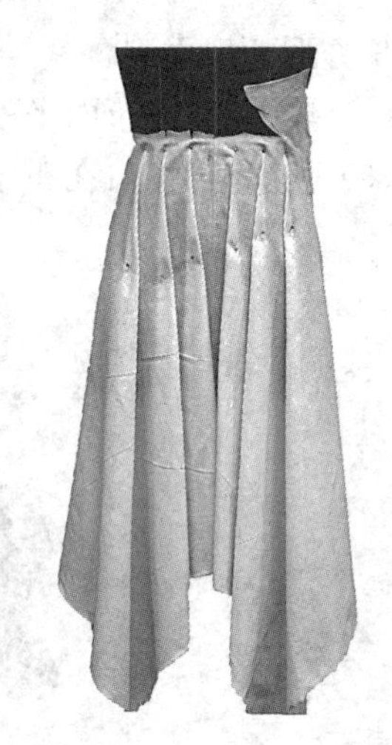

图 3-2-10　依次做波浪

（5）标记（如图 3-2-11 所示）：标记腰、下摆及侧缝的净缝线。

（6）开剪（如图 3-2-12 所示）：粗剪裙下摆。

（7）整理结构线（如图 3-2-13 所示）：卸下裙片展为平面，修画净缝线，留 1 cm 缝缝，修剪余料。

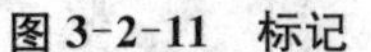

图 3-2-11　标记

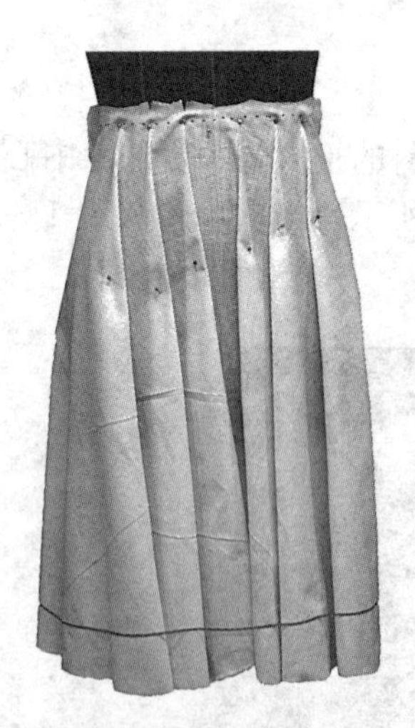

图 3-2-12　开剪

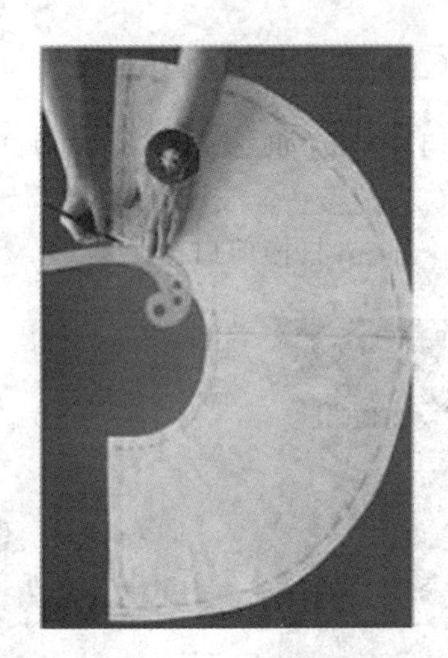

图 3-2-13　整理结构线

（8）假缝试穿（如图 3-2-14 所示）：前后裙片别合穿于人台，观察整体效果，试穿修正。

图 3-2-14　假缝试穿

(9) 样片展开(如图 3-2-15 所示):把修正后的裙片展为平面,确定净缝线,留 1 cm 缝缝裁剪完整,拓印样板。

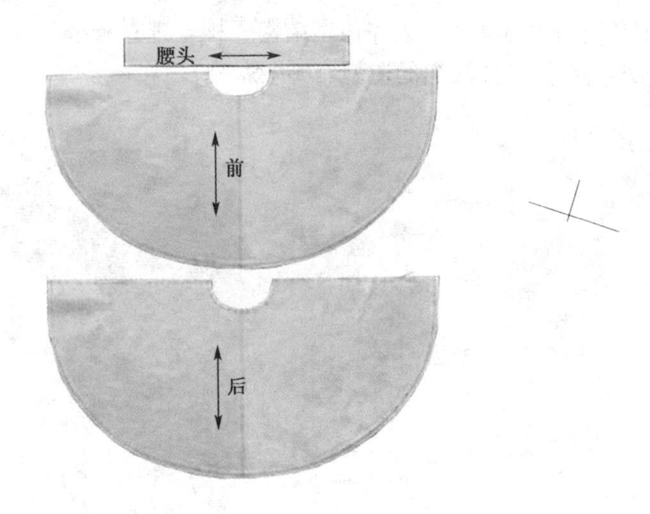

图 3-2-15　样片展开

(三) 波浪裙的造型变化

腰围线与裙摆线长度之差形成波浪褶褶纹,差数越大,波浪褶的个数越多,裙摆就越大。一般有 180°半圆裙、270°圆裙、360°圆裙等,裙摆也有一片、二片、三片等多种组成形式。波浪裙下摆有圆下摆、手帕式下摆、异形下摆等造型变化,如图 3-2-16 所示。

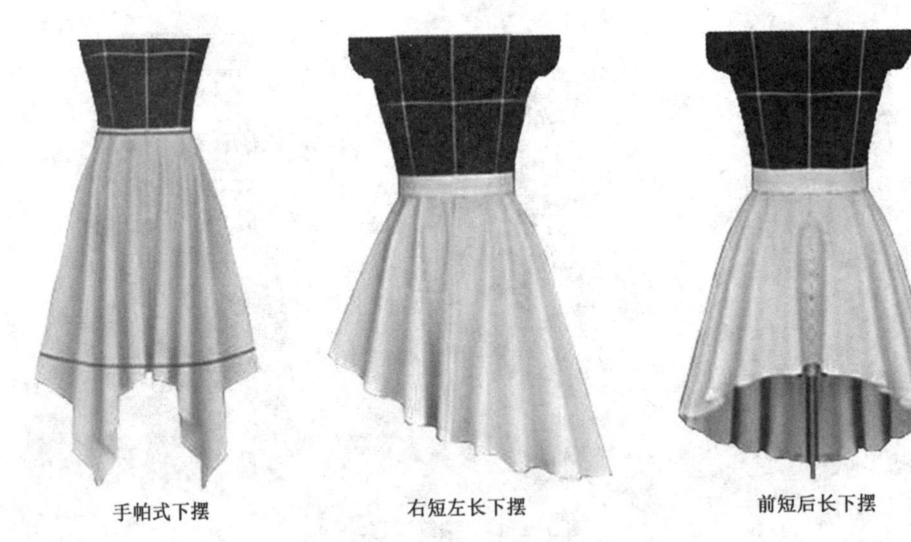

图 3-2-16　波浪裙摆造型变化

【思考题】

1. H 型裙的立体造型与人体体型结构有哪些对应关系?
2. 面料的性能对波浪裙的造型有哪些影响?

第四章　成衣立体裁剪——连衣裙

章节提示:本章主要讲述了X型连衣裙、A型连衣裙的立体造型技巧及其变化,掌握立体造型与平面结构设计之间的对应关系。

第一节　X型连衣裙立体造型

引言

正如美国设计师Diane所说:要感觉像个女人,请穿连衣裙。Diane当年曾设计出一条不用拉链的针织连衣裙Wrap Dress,一炮而红,连衣裙也从此得到前所未有的关注,甚至成为20世纪70年代的一种标志、一种文化现象,并成为国际时尚界无法复制的经典。40年后的今天,连衣裙被时尚大师们赋予了各种各样的语言,唯独不变的是它那浓浓的女人味。

银幕上,连衣裙是《七年之痒》里性感的Marilyn Monroe,是《上天创造女人》中感性的Brigitte Bardot,是《蒂凡尼早餐》中高贵的Audrey Hepburn……她那身着小黑裙的模样在此后的半个世纪里一直是萦绕人们脑海的永恒经典,如图4-1-1所示。

《七年之痒》Marilyn Monroe

《上天创造女人》Brigitte Bardot

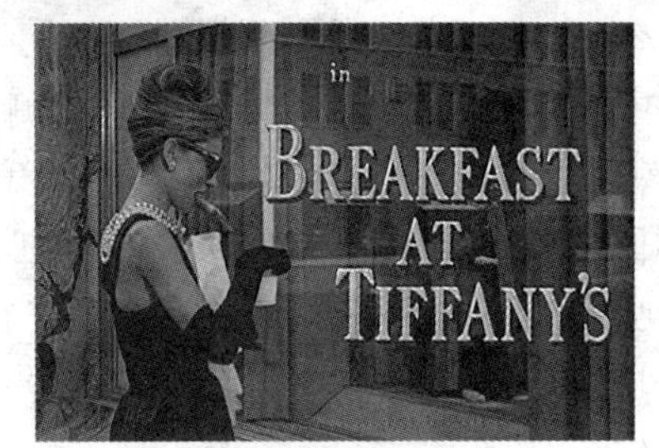

《蒂凡尼早餐》Audrey Hepburn

图4-1-1　银幕上的连衣裙

连衣裙廓形包括 A 型、X 型、H 型、O 型和 T 型，如图 4-1-2 所示。

A 型裙：上窄下宽。具有活泼、洒脱、流动感等特征。

X 型裙：中间收紧，两端放大，腰部收紧，肩部、下摆放大。具有柔和、优美、女性味浓的特点。

图 4-1-2　连衣裙廓形

H 型裙：线形变化，小肩、腰、臀围、下摆的宽度基本相同。具有修长、简约、宽松、舒适之感。

O 型裙：没有明显的棱角，外形圆润饱满，中间部位呈松弛状态。具有休闲、舒适、随意的特征。

T 型裙：上大下小，肩部夸张。具有大方、洒脱、男性之感。

连衣裙在各种款式造型中被誉为“款式皇后”，是变幻莫测、种类最多、最受明星青睐的款式。炎热的夏天，装扮热辣的女生，摇曳着修长的美腿和纤细的腰肢，吸引着人们的目光。但不同体型的人适合不同款式的连衣裙。如果没有纤细的双腿，也没有杨柳细腰，应该选一条什么款式的连衣裙呢？应该选一条 X 型的中长款连衣裙，如图 4-1-3 所示。

一、款式分析

X 型连衣裙在 20 世纪 50 年代由 Dior 推出流行，造型特征是宽肩、阔摆、收腹。

图 4-1-3　X 型的中长款连衣裙

本款特点：在胸下、低腰的横向分割，腰部收紧，肩部与裙摆展放，呈上下宽大、中间纤细造型；采用褶裥突出胸部、碎褶使裙摆展放。尽显女性柔美、优雅气质，又不失活泼、妩媚、浪漫的风格，如图 4-1-4 所示。

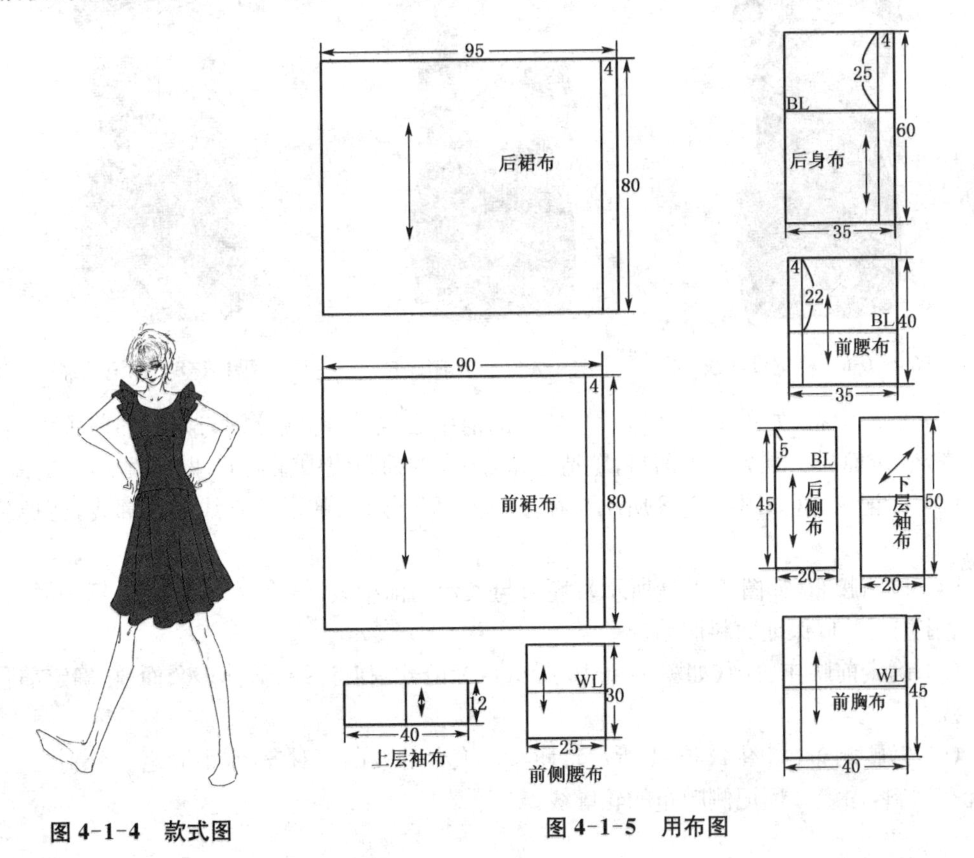

图 4-1-4　款式图　　**图 4-1-5　用布图**

二、面料准备

面料准备如图 4-1-5 所示。

前胸布：长 45 cm、宽 40 cm；
前腰布：长 40 cm、宽 35 cm；
前侧腰布：长 30 cm、宽 25c m；
后身布：长 60 cm、宽 35 cm；
后侧布：长 45 cm、宽 20 cm；
上层袖布：长 40 cm、宽 12 cm；
下层袖布：长 50 cm、宽 20 cm；
前裙布：长 90 cm、宽 80 cm；
后裙布：长 95 cm、宽 80 cm。

三、连衣裙的立体裁剪

（一）前身立体造型

（1）标记设计线（如图 4-1-6 所示）：胸部放上胸垫；根据款式，标记领口、胸下分割线、低腰分割线、侧腰分割线等设计线。

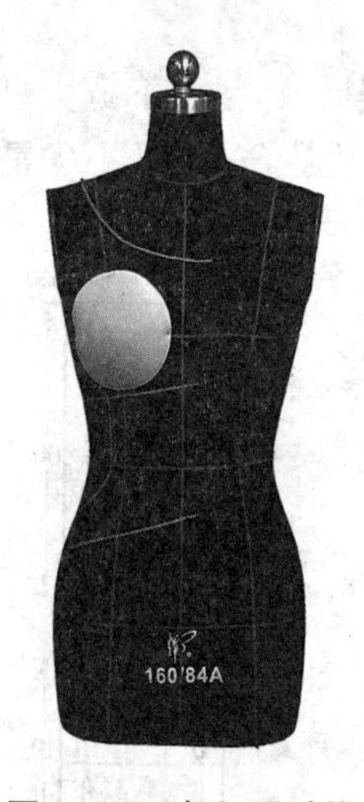

图 4-1-6　标记设计线

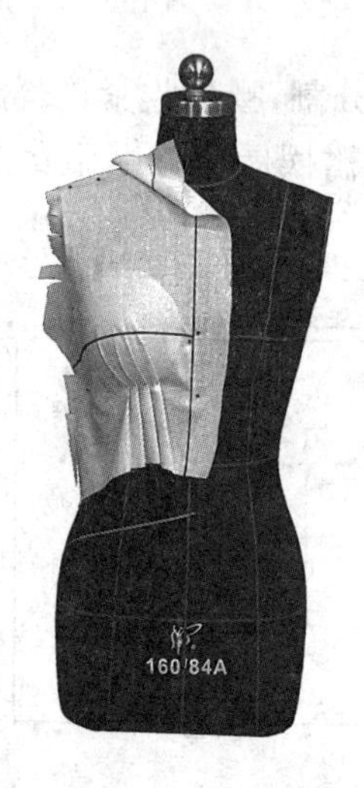

图 4-1-7　披前胸布

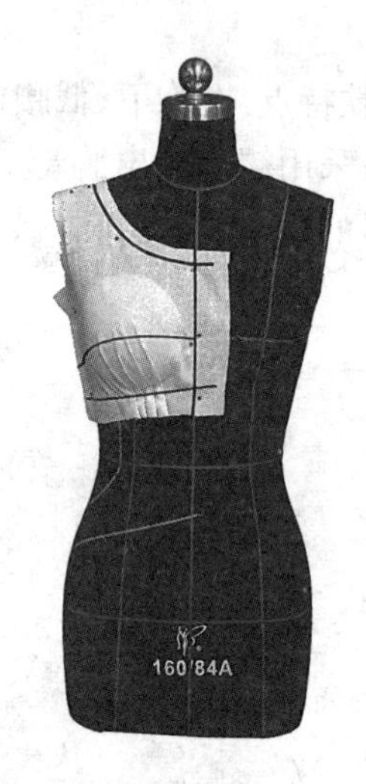

图 4-1-8　标记轮廓

（2）披前胸布（如图 4-1-7 所示）：坯布的前中心线、胸围线分别与人台的前中线、胸围线对齐，固定面料。顺势抚平面料，塑造造型，多余的面料集中在胸下，做褶裥。

（3）标记轮廓（如图 4-1-8 所示）：在坯布上标记领口、胸下分割线等轮廓线，剪掉多余面料。

（4）披前腰布（如图 4-1-9 所示）：坯布与人台的前中线、腰围线分别对齐，抚平面料，相应位置打上剪口，保证面料服帖。

（5）确定前腰布轮廓（如图 4-1-10 所示）：标记分割设计线，剪掉多余面料，确定前腰布轮廓线。

（6）做腰侧布（如图 4-1-11 所示）：坯布与人台的腰围线对齐，水平固定。分别向上、向下抚平面料，固定。标记侧腰布的轮廓线。

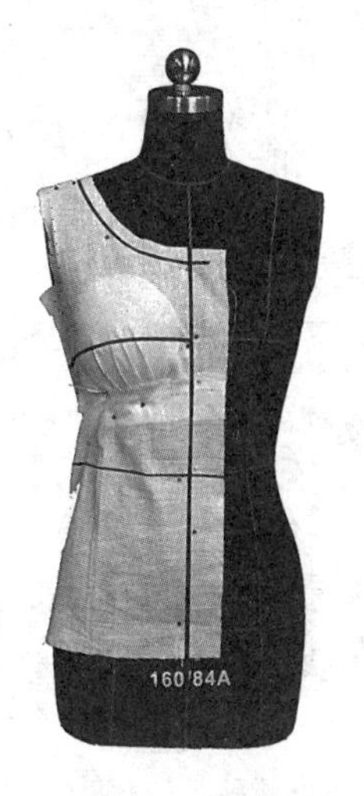

图 4-1-9　披前腰布

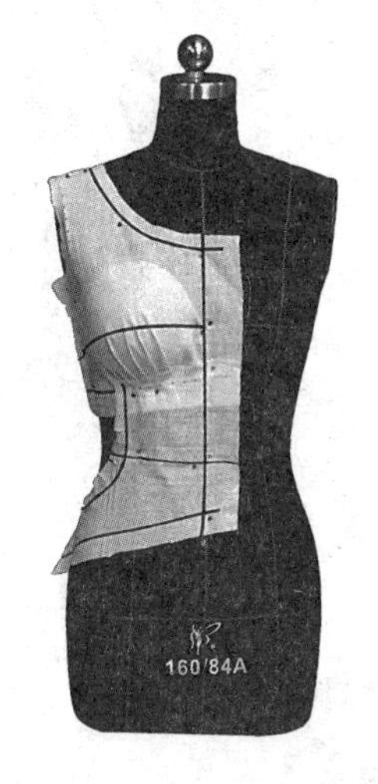

图 4-1-10　确定前腰布轮廓

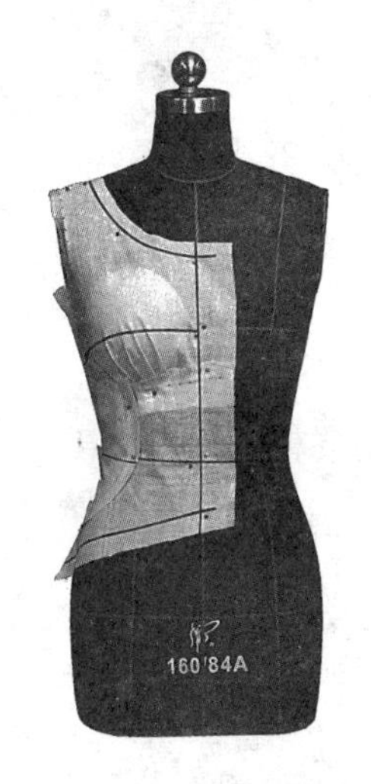

图 4-1-11　做腰侧布

（二）后身立体造型

(1) 标记设计线(如图 4-1-12 所示)：根据款式要求，标记相应的设计线。

(2) 披后中布(如图 4-1-13 所示)：坯布与人台的后中线、胸围线分别固定，抚平面料，侧腰部位适当打剪口，抚平面料。用标记带标记轮廓线。

(3) 修剪余料(如图 4-1-14 所示)：剪掉后衣片多余面料。

(4) 披后侧布(如图 4-1-15 所示)：后侧布与人台的腰围线分别对齐，固定。向下抚平面料。

(5) 确定后侧布轮廓(如图 4-1-16 所示)：根据分割线和侧缝线特征，确定后侧布轮廓。

(6) 整理造型(如图 4-1-17 所示)：整理结构线，留 1 cm 缝缝。

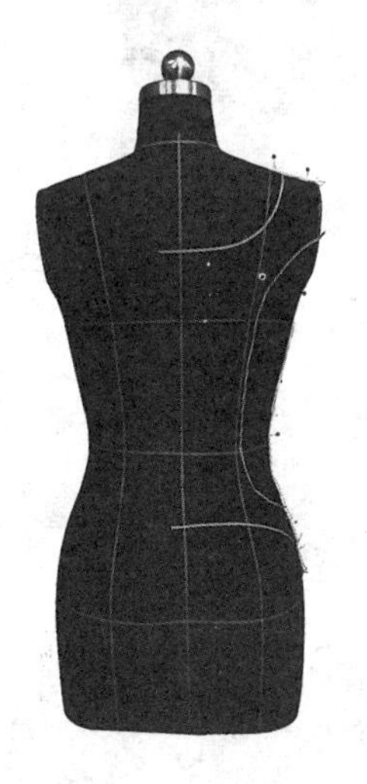

图 4-1-12　标记设计线

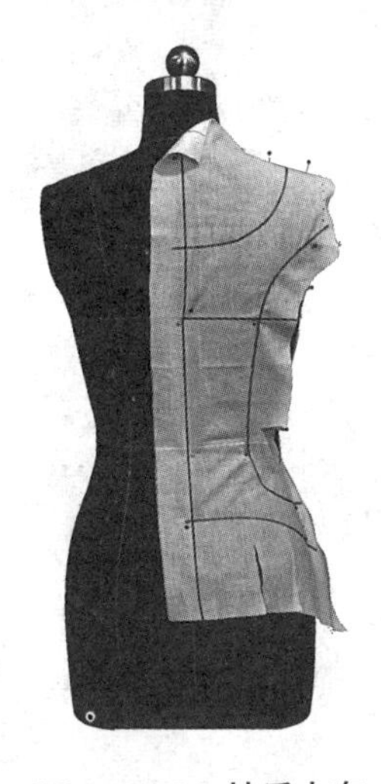

图 4-1-13　披后中布

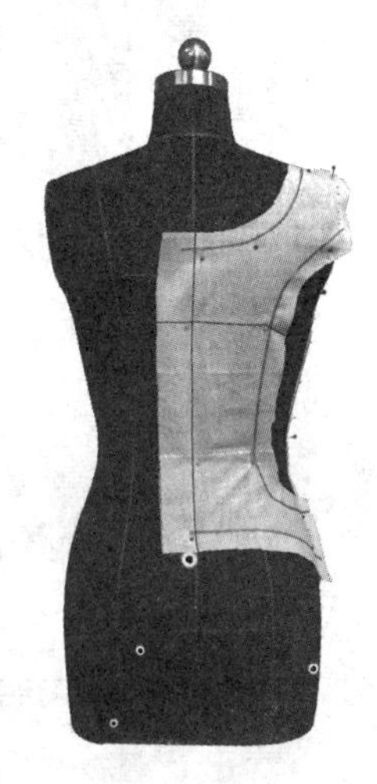

图 4-1-14　修剪余料

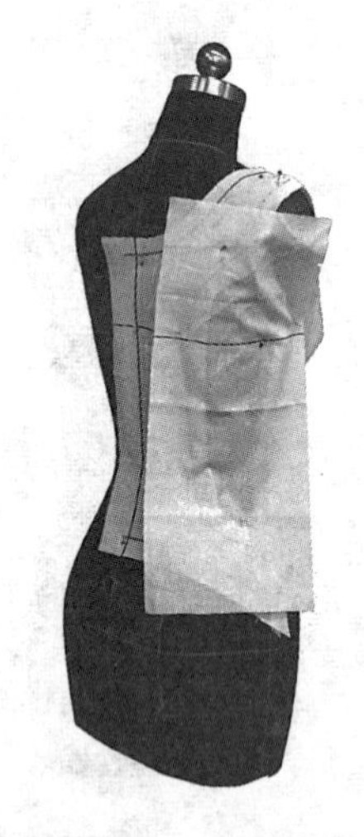

图 4-1-15　披后侧布

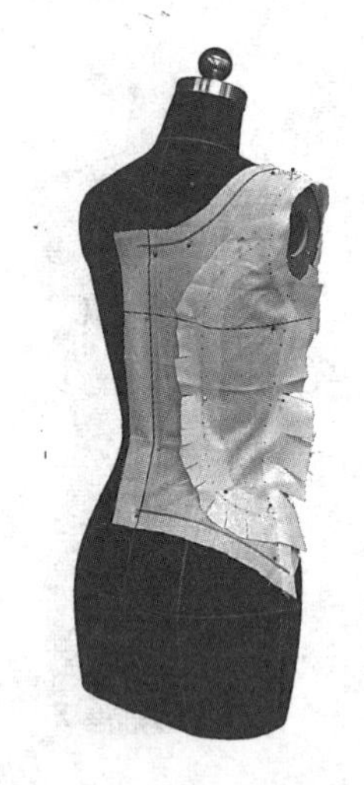

图 4-1-16　确定后侧布轮廓

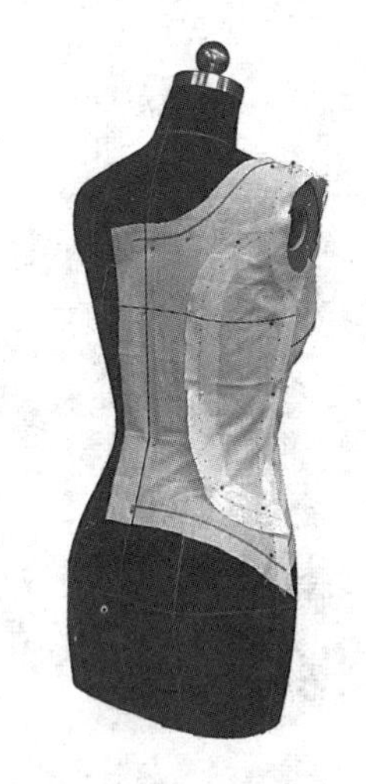

图 4-1-17　整理造型

（三）裙身立体造型

(1) 披前裙布(如图 4-1-18 所示)、披后裙布(如图 4-1-19 所示):前、后裙片坯布的侧缝缝合在一起,用手针或平缝机缩缝抽褶。披裙片,水平固定,侧缝对齐。

(2) 整理造型(如图 4-1-20 所示):裙片与上衣低腰围线拼接的位置用标记线标记出来。

图 4-1-18　披前裙布

图 4-1-19　披后裙布

图 4-1-20　整理造型

（四）衣袖立体造型

(1) 裁剪衣袖(如图 4-1-21 所示):根据造型,粗裁袖片。

(2) 装衣袖(如图 4-1-22 所示):上下两层袖片缩缝在一起。手臂模型装到人台上,袖片缩缝后与衣片固定在一起。

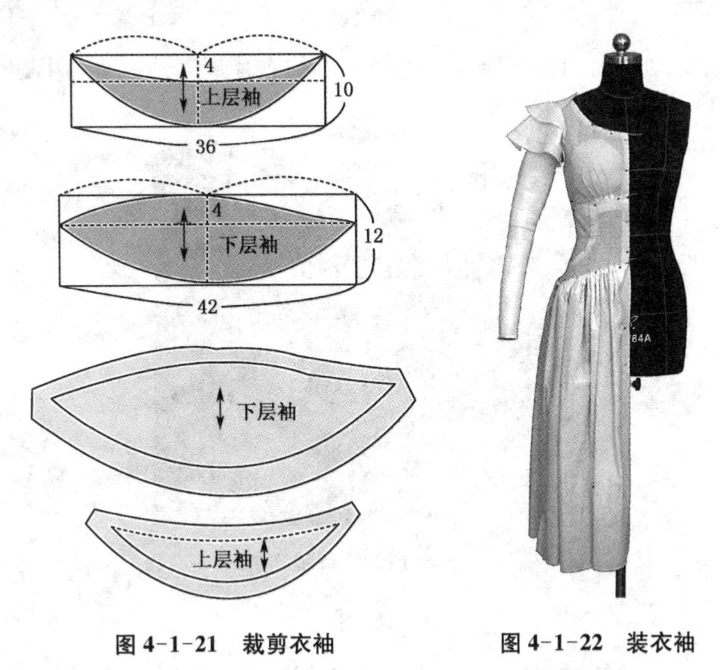

图 4-1-21　裁剪衣袖　　　　图 4-1-22　装衣袖

（五）试穿效果

假缝试穿，整体效果，如图 4-1-23 所示。将衣片取下描图，留 1cm 缝缝修剪。扣烫缝缝，假缝试穿，观察效果。

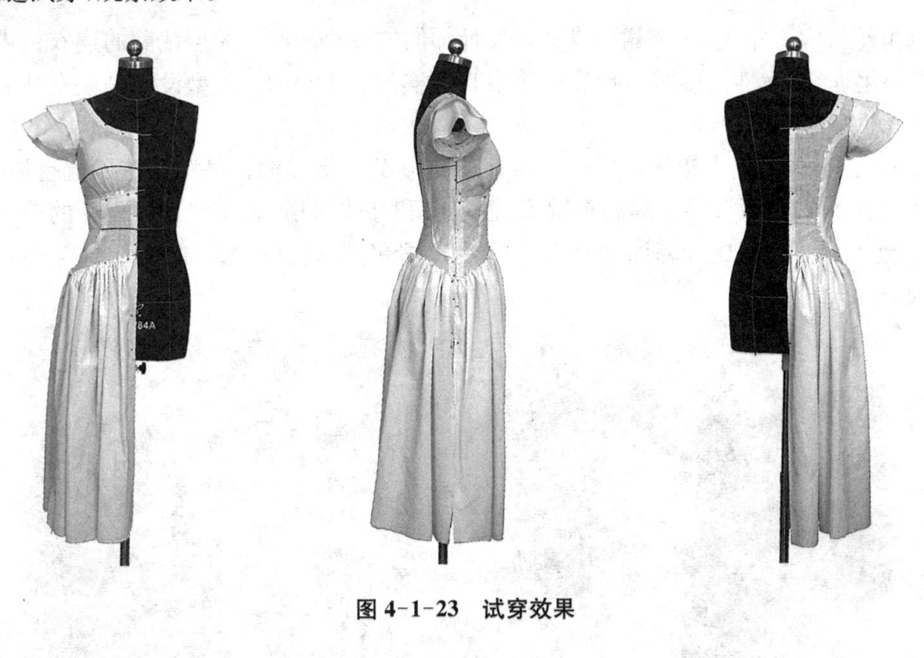

图 4-1-23　试穿效果

（六）样片展开

整理样板结构，如图 4-1-24 所示。把修正后的衣片展开成平面，用弧尺、直尺修画各条结构线。

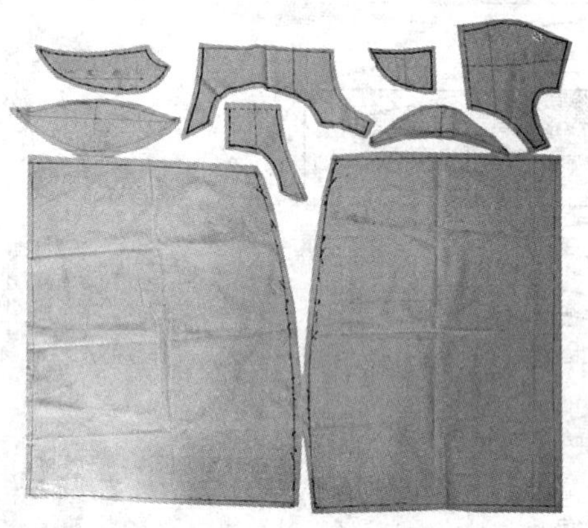

图 4-1-24 样板图

第二节 A型连衣裙立体造型

引言

20世纪五六十年代，A型裙一直都是设计师们的灵感来源。A型裁剪的连衣裙讲究腰线处的变化，能将女性曲线神奇地变成未发育成熟的少女，所以A型设计是让女性显得年轻有活力的好方法。

在T台上，A型连衣裙比比皆是，Gucci、Kenzo都有极佳的作品顺应这股流行风潮，另外A型的连衣裙因为将腰线提高至胸下，也很应和韩式风格，备受“哈韩”一族的追捧。最近以来，连衣裙一时间成为韩国女星钟爱的款式，下面就让我们来一睹她们身穿连衣裙的风采，如图 4-2-1 所示。

图 4-2-1 韩式连衣裙

现实生活中，女性的体型分类如图 4-2-2 所示。梨形身材特点是臀部特别丰满，胸部较为纤瘦。该体型适合穿着 A 字连衣裙，A 字裙可以遮住丰满的臀部，凸显更为纤瘦的上半身，让整个身材更显苗条、曲线也更加流畅。

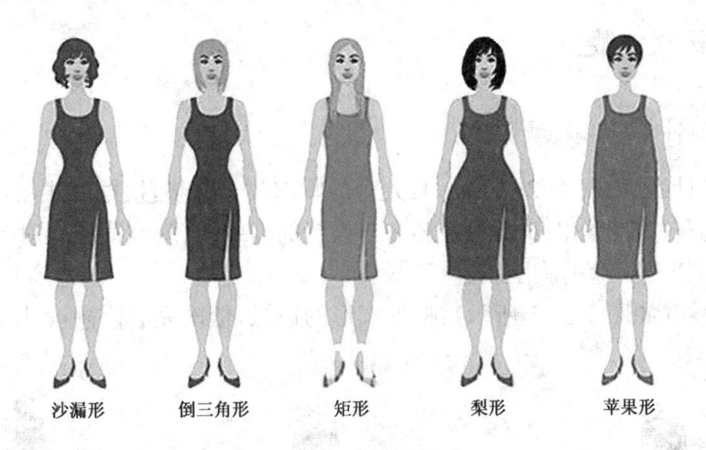

图 4-2-2　身材类型

一、款式分析

吊带、波浪摆、A 字廓形，胸部叠褶及装饰边设计，体现细节的细腻与精致，拉链装在侧缝或后中开口；腰身采用育克处理，显现丰胸细腰的优美曲线，具有活泼、潇洒的造型特点，如图 4-2-3 所示。

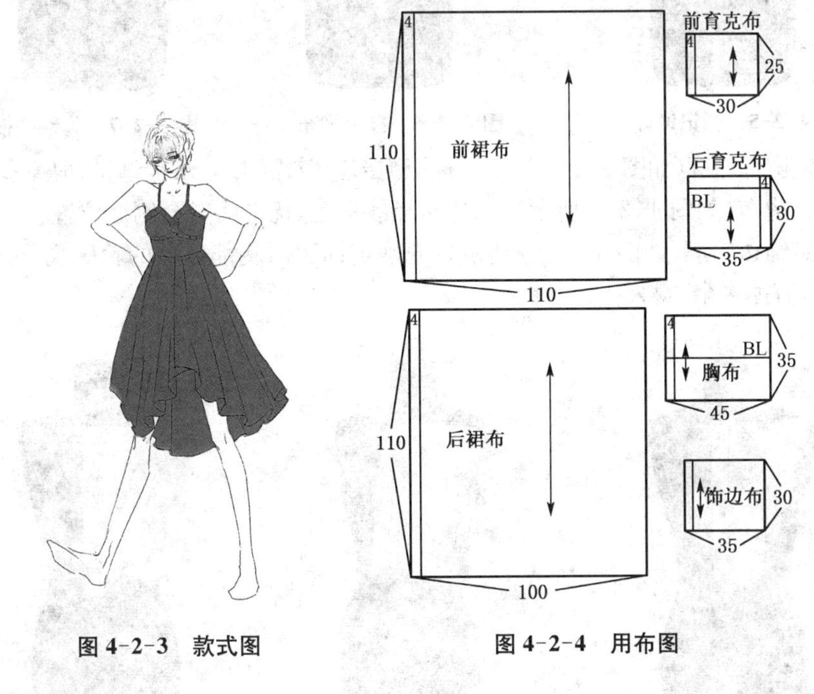

图 4-2-3　款式图　　图 4-2-4　用布图

二、面料准备

面料准备如图 4-2-4 所示。

胸布:长 45 cm、宽 35 cm;　饰边布:长 35 cm、宽 30 cm;
前育克布:长 30 cm、宽 25 cm;　后育克布:长 35 cm、宽 30 cm;
前裙布:长 110 cm、宽 110 cm;　后裙布:长 110 cm、宽 100 cm。

三、连衣裙立体裁剪

(一) 前身立体造型

(1) 标记设计线(如图 4-2-5 所示):人台的胸部放上胸垫,根据款式图,标记设计线。

(2) 披前胸布(如图 4-2-6 所示):坯布与人台的前中线、胸围线分别对齐,固定。其中,坯布的胸围线可以与人台的胸围线平行。

(3) 胸部叠褶(如图 4-2-7 所示):根据廓形的边缘,依次完成褶裥设计。褶裥量根据胸部造型灵活调整。

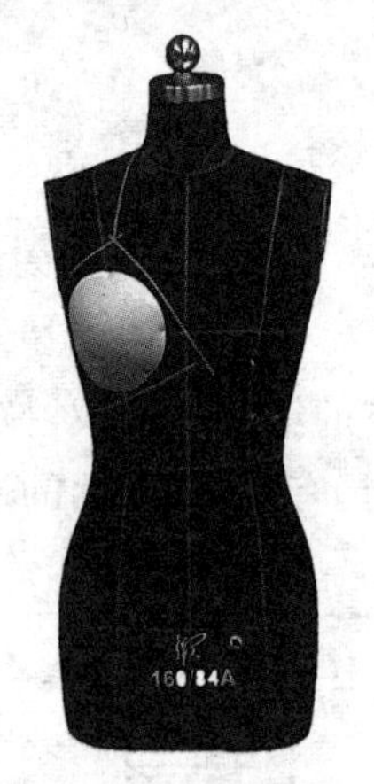

图 4-2-5　标记设计线

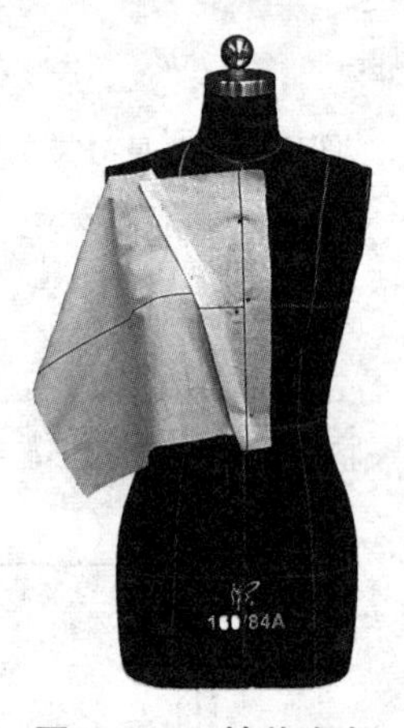

图 4-2-6　披前胸布

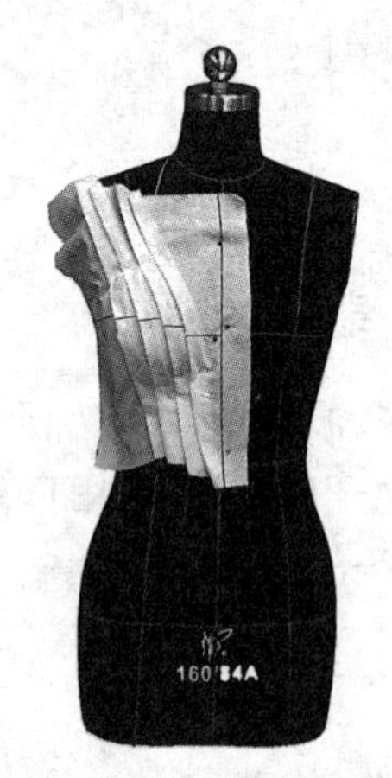

图 4-2-7　胸部叠褶

(4) 确定胸部轮廓(如图 4-2-8 所示):标记胸部造型,留 1.5 cm 缝缝量,剪掉多余面料。

(5) 披饰边布(如图 4-2-9 所示):饰边布经纱垂正,抚平面料至侧缝位置。

(6) 确定饰边轮廓(如图 4-2-10 所示):先确定饰边与胸部造型的轮廓线,再确定饰边的外轮廓线,剪掉多余面料。

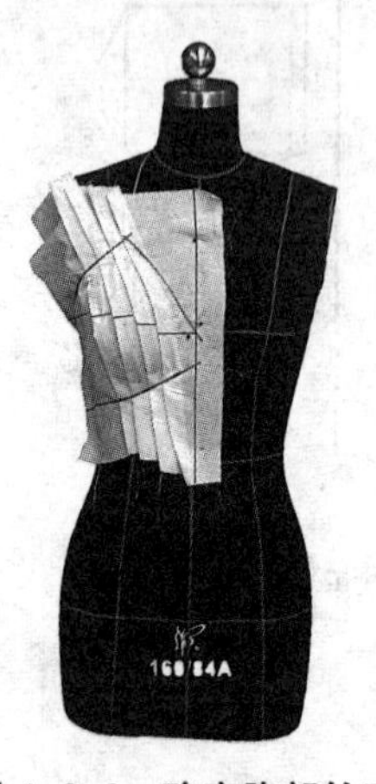

图 4-2-8　确定胸部轮廓

图 4-2-9　披饰边布

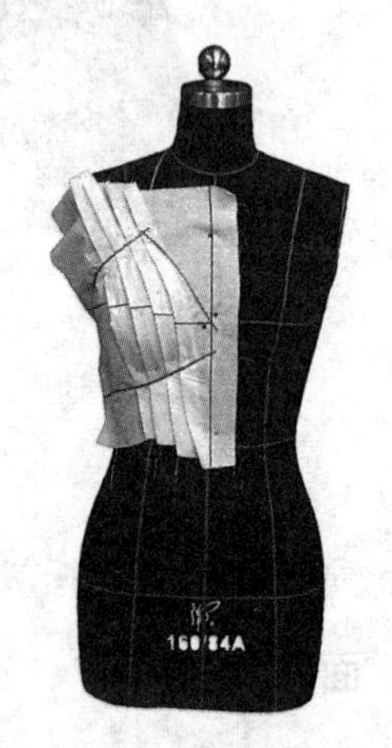

图 4-2-10　确定饰边轮廓

(7) 披育克布(如图 4-2-11 所示):育克布的前中线与人台的前中线对齐,依次抚平面料,腰部打剪口,侧缝位置固定,多余面料剪掉。

(8) 确定育克轮廓(如图 4-2-12 所示):标记育克线、腰围线、侧缝线。

(9) 整理成型(如图 4-2-13 所示):整理结构线,留 1 cm 缝缝。

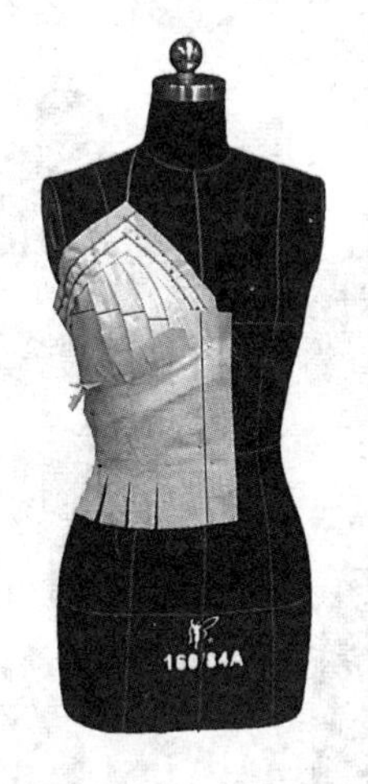

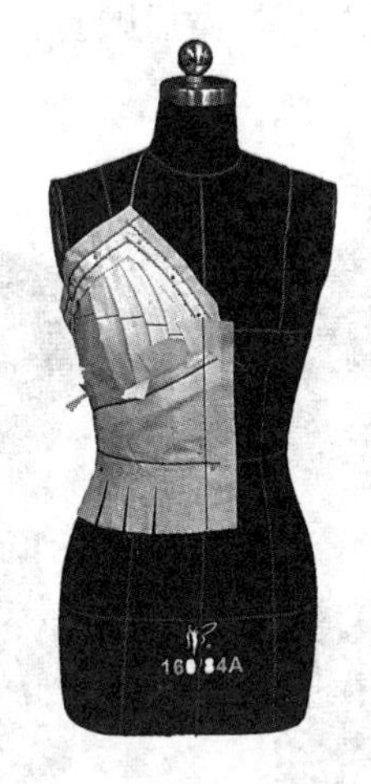

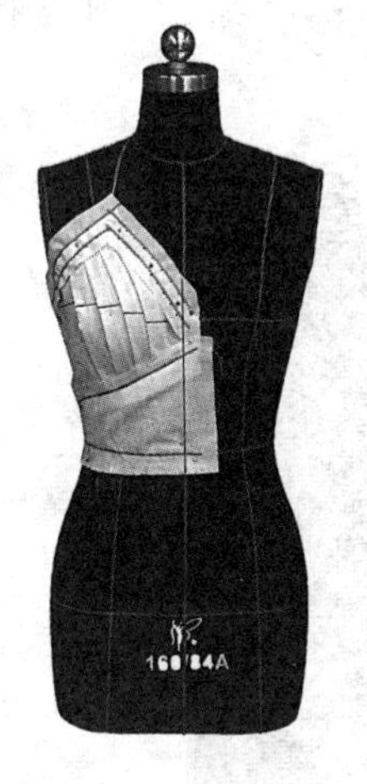

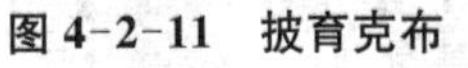

图 4-2-11　披育克布　　图 4-2-12　确定育克轮廓　　图 4-2-13　整理成型

(二) 前裙身立体造型

(1) 做波浪褶(如图 4-2-14 所示):可以根据波浪裙一针一浪一剪的方式进行设计;也可以先将坯布的腰围线剪成圆弧状,先固定前中心线,坯布的腰围线与人台的腰围线对齐,间距均匀地依次固定,扎针的位置形成波浪褶。

(2) 标记轮廓(如图 4-2-15 所示):根据款式,标记裙摆,注意裙摆造型是前短后长,剪掉多余面料。

图 4-2-14　做波浪褶

图 4-2-15　标记轮廓

（三）后身立体造型

(1) 标记设计线(如图 4-2-16 所示):根据款式,标记设计线。

(2) 披布、做后腰省(如图 4-2-17 所示):坯布与人台的后中心线、胸围线分别对齐,固定。后腰部位多余面料集中在后公主线位置,做后腰省。

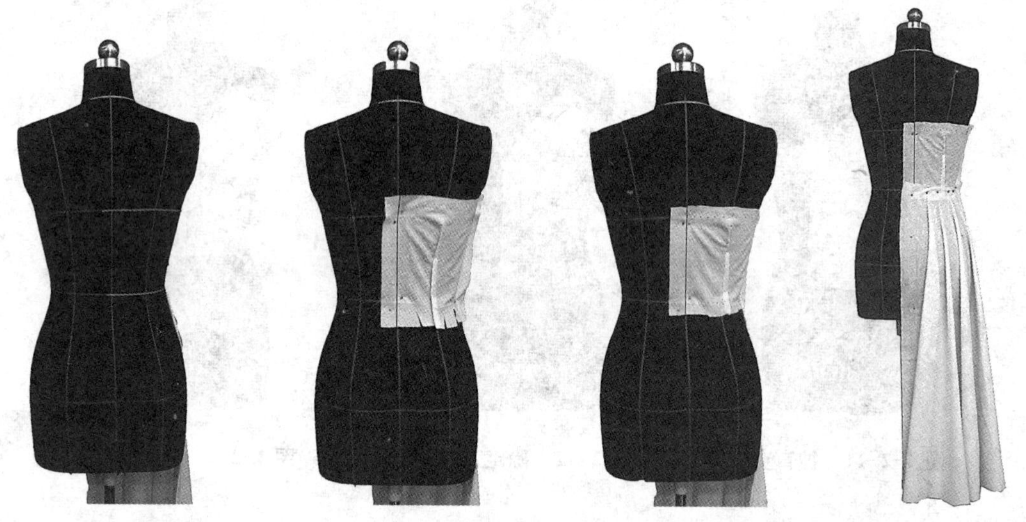

图 4-2-16 标记设计线　图 4-2-17 披布、做后腰省　图 4-2-18 后身造型　图 4-2-19 后裙造型

(3) 后身造型(如图 4-2-18 所示):固定侧缝线,标记轮廓线、省道。

(4) 后裙造型(如图 4-2-19 所示):操作方法同前裙片。坯布腰围线剪成圆弧状,先固定后中心线,再固定腰围线,等距离扎针。根据前裙片侧边的标记线,完成后裙片的底摆线标记。

（四）试穿效果

假缝试穿、整体效果如图 4-2-20 所示。将衣片取下描图,留 1 cm 缝缝修剪。扣烫缝缝,假缝试穿,观察效果。

图 4-2-20 试穿效果

（五）样板展开

整理样板结构，如图 4-2-21 所示。把修正后的衣片展开成平面，用弧尺、直尺修画各条结构线。

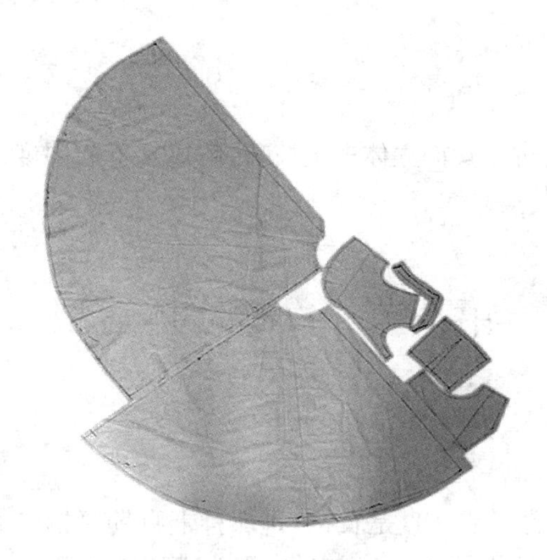

图 4-2-21　样板图

【思考题】

1. 面料性能对 X 型连衣裙的立体造型有什么影响？
2. 面料性能对 A 型连衣裙的立体造型有什么影响？

第五章　成衣立体裁剪——女裤

章节提示：本章主要讲述女裤立体造型技巧，阐述女下装围度差的处理方法，剖析女体体型分类与着装合体性的关系。

第一节　女裤立体造型

引言

在欧洲历史上女人的正装一直是长裙，是那种上身勒紧钢条的紧身衣，加上鲸骨架的曳地长裙。这让女人显得纤腰一握，S 型突出，既性感又包裹严密。

到 19 世纪时，随着女权运动的兴起，有一些妇女倡导服装改革，反对束腰，认为女子也可以和男子一样穿长裤。1887 年，英国的史密斯子爵夫人穿上了长裤并宣称："裤子不仅舒服、卫生，而且端庄。"然而响应者并不踊跃，还是有很多妇女以束腰穿裙为时尚。

1909 年，《拿破仑法典》才废止了不准穿女裤的禁令，如图 5-1-1 所示。

1923 年，在美国女人的多次斗争后，联邦大律师才宣布女人可以合法地穿上裤子到处走。

1965 年，裤子的产量终于超过了裙子。

女裤简直可以算得上女权运动的革命成果。

多少年来，女裤以反叛、前卫和边缘的面貌示人，如今，裤子已逐渐成为正式的、正规的和高雅的女性时装类别，已经成为标志性女装的一部分，如图 5-1-2 所示。

图 5-1-1 《拿破仑法典》

图 5-1-2　女裤

一、女裤立体造型

筒型裤臀围有一定的放松量，直裆长稍短，裤管大小适宜，裤长较长，给人以修长的感觉，如图 5-1-3 所示。

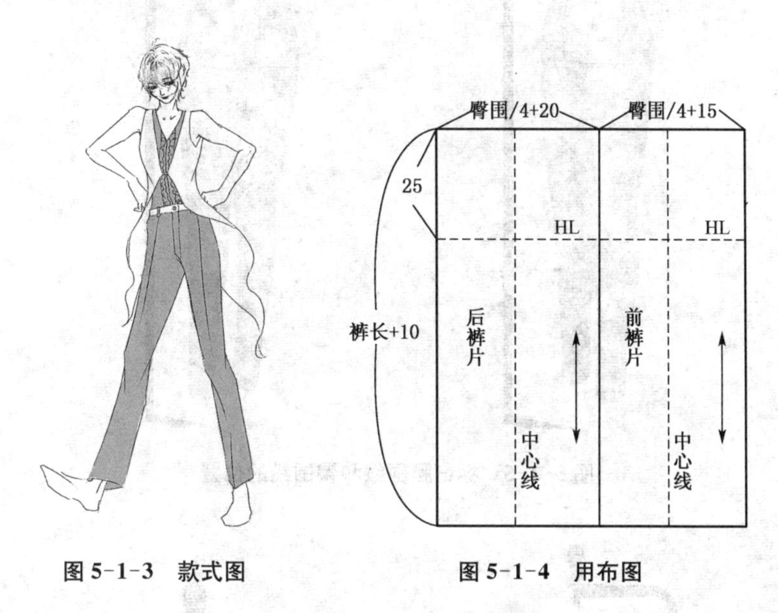

图 5-1-3　款式图　　图 5-1-4　用布图

（一）准备工作

1. 面料准备

根据量体尺寸，选择适当的人体模型。按臀围和裆宽确定用布的宽度，按裤长确定用布长度，再增加一定的加放量。这样，筒型裤前片用料长为裤长＋10 cm，用料宽为臀围/4＋15 cm；筒型裤后片用料长为裤长＋10 cm，用料宽为臀围/4＋20 cm，如图 5-1-4 所示。

2. 标记腰围线和臀围线的位置

根据款式要求，用粘纸在人体模型上分别粘好腰围线、臀围线及裤长线的位置。腰围线可以位于最细处，也可以下落，如图 5-1-5 所示。

3. 操作方法与技巧

(1) 固定前中线

把粗裁好的前片面料和人模右腿覆合。要求裤片烫迹线和右腿中心线对齐，裤片臀围线与人模臀围线对齐，并用大头针固定布料。特别要注意，对于筒型这种较合体的裤型，需要在臀围线或腹围处增加裤片放松量，一般在烫迹线部位用大头针别进 1 cm，也就是增加了 2 cm 的松量，如图 5-1-6 所示。

(2) 固定腰围褶裥

向上抚平面料，将腰围处多余部分褶裥设计在烫迹线上，并保持上下顺直。褶裥一般倒向侧缝，根据多余量设置两个或一个褶裥，用大头针固定，腰围线以上留 2 cm 缝缝，多余部分减去，如图 5-1-7 所示。

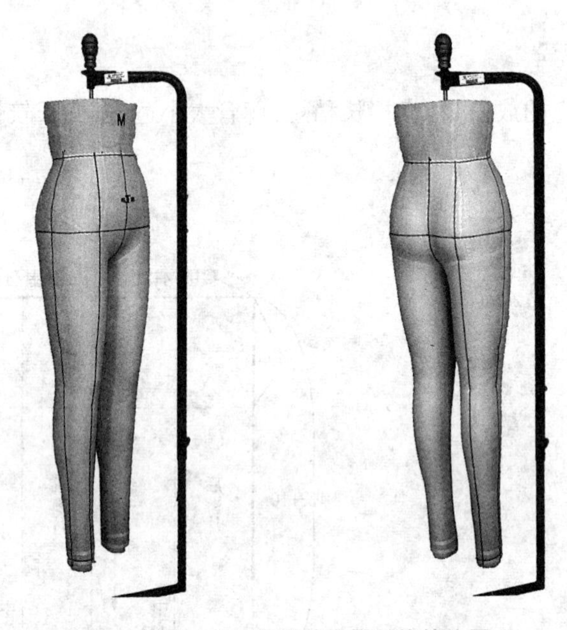

图 5-1-5　标记腰围线和臀围线的位置

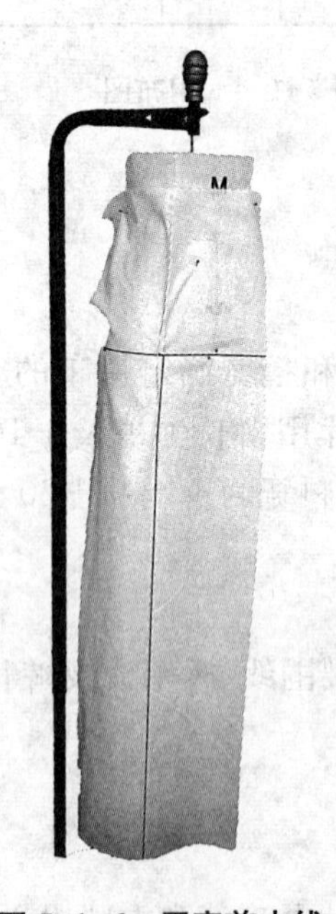

图 5-1-6　固定前中线

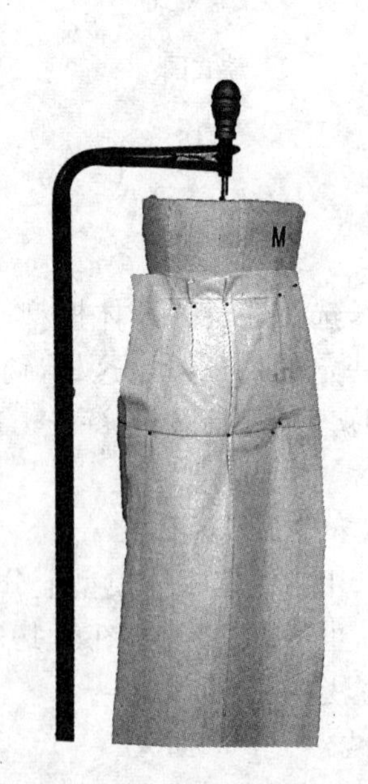

图 5-1-7　固定腰围褶裥

(3) 固定侧缝部位

横裆以上部分可以和人台平服，根据面料的热缩程度，在臀侧处稍留一定的归拢量(归拢量 0.5 cm 左右)，也可以不留归拢量。横裆以下部分，要考虑烫迹线和下肢的间隙，根据筒裤造型需要，固定侧缝，侧缝和人体要留有间隙，多余部分剪去，如图 5-1-8 所示。

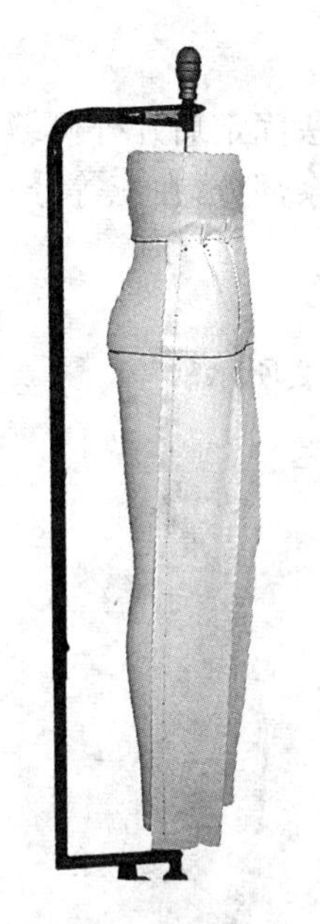

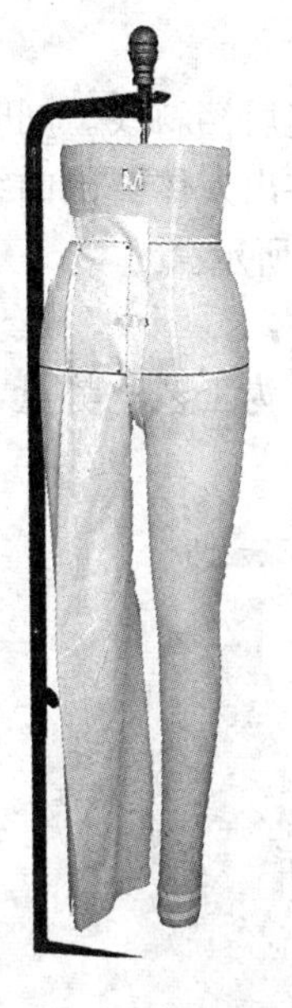

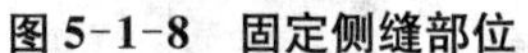

图 5-1-8　固定侧缝部位　　图 5-1-9　固定前裆缝

(4) 固定前裆缝

抚平前裆以上部分面料，多余部分剪去。前裆弧线处与人体间隙要适中，弧线要平滑，小裆点向下离开人模 2 cm 左右。内侧缝处理和外侧缝要一致，保证烫迹线顺直、居中。同时，脚口肥度要适中，固定方法同外侧缝，如图 5-1-9 所示。

(5) 固定后中线

后片面料中心线、臀围线与人模烫迹线、臀围标志线对齐。在臀围与烫迹线交点处，竖立直折 0.7 cm 左右，相当于在后片留出了 1.5 cm 左右的放松量，用大头针固定，如图 5-1-10 所示。

图 5-1-10　固定后中线　　图 5-1-11　固定后裆斜线

(6) 固定后裆斜线

抚平后裆部位，固定后裆斜线。同时按前片方法固定后片外侧缝。注意大腿部位面料和人体间隙要适中，要突出人体臀部曲线。腰围多余部分，在三等分片折出两个省量，多余部分剪去，如图 5-1-11 所示。

(7) 固定外侧缝

臀围处稍加皱褶，作为工艺吃势量，如图 5-1-12 所示。

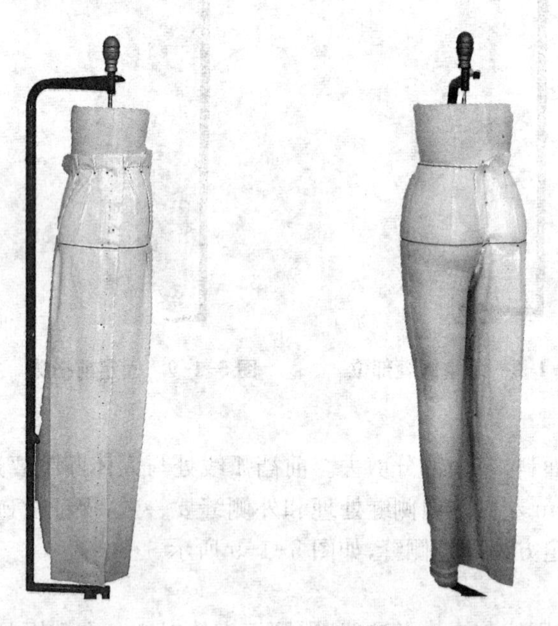

图 5-1-12　固定外侧缝　　**图 5-1-13　固定后裆弧线**

(8) 固定后裆弧线

按照前裆的处理方法，处理后裆弧线，边剪边固定。剪切时，要考虑前片内侧缝的长度，裆弧处可与人模完全贴合。后片内侧缝的处理要保证烫迹线的位置不发生改变，脚口不发生扭曲，再重新修建裆底弧线形态，使前后内侧缝长度一致，并用大头针固定，如图 5-1-13 所示。

(9) 固定裤腰

裤腰布可双折，宽度男裤 3.5 cm 左右，女裤可稍窄，如图 5-1-14 所示。

4. 点影

腰口、前后裆、下裆线、脚口线，外侧缝要进行点影。注意省道的位置及省尖的位置要标注清楚，如图 5-1-15 所示。

5. 画线、整理

用直尺、弯尺按照前后裤片上的点影位置将各点连接，并画出褶裥和省道的左右及上下位，弧线部分要光滑圆顺。裆弧线、下裆线及外侧缝要光滑圆顺（如图 5-1-16 所示）。

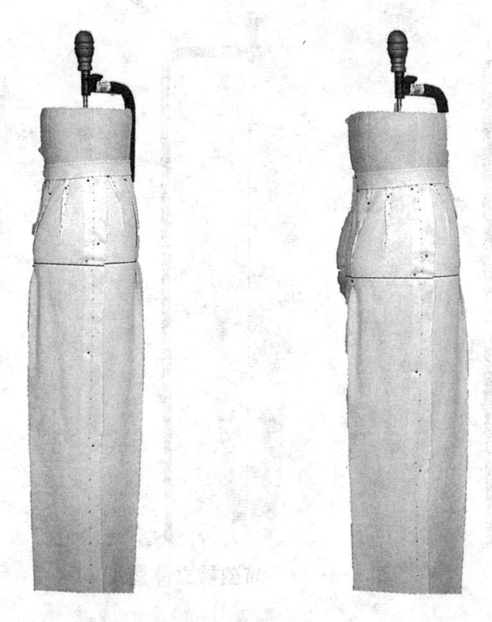

图 5-1-14　固定裤腰　　　　图 5-1-15　点影

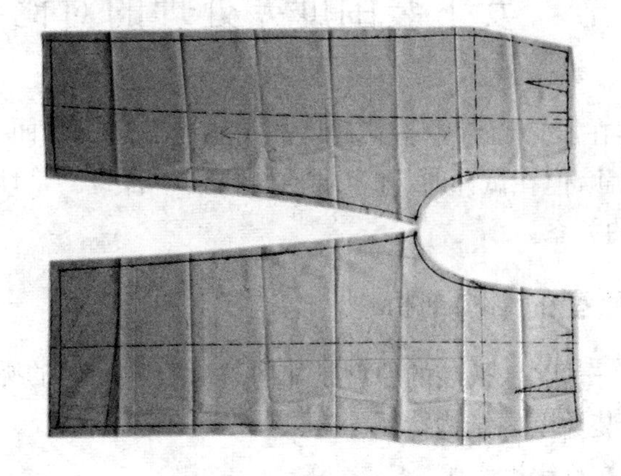

图 5-1-16　画线、整理

二、总结

1. 筒型裤平面展开图

从平面展开图中可看出，筒型裤前后裆弧线位于人体腹部和臀部的凸起位置，并且经过了裆底的凹陷处，因此，裤片裆弧线形成了起伏较大的曲线。髋骨的向外凸起、膝部的凹陷形态，也导致了外侧缝的弧线形态。这种处理使筒裤更具立体感，增加了服装的立体效果，使之更符合人体形态。

2. 筒型裤立体造型

从立体造型中可以看出，筒型裤的褶裥和省道位于人体的凸显部位的周围，能将人体的立体感充分表达出来，裆宽、腹部及臀部贴体效果容易处理，更好地满足了人体的优美曲线，如图 5-1-17 所示。

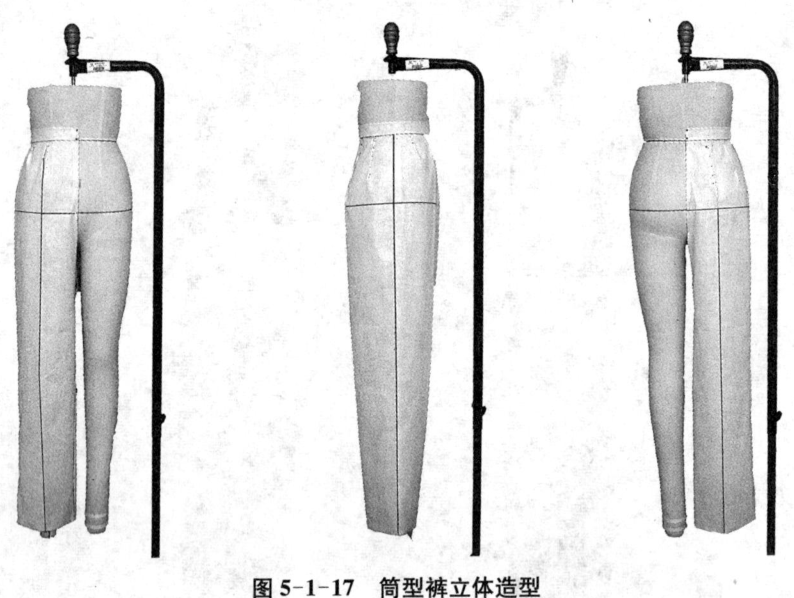

图 5-1-17　筒型裤立体造型

第二节　女下装围度差处理的对比分析

据报道，一位顾客在服饰店看中了其提供的一本服装杂志封面上的西装裙的式样，当即选择了面料、量了尺寸，但在试样时，却发现西装裙很不合身。是什么原因造成的呢？这与体型分类存在密切的关系。

一、裙装、裤装原型的结构剖析

女下装代表款式——裙装、裤装的原型是如何解决合身问题的呢？其解决的效果如何呢？这要剖析裙装、裤装原型的结构特征。

1. *裙装原型腰臀差的结构处理*

根据前面简述 H 裙立体造型可知，裙装原型的腰臀差分为省量和侧缝撇量，如图 5-2-1 所示。

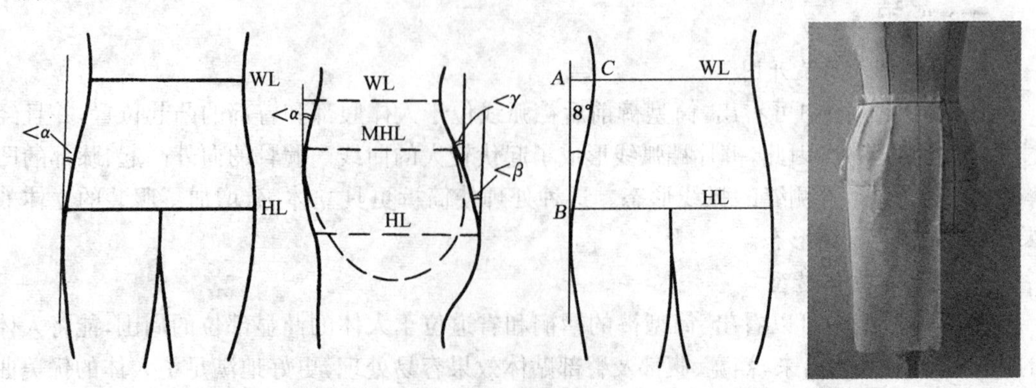

图 5-2-1　原型腰臀差

由此得到女裙装原型，如图 5-2-2 所示。

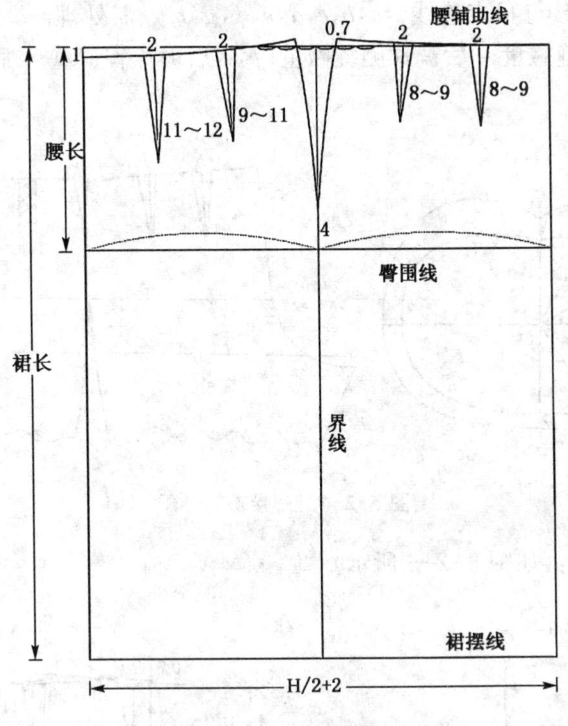

图 5-2-2　女裙装原型

2. 裤装原型腰臀差的结构处理

(1) 女体裆弯结构

从臀部前后形体的比较来看，在裤子结构的处理上，后裆弯要大于前裆弯，如图 5-2-3 所示。

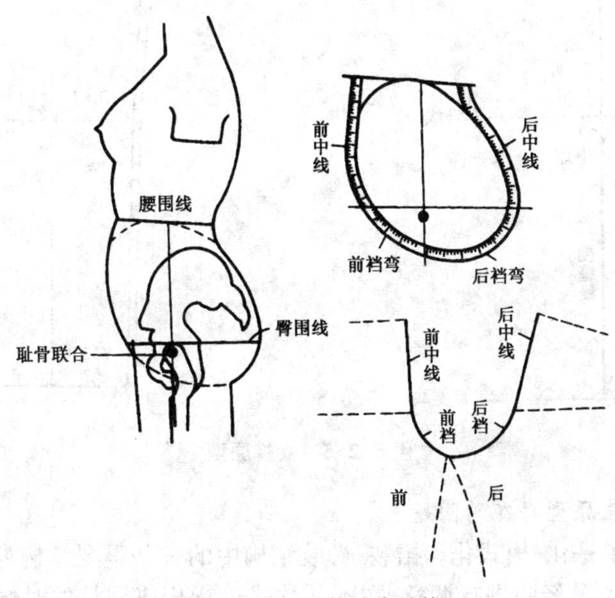

图 5-2-3　女体裆弯结构

(2) 臀腰差的分配

将前后各三等分，与 O 点连线。a,b,c,d,e,f,g,h 点需处理。a 前片撇势；b,c 前裤片褶裥量；d 前裤片侧缝撇量；e 后裤片侧缝撇量；f,g 后裤片省道量；h 后裆线斜度，如图 5-2-4 所示。

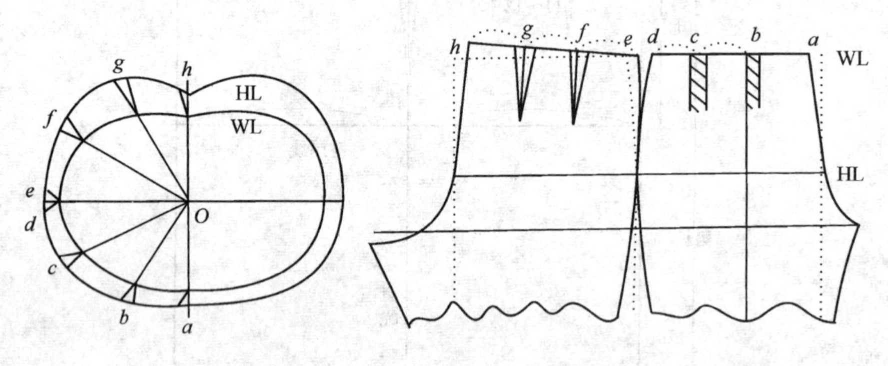

图 5-2-4　臀腰差的分配

得到的女裤原型：(如图 5-2-5 所示)

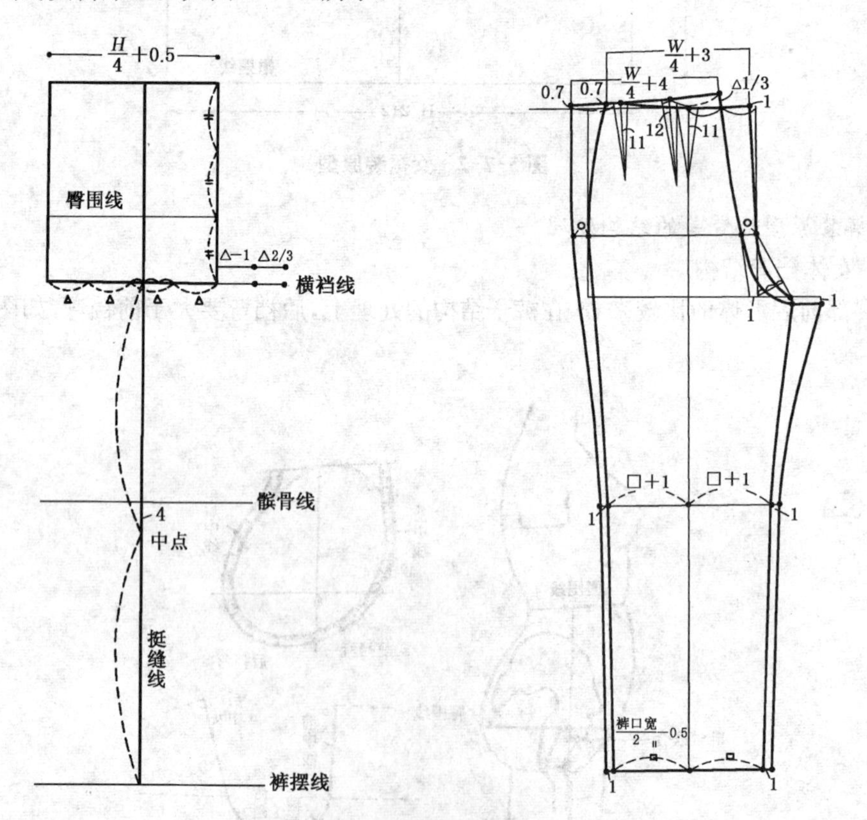

图 5-2-5　女裤原型

3. 现有裙、裤装原型存在的问题

(1) 结构参数单一化、模式化。裙装、裤装结构中的一些重要结构参数，在实际运用中往往采用固定的数值及经验进行调整，在不同款式进行相应调整的时候既不灵活，也缺乏直观感。

(2) 裙装、裤装结构的工业样板设计中没有充分与人体体形特征进行结合，常用在模型或人体上进行立体补正的方法来改善。

(3) 裙装、裤装结构没有体现人体多种体型的变化。目前，由于下装没有按照体型差异来划分不同的型，导致所有尺码的裙装、裤装样板形状基本上为相似形，但人体结构的变化并非按照相似形规律变化，因此导致了非标准体人群无法买到合体的裙装、裤装，从而大大降低了女下装尺码的覆盖率。

二、女体体型细分

为了解决现有裙、裤装原型存在的问题，在传统体型分类的基础上，细化女体的体型分类，以尽可能满足消费者个性化需求。

1. “体模”分类

人体任何部位的两倍围度与身高的比值都称为该部位的模值，主要以胸型、腰型和臀型为指标。胸型、臀型、腰型按 0.1 分档依次递增。

将胸型与腰型进行排列组合，可得出上半身体型分类表，从理论上说，共有 6×6=36 种体型。将臀型与腰型进行排列组合，可得出下半身体型分类表，从理论上来说，也有 6×6=36 种体型。将上半身与下半身体型分类表中相同腰型的体型进行相互组合，理论上可得出 36×6 =216 种人体体型。

2. 裆底高与身高比

即使身高相同，由于裆底高不同，体型会有较大差异。裆底高的人，上体较短，腿较长，整体看起来也显得略高挑一些；裆底矮的人上体显长，腿较短；还有一类是上下体比例较匀称的体型，如图 5-2-6 所示。

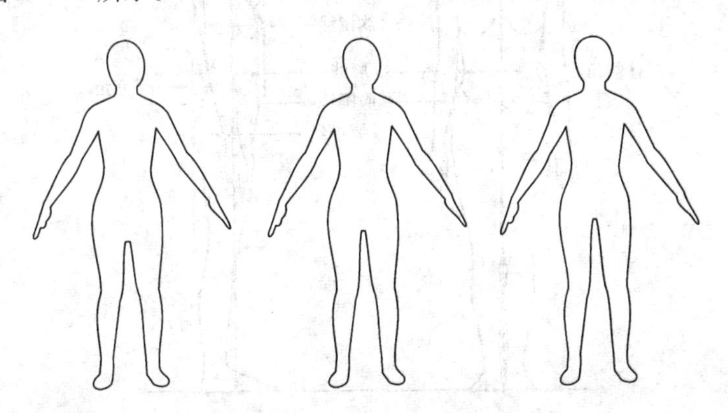

图 5-2-6 裆底高与身高比

3. 侧面形态体型细分

人体侧面形态的特点主要以胸部、腹部、背部、臀部的凸起程度的差异为标准，用 F 表示人体前面形态的特征参数，用 B 表示人体后面形态的特征参数。在人体的前后画两条垂直线作为人体凸点的切线，1 表示上体相切于垂直线，2 表示上下体都相切于垂直线，3 表示下体相切于垂直线。根据上下体前后侧面凸起情况的不同，将人体不同的体型划分成 3×3 = 9 类，如图 5-2-7 所示。

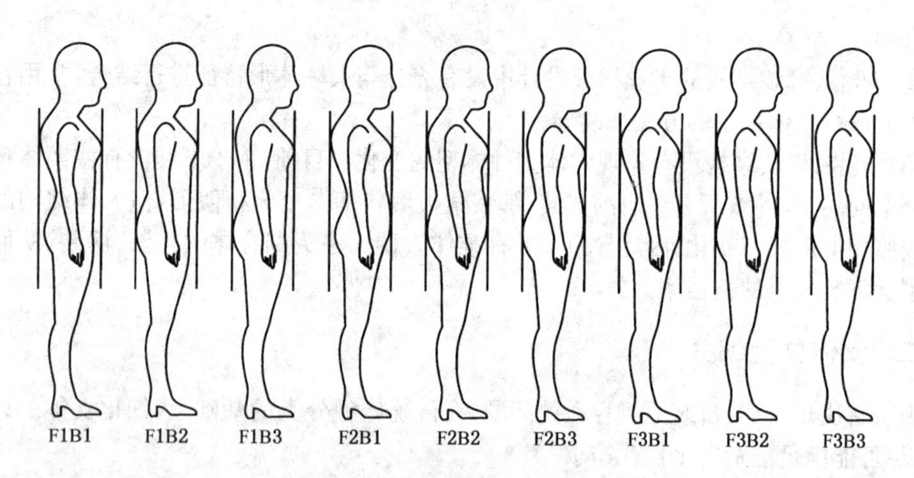

图 5-2-7　侧面形态体型细分

4. 体表角度

人体表面是由多个曲面构成的。人体正面、背面及侧面的凹凸特征可以用能够表示凹凸程度的角度来表示。

正面的体型角度主要有体侧角、肩斜角；侧面的体型角度主要有胸突角、臀突角、背入角、背侧角。这些角度在一定程度上体现了人体正侧面的曲线特征，如图 5-2-8 所示。

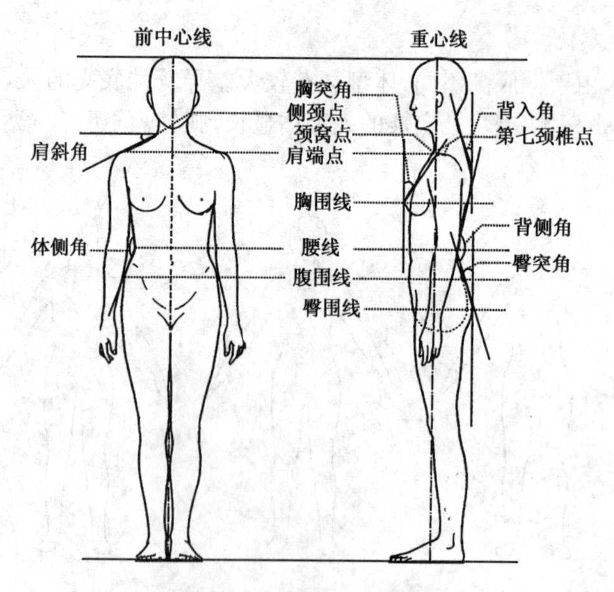

图 5-2-8　人体正侧面的特征

5. 体型分级分类

青年女体的腰围截面存在着较大的差异，尤其是腰围截面的宽厚比差异较大。通过对比发现，青年女体的臀围截面也存在着类似的差异。因此，将青年女体的腰宽/腰厚作为一级分类指标，臀宽/臀厚作为二级分类指标，细分青年女体体型，如图 5-2-9、图 5-2-10 所示。

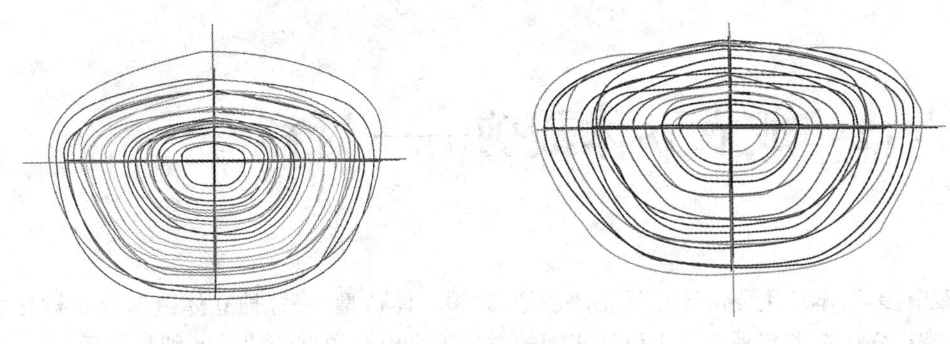

图 5-2-9　臀围截面

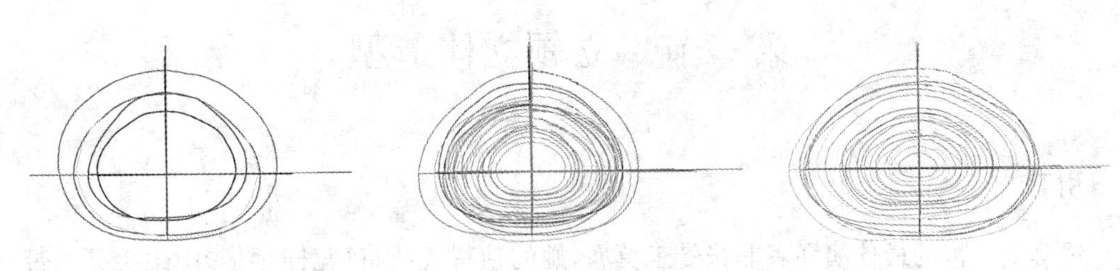

图 5-2-10　腰围截面

三、小结

即使将人体进行细分，得到的也只是每类人体体型特征的共同点。以此为依据，完成女下装的结构设计，对应的服装也只是符合这一类人群的共性需求，满足不了个性需求。

运用立体裁剪的方式，可以很直接地设计出满足消费者个性化着装需求的服装。

【思考题】

1. 女裤立体造型时需要注意哪些操作技巧？
2. 女体体型的分类与着装合体性的关系是什么？如何提高女下装的合体性？

第六章　成衣立体裁剪——衬衫

章节提示：本章主要讲述立领立体造型、翻领立体造型、一片袖立体造型以及衬衫立体造型，掌握立体造型与平面结构设计之间的对应关系以及领型变化的区别与联系。

第一节　立领立体造型

引言

银幕上旗袍的最佳演绎者非张曼玉莫属，她的独特气质将《花样年华》中柔美又略带忧伤气质的少妇形象表现得淋漓尽致，如图 6-1-1 所示。一名女子，从头到尾被 23 件花团锦簇的旗袍密密实实地包裹着，令人眩目的旗袍使她时而优雅，时而忧郁，时而雍容，时而悲伤，时而大度。

衣领处在服装的最上端，与人的面部紧密相关。在服装中衣领犹如人的眼睛一样，占据最醒目的位置，是人们的视觉中心。衣领的好坏直接影响到服装的美感和整体效果。

立领是由一块布料围裹住颈部形成环形状的领型。在结构上又可分为贴颈型和离颈型两种。

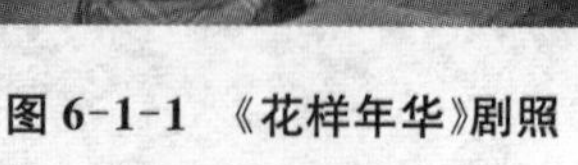
图 6-1-1　《花样年华》剧照

一、贴颈型立领立体裁剪

贴颈型立领款式图如图 6-1-2 所示。

（一）坯布准备

（1）粗裁布料；

（2）整理布纹；

（3）标记基准线，如图 6-1-3 所示。

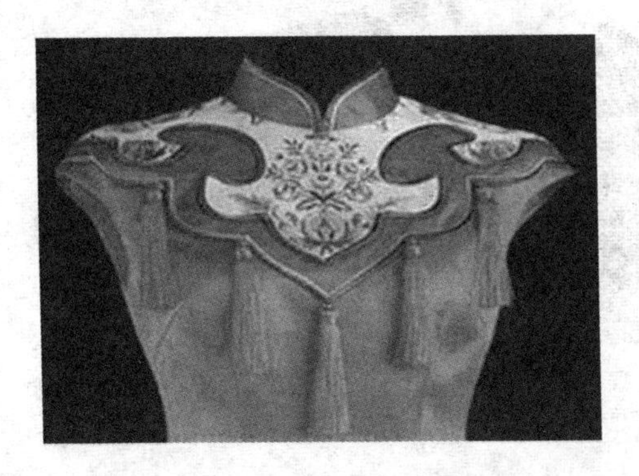

图 6-1-2　贴颈型立领款式图

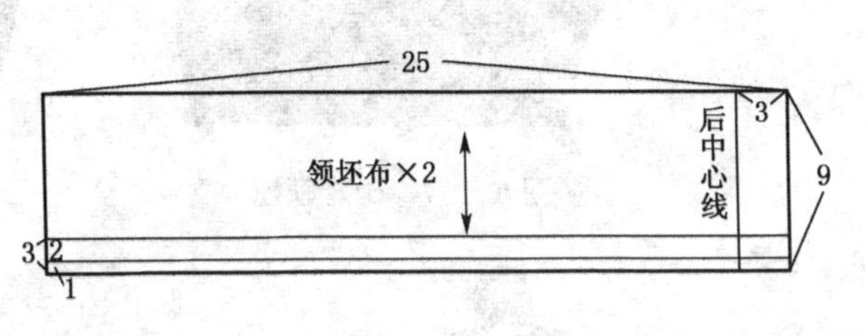

图 6-1-3　用布图

（二）操作步骤

（1）确定领口线（如图 6-1-4 所示）：用标记带贴出领口线形状。

（2）披布（如图 6-1-5 所示）：将领坯布的后中心线与人台颈部的后中心相重合，用珠针固定。

（3）确定领下口线（如图 6-1-6 所示）：沿领围线一边打剪口、一边用珠针固定坯布，坯布从后往前绕。

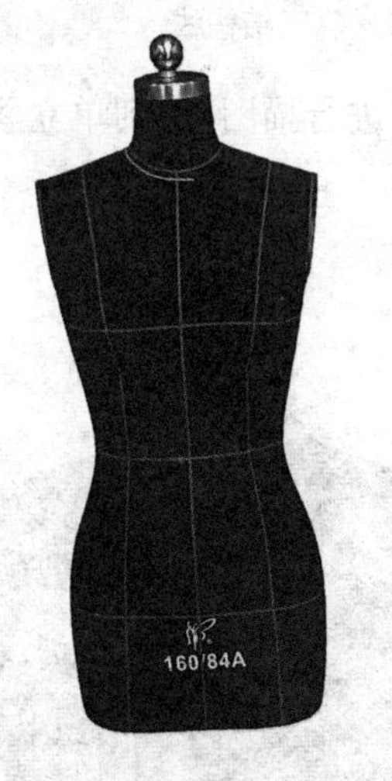

图 6-1-4　确定领口线

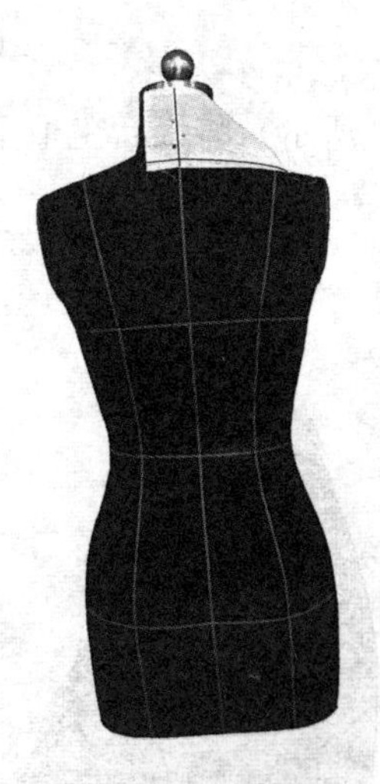

图 6-1-5　披布

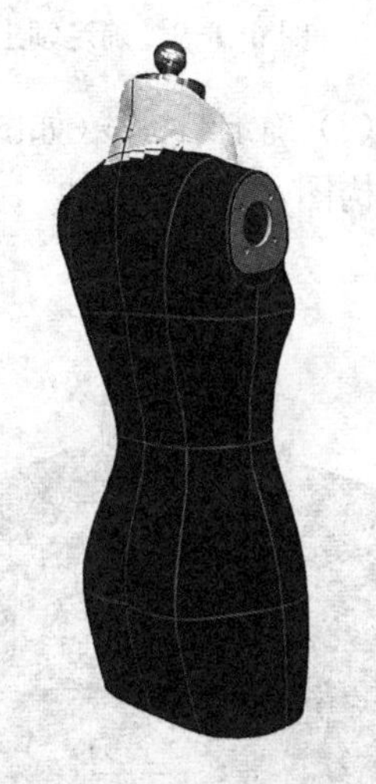

图 6-1-6　确定领下口线

（4）确定领翘（如图 6-1-7 所示）：当布绕至前面时，一边调节领上口与颈部间的松量，一边将领下口的缝缝向上翻折，固定前领围线位置，领子自后向前领片缝缝越来越大。

（5）打剪口（如图 6-1-8 所示）：在前领围线处打剪口，抚平翻折的缝缝。

（6）确定领上口线（如图 6-1-9 所示）：用标记笔点影或用胶带粘贴。

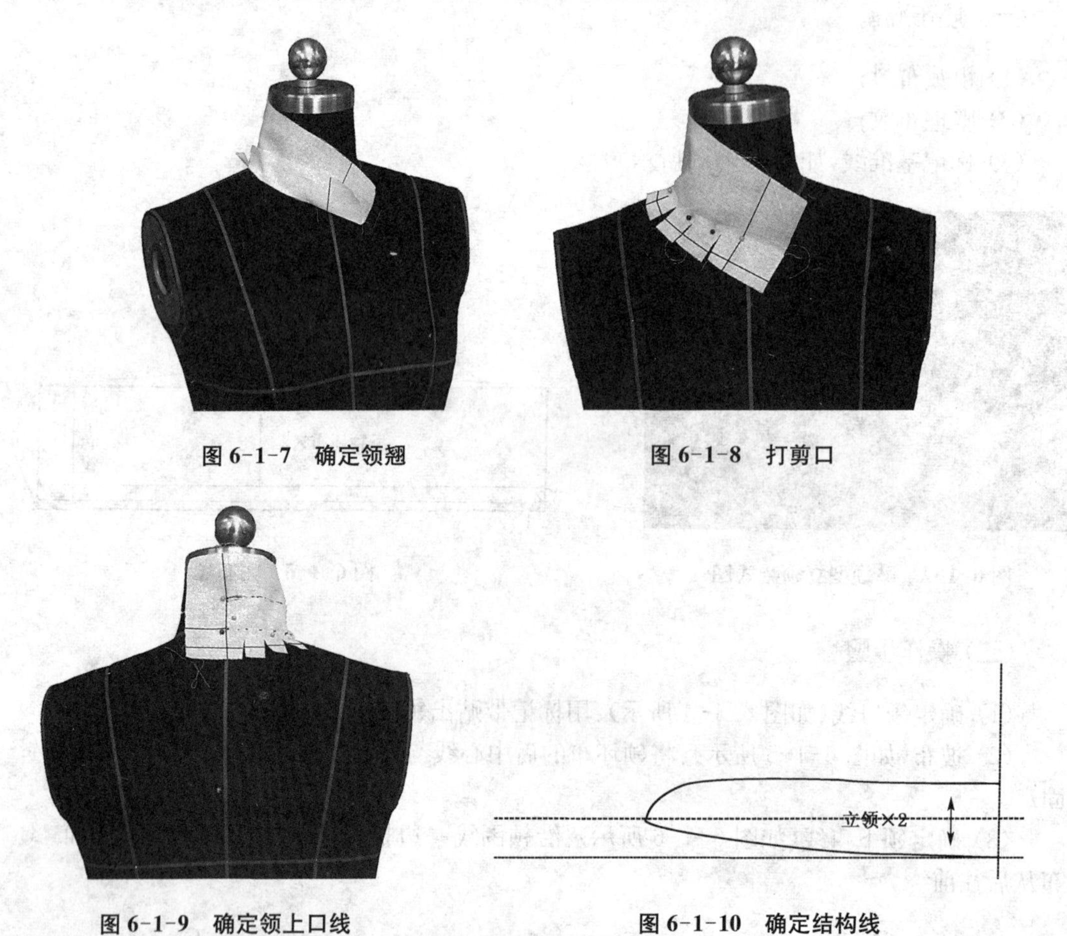

图 6-1-7　确定领翘　　图 6-1-8　打剪口

图 6-1-9　确定领上口线　　图 6-1-10　确定结构线

（7）确定结构线（如图 6-1-10 所示）：将人台上取下的领片进行描图，得到单立领的平面结构图。

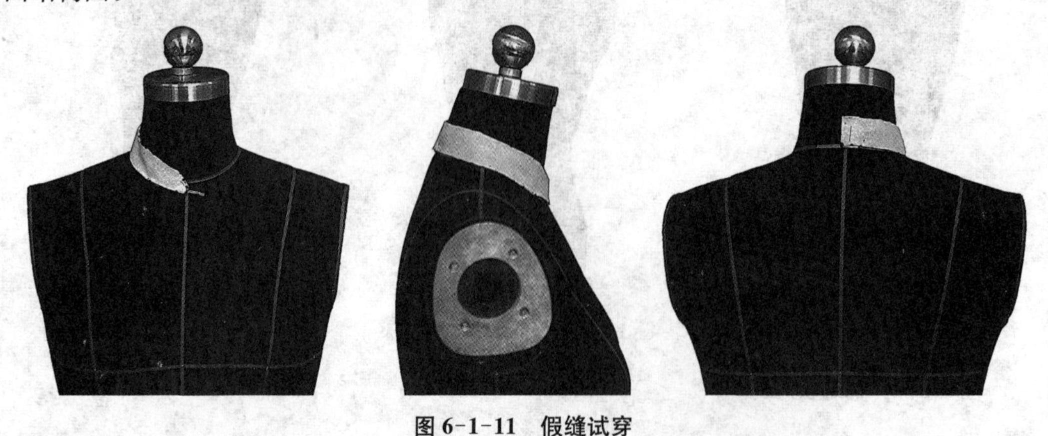

图 6-1-11　假缝试穿

(8) 假缝试穿(如图 6-1-11 所示):按领口净样线扣烫缝缝,装于颈部,观察其效果,修改不合适部位。

二、离颈型立领立体裁剪

离颈型立领(向外倾斜型立领)是立领结构中的一种,在时装应用中较多。向外倾斜型立领外形的显著特征是领侧线与水平线呈锐角,又称锐角立领,如图 6-1-12 所示。

图 6-1-12　离颈型立领款式图

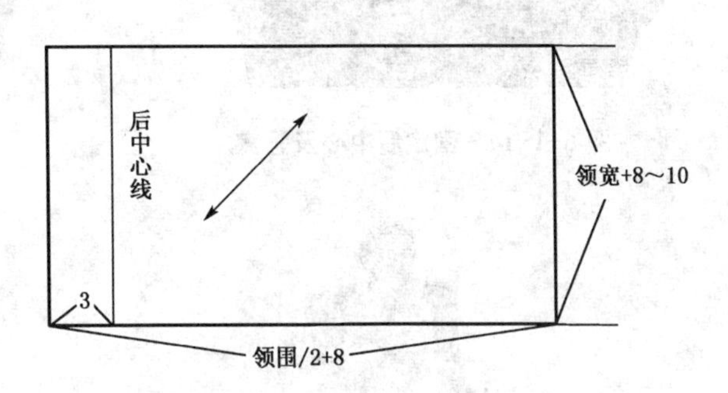

图 6-1-13　用料图

(一) 准备工作

(1) 面料准备

向外倾斜型立领的面料为长方形,纵向取 $m+8\sim10$ cm(m 为领宽),横向取 $N/2+8$ cm(N 为领围)。为立体裁剪操作方便,领片用布丝缕通常采用 45°斜纱,如图 6-1-13 所示。

(2) 标记前后领窝及后中心

按款式要求,用粘纸在人台的衣身上,将领窝的形状调整好,并将颈部的中心线也标记好。

(二) 操作方法及技巧

(1) 固定后中心及领宽(如图 6-1-14 所示):将领片的后中心线与人台的后中心位置对齐,在领根的净线上横向别两个大头针,注意因为向外倾斜型立领的领下口线是向下弯曲,所以下端的领布留大一些,向下弯曲越强烈则布留的越大。再根据向外倾斜型立领的领宽,在中心线处向上将领宽别出,领宽的大小根据需要而定。

(2) 修剪领下口(如图 6-1-15 所示):为使领下口线操作方便,领下口处放留缝缝后,将多余量减掉,横向大约剪 3 cm。

(3) 确定后领下口线(如图 6-1-16 所示):将后领片下口的布边剪刀口,一边剪一边将布料向上抬起,把领片向前围绕,观察领片与颈部之间空隙大小,确定后领下口线。

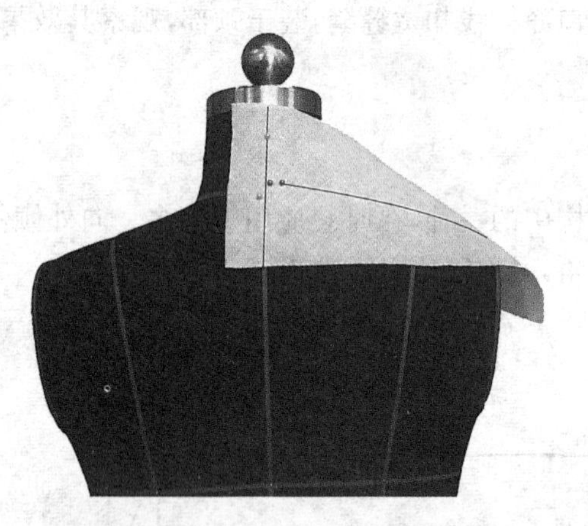

图 6-1-14　固定后中心及领宽

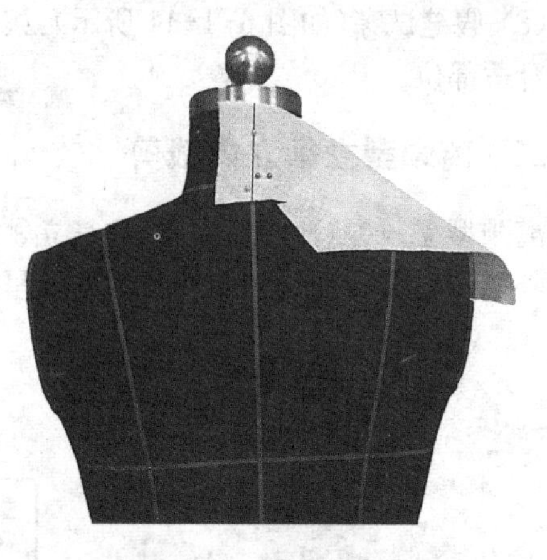

图 6-1-15　修剪领下口

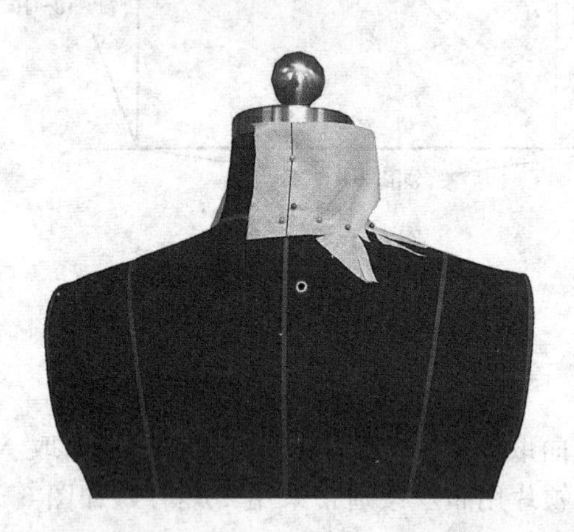

图 6-1-16　确定后领下口线

图 6-1-17　确定前领下口线

(4) 确定前领下口线(如图 6-1-17 所示):把领片向前围绕,并将前领片下口的布边剪刀口,一边剪一边将面料向上抬起,同时调整领片与颈部之间空隙大小,空隙越大则向外倾斜型立领特征越明显,领侧边线与颈肩点水平线呈锐角。注意领片下口的布边剪刀口时一定慢慢剪,一点一点进行调整。

(5) 确定领上口造型线并点影(如图 6-1-18 所示):领片平服后,根据设计者的要求,用粘纸将领上口造型线标记出来,或用笔标记也可。再根据衣片领窝弧线的位置,在领片布上用笔将领下口净线进行点影。

(6) 领片画线、整理(如图 6-1-19 所示):把领片从人台上拿下来展平,将领子的轮廓线用笔画好。

(7) 修剪领片(如图 6-1-20 所示):领子的轮廓线用笔画好后,留出缝缝将多余布料剪掉。

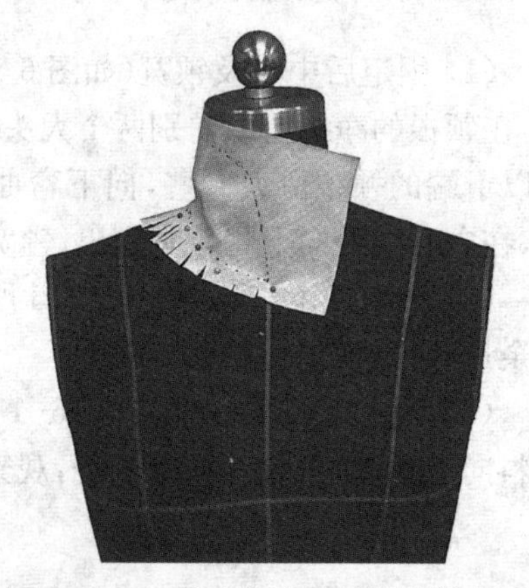

图 6-1-18　确定领上口造型线并点影

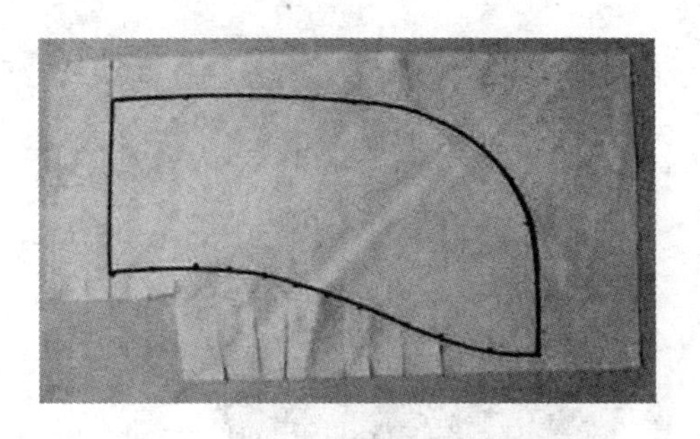

图 6-1-19　领片画线、整理

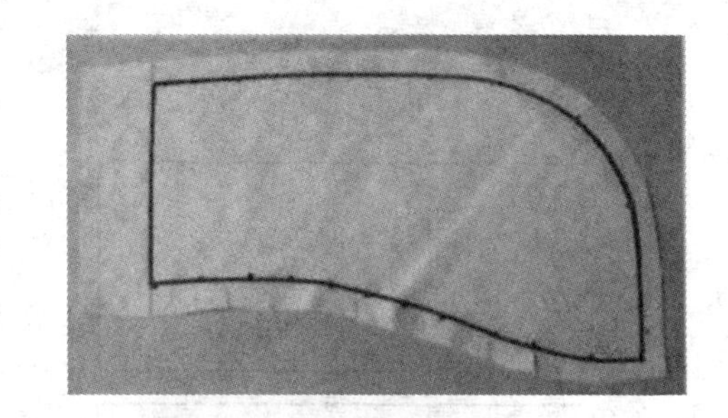

图 6-1-20　修剪领片

第二节　翻领立体造型

引言

“领”从“脖子”转义为“衣领”，这是由于衣领与脖子关系密切，也由于古代仆人的分工体现在领子的式样和颜色上。

如今以“蓝领”“白领”“金领”划分和区别人的工种或职业，应该来源于古代的做法。

翻领，作为领型的一种，一直是大家钟爱的服装细节，无论是小巧的小圆领还是小尖领，都是清新范的必备单品。

在总是有点“忧伤”的秋季，如何为你的造型增加一丝俏皮，时刻保持萌萌的好心情？女星们都选择小翻领哦！

翻领可以是独立的一片结构（连翻领），也可以由翻领和底领两部分组成（翻立领）。其造型来源于仿生设计、仿建筑形体设计等。

一、翻立领立体造型

翻立领是由翻领与底领组成，底领属单立领类，就是在单立领的基础上加翻领，这两部分是分离的，是依靠缝合相连的衣领。穿着时既可以敞开，也可以关闭。下面以衬衣领为例，进行翻立领的立体裁剪，如图 6-2-1 所示。

图 6-2-1　翻立领造型

（一）准备工作

（1）布料准备（如图 6-2-2 所示）：翻立领由翻领和底领两部分组成，底领的领型与向内倾斜型立领相同，底领部分的布料准备可参考贴颈型立领的布料准备；翻领部分的布料准备可参考离颈型立领的布料准备。

（2）标记前后领窝及后中心（如图 6-2-3 所示）：按款式要求，用粘纸在人体模型的衣身上，将领窝的形状调整好，并将领部的中心线也标记好。

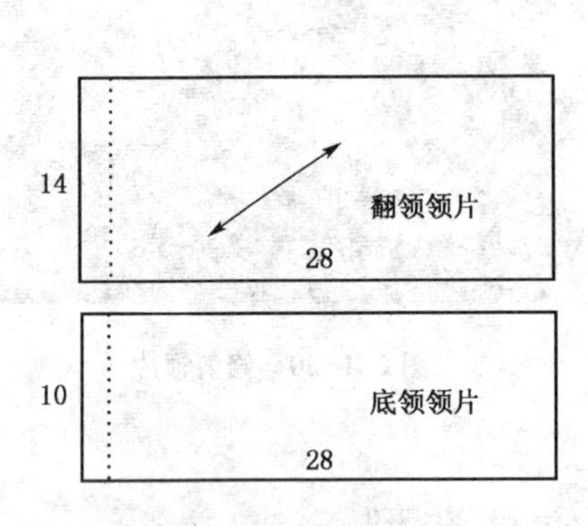

图 6-2-2　布料准备

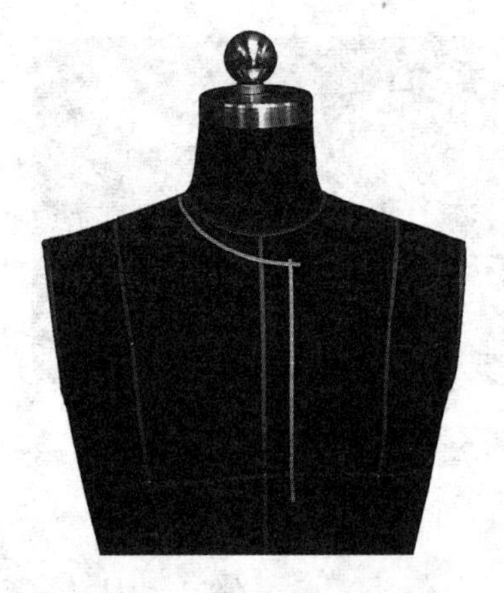

图 6-2-3　标记前后领窝及后中心

(二) 操作方法及技巧

1. 底领立体裁剪

底领部分的立体裁剪同向内倾斜型立领的立体裁剪,注意底领包括门襟部分。

(1) 固定底领及点影(如图 6-2-4 所示):

① 先将领片的后中心线与人台的后中心位置对齐,在中心线处将领宽别出。

② 将领片下口的布边向上翘起,再把领片向前围绕,注意调整领片与颈部之间空隙大小。

③ 将领下口线剪刀口,使领片平服于人台上,注意剪口不能超过人台颈根净线。剪好刀口后进一步调整领片与人体颈部的关系。

④ 领片调整好后,根据一片领窝弧线的位置,在领片布上用笔将领下口净线按领窝弧线进行点影。

⑤ 用粘纸将领上口造型线标记出来。底领宽一般为 2.5~3.5 cm。

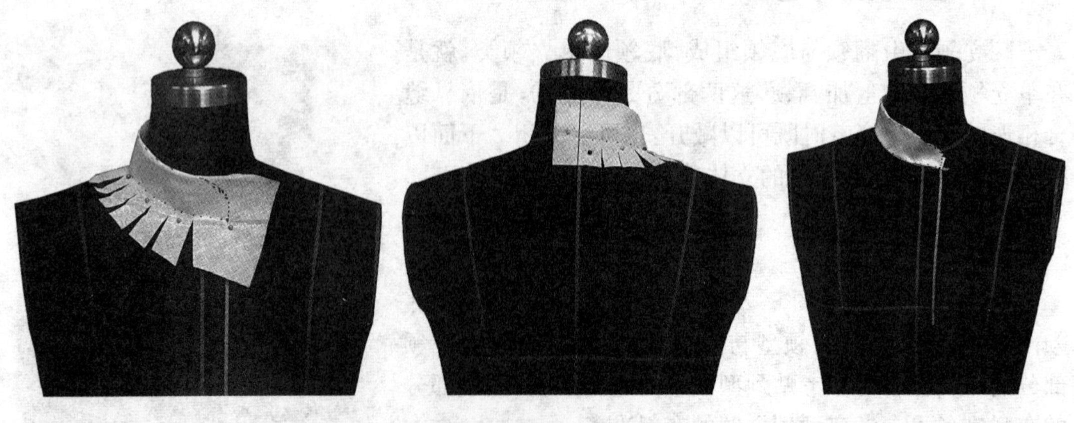

图 6-2-4　固定底领及点影

(2) 画线、整理(如图 6-2-5 所示):把底领领片从人台上拿下来展平,按照领上口造型线及领下口点影将底领的轮廓线用笔画好。

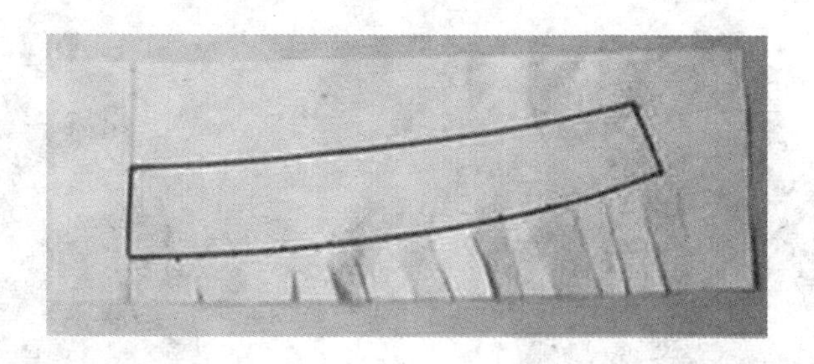

图 6-2-5　画线、整理

(3) 修剪底领领片(如图 6-2-6 所示):将底领的轮廓线用笔画好,留出缝缝将多余面料剪掉。

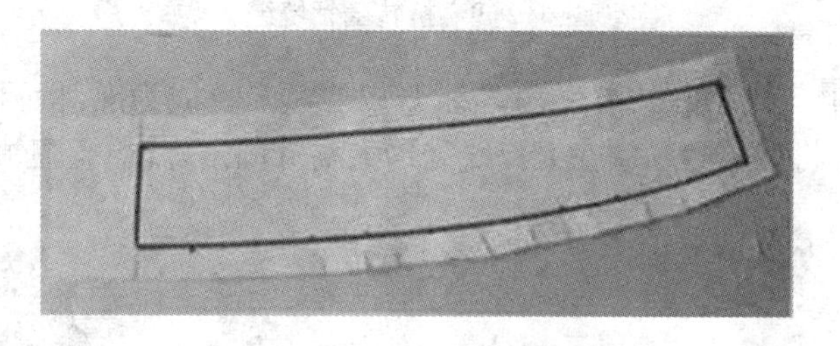

图 6-2-6　修剪底领领片

2. 翻领立体裁剪

(1) 固定底领(如图 6-2-7 所示):将修剪好的底领领片固定于衣片领窝处,底领下口线与衣领颈窝净线对合,进一步观察底领的造型,若不合适则底领重新进行修正。

图 6-2-7　固定底领

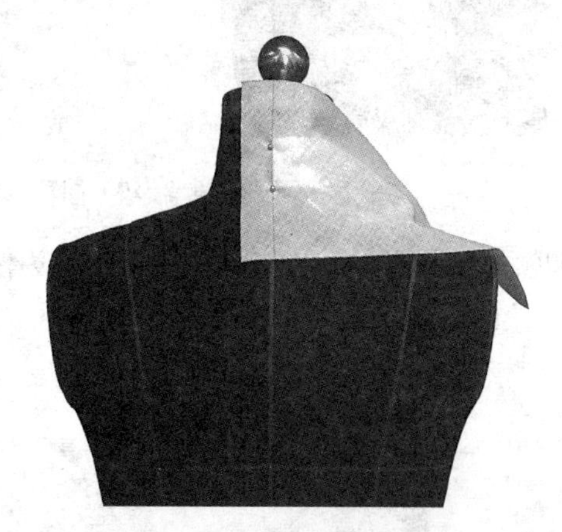

图 6-2-8　固定翻领中心线

(2) 固定翻领中心线(如图 6-2-8 所示):将翻领的后中心线与底领的后中心线固定,翻领下端留的用布量多一些。

(3) 折转翻领缝缝(如图 6-2-9 所示):将翻领上下两端的缝缝折转,留出领宽,并将翻领向前绕,调整翻领造型。注意翻领部分在肩缝处要宽松些,一般为 0.7 cm,根据面料的厚薄而定,要保证翻领的里外吃势均匀。

图 6-2-9　折转翻领缝缝

(4) 固定翻领上口线(如图 6-2-10 所示):以底领上口线为准,将翻领的上口线进行修剪,再从后领窝开始将翻领与底领在上口线处用大头针固定好,注意翻领的造型。

图 6-2-10　固定翻领上口线

(5) 翻领外口剪刀口(如图 6-2-11 所示):为使翻领外口平服,将翻领外口剪刀口,翻领外口要和衣身相贴,注意翻领的造型要准确。

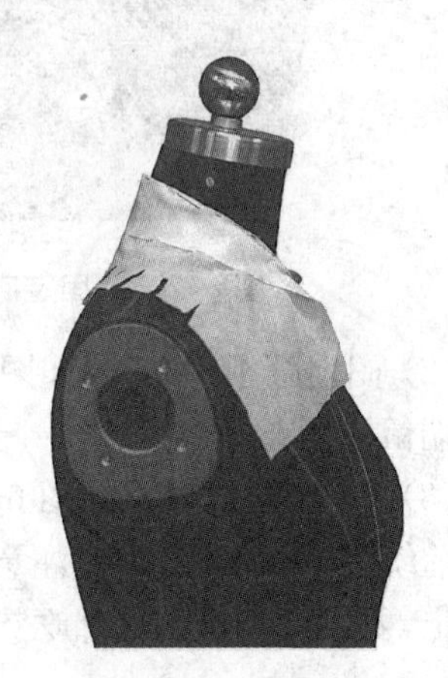

图 6-2-11　翻领外口剪刀口

(6) 确定翻领轮廓线(如图 6-2-12 所示):将翻领的形态调整好后,用粘纸将翻领外口轮廓线标记下来,翻领宽为 4 cm 左右。最后将多余布料剪掉。

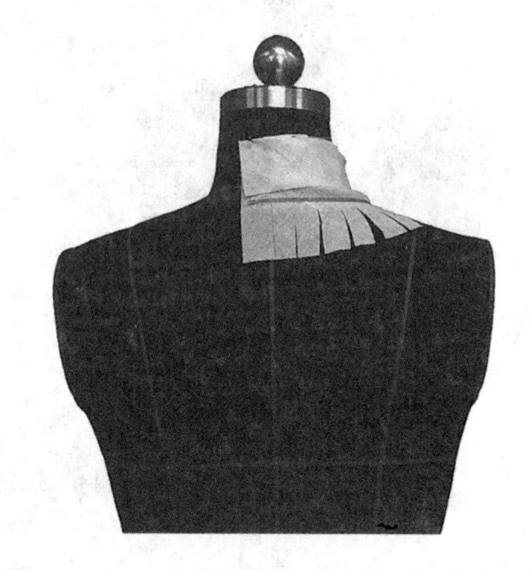

图 6-2-12　确定翻领轮廓线

(7) 画线、整理(如图 6-2-13 所示):把翻领领片从人台上拿下来展平,按照领外口轮廓线及领上口点影将翻领的轮廓线用笔画好,留出缝缝后再将多余布料剪掉。

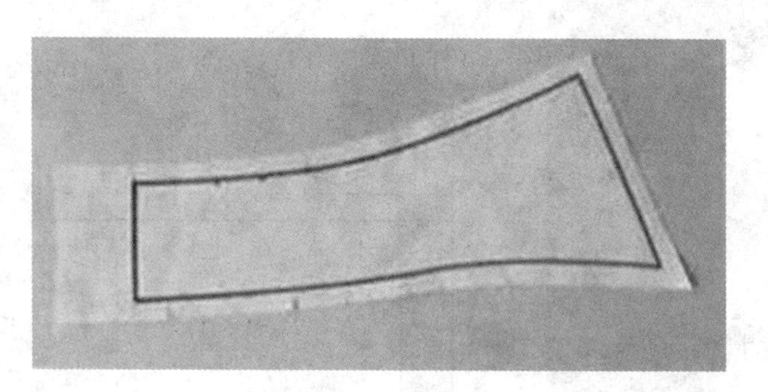

图 6-2-13　画线、整理

(三) 小结

1. 翻立领平面展开图

从平面展开图中可看出,底领部分是贴颈型立领展开图,前端有领翘。翻领的上口线向下弯曲,向下弯曲的程度大于底领上口线向上弯曲的程度,主要原因是翻领比底领宽,翻领的外口线需要一定的松度,如图 6-2-14 所示。

图 6-2-14　翻立领平面展开图

2. 翻立领立体造型

从立体造型中可以看出,虽然翻领宽与底领宽存在差异,但用立体裁剪的手法可以直接看出翻领的立体造型,能很好地控制翻领的松度,使翻领平贴于衣身上,使造型更直观、更美观,如图 6-2-15 所示。

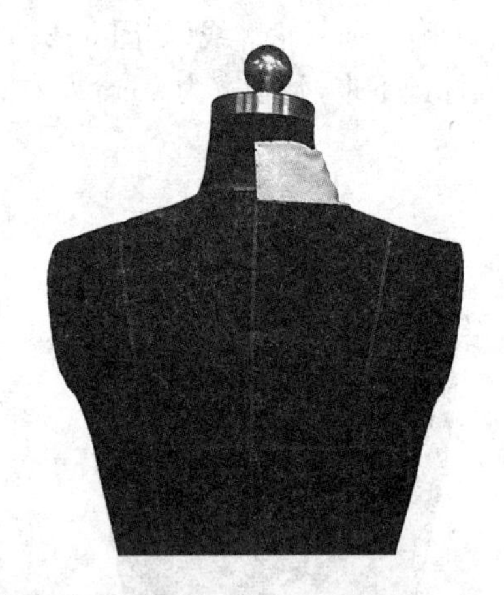

图 6-2-15 翻立领立体造型

二、连翻领立体裁剪

连翻领是独立的一片结构，款式图如图 6-2-16 所示。

图 6-2-16 连翻领

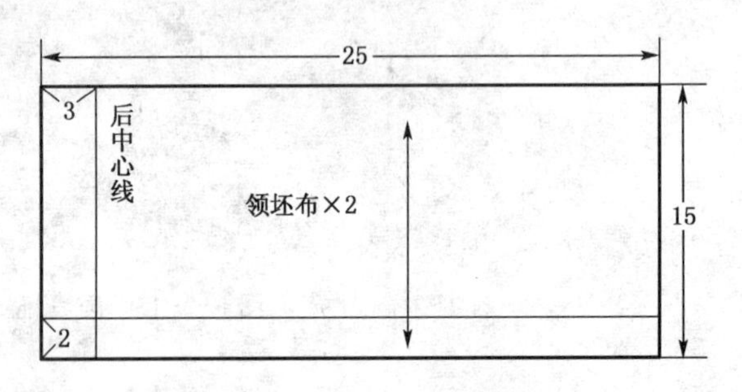

图 6-2-17 用布图

（一）坯布准备

1. 长＝领围/2＋5＝25 cm；
宽＝领座高＋翻领面宽＋6＝15 cm。
2. 熨烫、标记垂平基准线，如图 6-2-17 所示。

（二）立体裁剪操作

（1）确定领口线（如图 6-2-18 所示）：用标记带贴出领口线形状。

（2）披布（如图 6-2-19 所示）：将领坯布的后中心线与人台颈部的后中心线重合，用珠针上下固定。

图 6-2-18　确定领口线

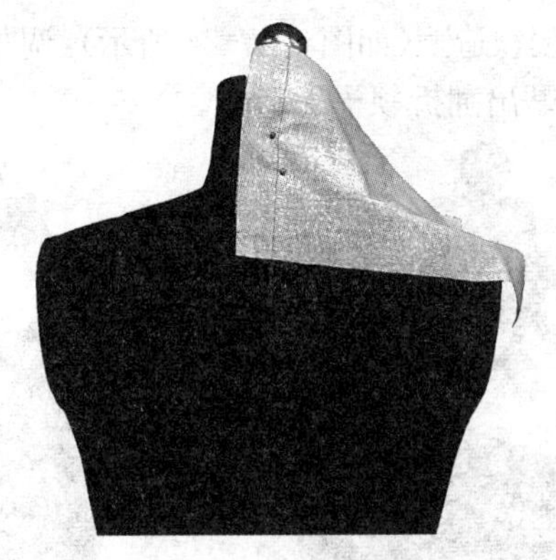

图 6-2-19　披布

(3) 折领下口线(如图 6-2-20 所示):沿领围线一边打剪口、一边用珠针固定坯布,坯布从后往前绕。右手上下移动布料调整衣领与颈部的空隙大小,左手在颈肩点处把握领布的贴颈程度,左右手配合调整合适用针固定。

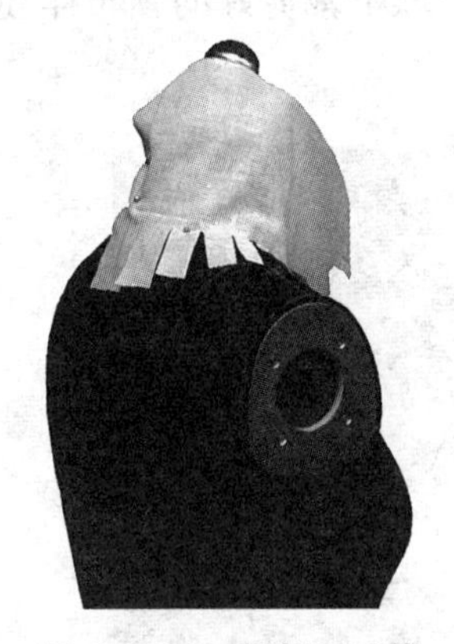

图 6-2-20　折领下口线

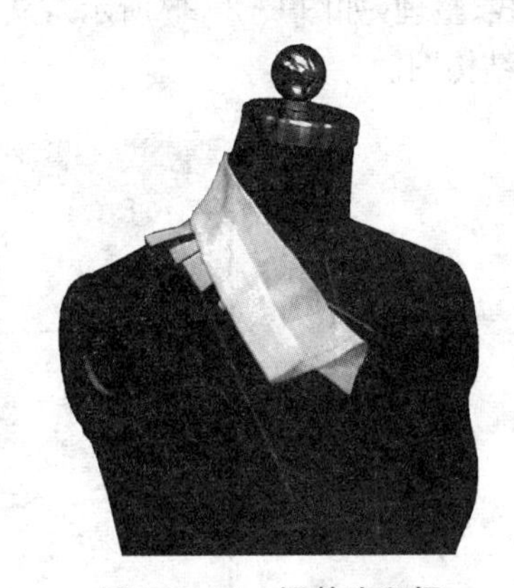

图 6-2-21　调整连翻领

(4) 调整连翻领(如图 6-2-21 所示):将前领围线缝缝向上翻折,控制好合适的颈部松度后用珠针固定前领围线。

(5) 领下口线打剪口(如图 6-2-22 所示):将领上口的余量向下翻折,并在领坯布的下边打剪口,使人台的后中心线与领片后中心线吻合。

(6) 调整领的形状(如图 6-2-23 所示):领布下边的剪开量要考虑领面的宽度。

图 6-2-22　领下口线打剪口

图 6-2-23　调整领的形状

（7）标记领造型（如图 6-2-24 所示）：调整好翻折领形状后用标记笔在领口处做记号，并用胶带粘贴出翻折领子的造型。

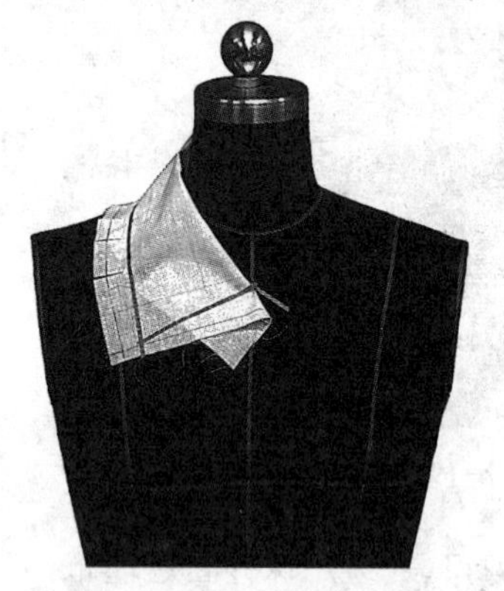

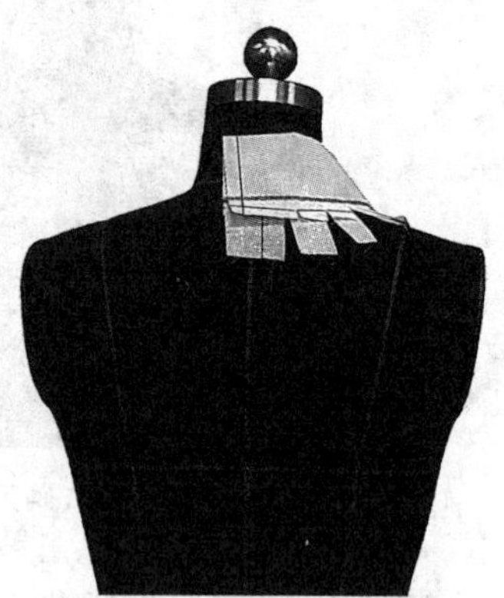

图 6-2-24　标记领造型

（8）画线、整理（如图 6-2-25 所示）：从人台上取下裁剪好的领布样，进行描图，得到翻折领的平面结构图。

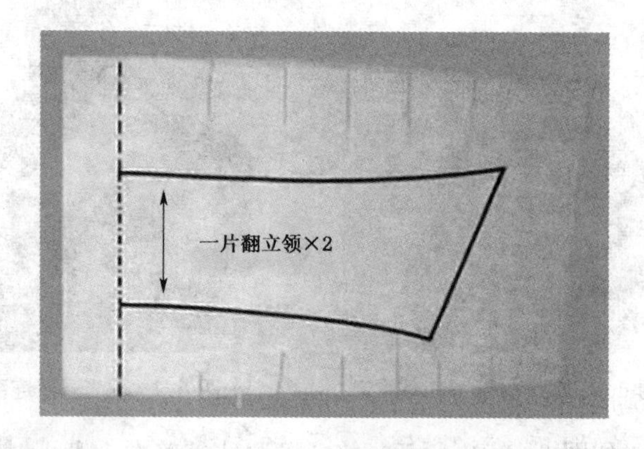

图 6-2-25　画线、整理

（9）假缝试穿（如图 6-2-26 所示）：根据领的净样线扣烫缝缝，装于颈部，观其效果，修改不合适部分直至满意。

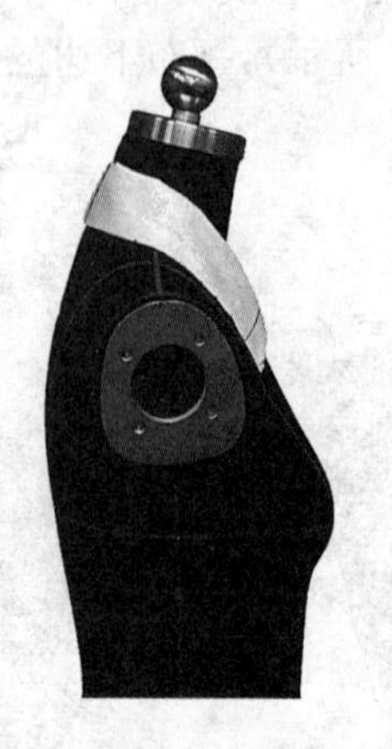

图 6-2-26　假缝试穿

第三节　一片袖立体造型

引言

轻轻的我走了，正如我轻轻的来，我挥一挥衣袖，不带走一片云彩。——徐志摩《再别康桥》

衣袖结构多种多样，按衣与袖的组合方式可分为装袖、连袖、插肩袖等。

装袖又有一片袖和二片袖之分，是使用范围最广泛的袖型。

平装袖多采用一片袖的裁剪方式，穿着自然、宽松、舒适、大方，应用于休闲装、夹克、衬衫等服装的设计。一片袖虽然简单，但造型变化丰富。

一、面料的准备

(1) 量取用布。

(2) 整理布纹。

(3) 标记袖中线与袖深线，如图 6-3-1 所示。

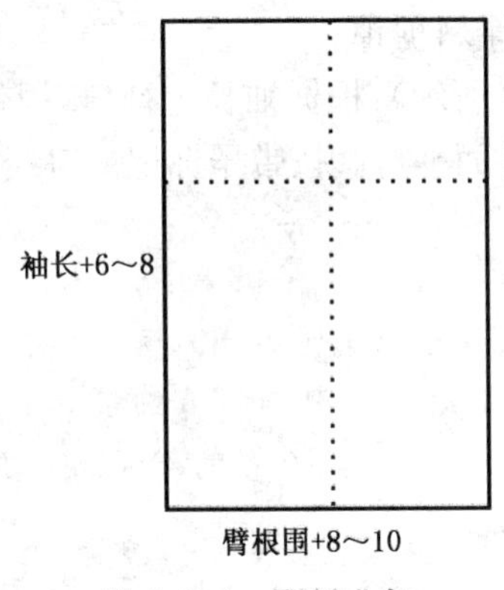

图 6-3-1　面料准备

二、立体裁剪的操作方法

(一) 制作袖筒

(1) 披布(如图 6-3-2 所示)：将手臂内侧朝下，布料放在手臂上，对准袖深线与袖中线，一般袖深线达到平行即可。在袖深、袖肘、袖口处用针固定。

(2) 加放松量(如图 6-3-3 所示)：在前后手臂厚度的中心留出放松量，即前面臂根处、袖肘处、袖口处分别放出 1 cm。后袖臂根处、袖口处放出 1.5 cm，袖肘处放出 2 cm。由此可以看出，袖后面的松量比袖前面大，符合手臂向前活动的功能需要。

(3) 确定前袖缝(如图 6-3-4 所示)：把前袖布包裹到手臂内侧，按手臂内侧的基准线留出缝缝，剪掉余料。

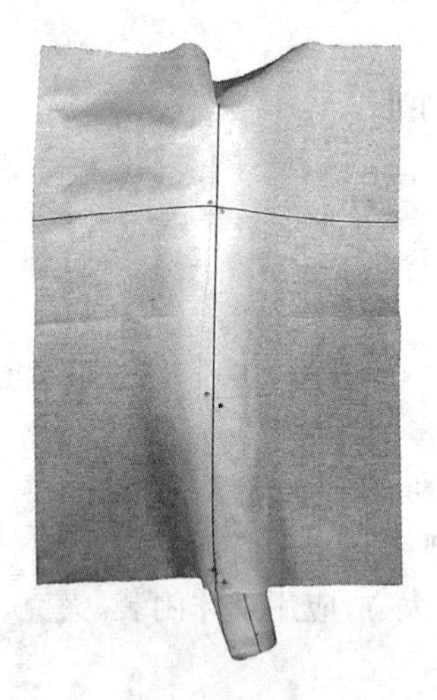

图 6-3-2　披布

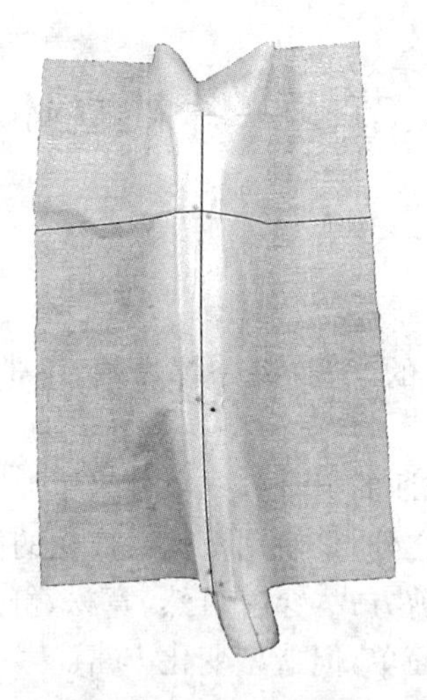

图 6-3-3　加放松量

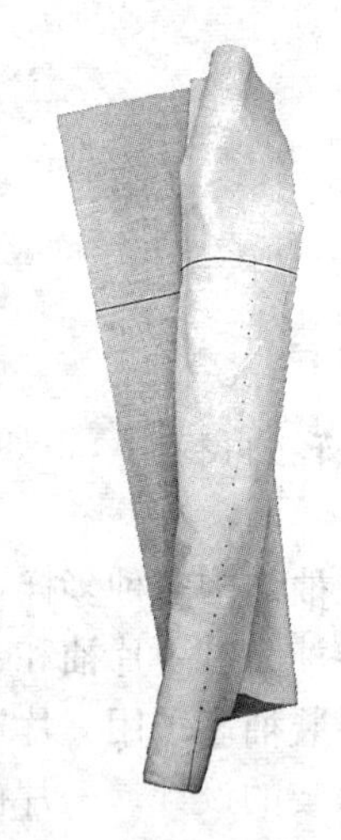

图 6-3-4　确定前袖缝

(4) 确定后袖缝(如图 6-3-5 所示):把后袖布也包裹到手臂内侧,注意袖深线要前后对合。由于手臂肘下向前倾斜,使前、后袖缝不等长,所以处理前后袖缝时要从袖深和袖口两头向袖肘方向别起。

(5) 作袖肘省(如图 6-3-6 所示):由于肘下手臂前倾,后袖缝袖肘会出现余量,把余量制作成袖肘省,然后留出缝缝,余料剪掉。

(6) 确定袖口(如图 6-3-7 所示):根据袖长定袖口,用带子缠绕袖口一周,固定。然后把手臂竖起,调整带子使之与地面平行。按带子标记袖口线,留出缝缝,余料剪掉。

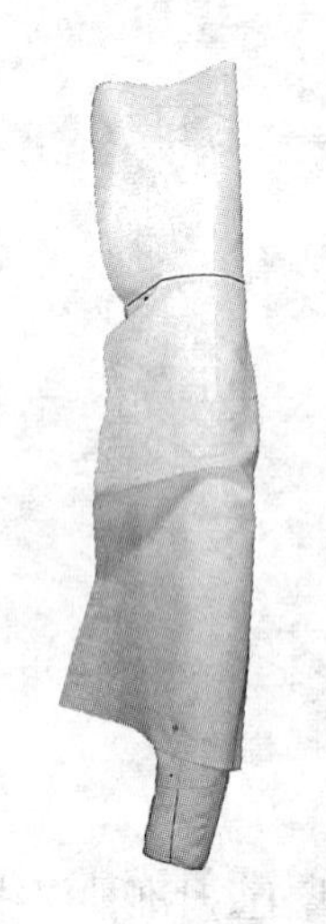

图 6-3-5　确定后袖缝

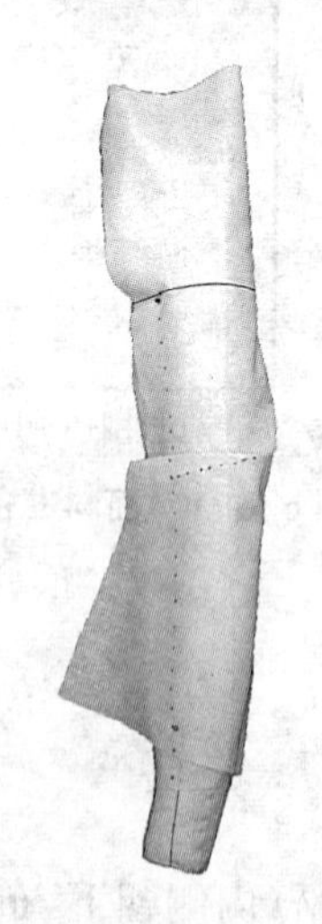

图 6-3-6　作袖肘省

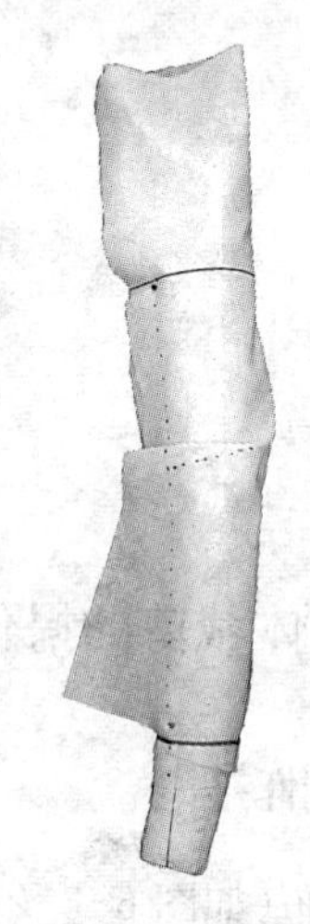

图 6-3-7　确定袖口

(二) 制作袖山

(1) 袖山吃势(如图 6-3-8 所示):从袖山顶点向前后袖山沿经向别起,每一根针挑布不要太多,直到袖山处多余的量别进去(即吃势),并保证袖山处的经纱顺直。注意大头针应竖向排列。

(2) 确定袖山轮廓(如图 6-3-9 所示):沿臂根截面的形状标记出其轮廓,可先标记出几个关键点,如袖山顶点、袖深点、前后袖山中点作为平面图修正的依据。预留缝缝后,余料剪除。

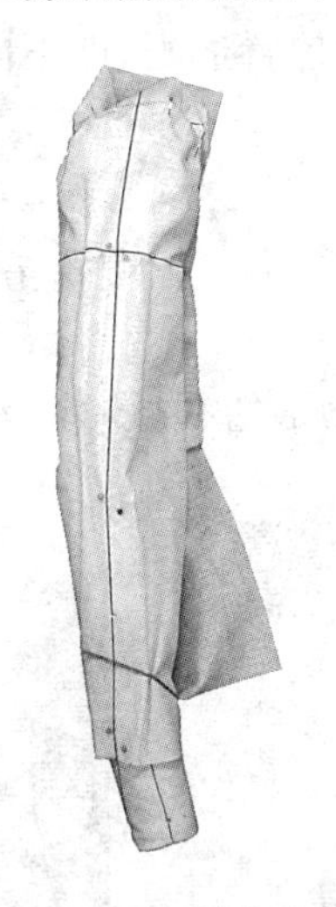

图 6-3-8　袖山吃势

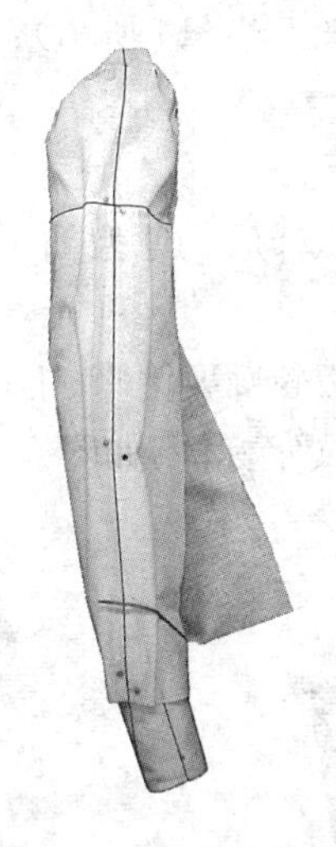

图 6-3-9　确定袖山轮廓

三、一片袖的制版

1. 整理一片袖结构图

取出一片袖的大头针展成平面,借助袖窿尺画顺袖山曲线和袖口曲线,画准袖缝和省缝。然后将缝缝修剪整齐,如图 6-3-10 所示。

2. 假缝试穿

(1) 假缝(如图 6-3-11 所示):用熨斗将面料轻轻熨平,扣烫后袖缝、袖口折边份,用折叠别方法按制成线别好。

(2) 试穿(如图 6-3-12 所示):将假缝后的一片袖底部与袖窿腋下别合,为了稳固可用三根针别住。

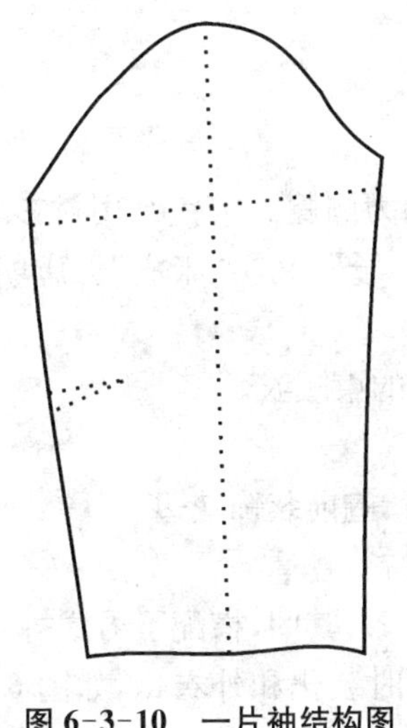

图 6-3-10　一片袖结构图

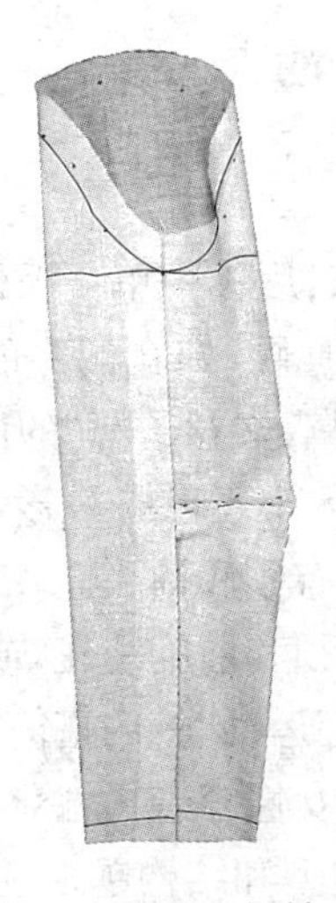

图 6-3-11　假缝

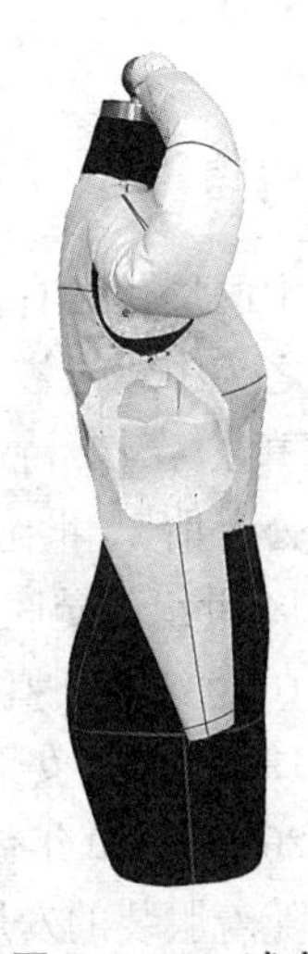

图 6-3-12　试穿

(3) 装袖山(如图 6-3-13 所示):衣袖套上手臂后,将袖山与袖窿别合。先从袖山顶点开始,用藏针别将前后袖山别好。

(4) 调整衣袖(如图 6-3-14 所示):衣袖的前后位置适当,即不向前也不偏后。袖山圆顺饱满。

3. 样板制作

(1) 拓印样板:把试样后的原型袖再次修改好、熨平。用滚轮拓印布样于纸样上,也可用其他方法拓印。

(2) 样板标注:样板轮廓要清晰、准确,并在版型上清楚地标好对刀、纱向对合等标记,对于工业制版,还要有文字标注,如图 6-3-15 所示。

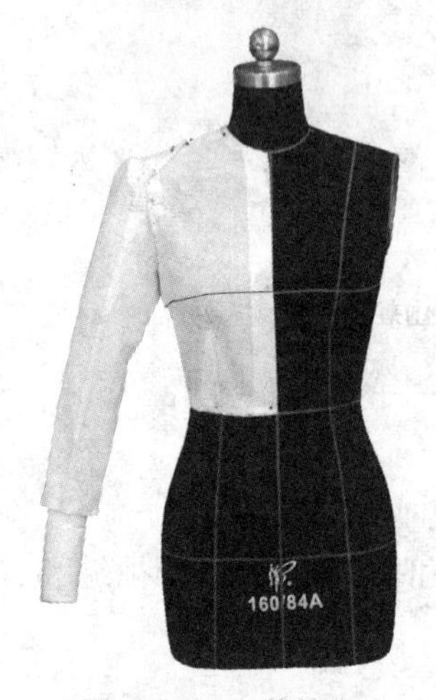

图 6-3-13 装袖山

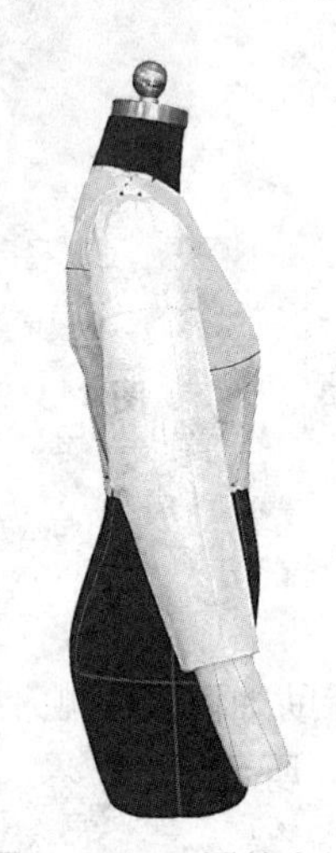

图 6-3-14 调整衣袖

图 6-3-15 样板制作

第四节 衬衫立体造型

引言

中国周代已有衬衫,称中衣,后称中单。汉代称近身的衫为厕牏。宋代已用衬衫之名。现称之为中式衬衫。在古代的时候,妇女们穿的短上衣叫"衫子",又叫"半衣"。唐朝文学家元稹在《杂忆》诗中便有"忆得双文衫子薄"的诗句。

公元前 16 世纪古埃及第 18 王朝已有衬衫,是无领、无袖的束腰衣。

14 世纪诺曼底人穿的衬衫有领和袖头。

16 世纪欧洲盛行在衬衫的领和前胸绣花,或在领口、袖口、胸前装饰花边。

19 世纪末,女性在进行体育运动时,内搭简洁的男性化衬衫。

20 世纪 20 年代,欧洲出现女性穿着男性化西服套装的现象,其中,搭配了男式衬衫。

随着服装的发展,衬衫的造型和结构越来越多样化,日趋时装化和外衣化,如图 6-4-1 所示。

图 6-4-1　衬衫

女衬衫是衣橱中永不嫌多的必备品，也是登上杂志封面次数最多的“平民”单品，同时还是女明星、街拍红人挚爱的潮流服饰，让身形不那么出众的普通人也能穿出个性与美感，如图 6-4-2 所示。

图 6-4-2　各式衬衫

一、款式分析

衣身：胸前皱褶设计，衣身采用刀背缝结构，以体现女性腰部纤细和臀部丰满的曲线美感，明门襟、五粒扣、圆下摆。

衣领：男式衬衫领（立翻领）。

衣袖：一片袖，如图 6-4-3 所示。

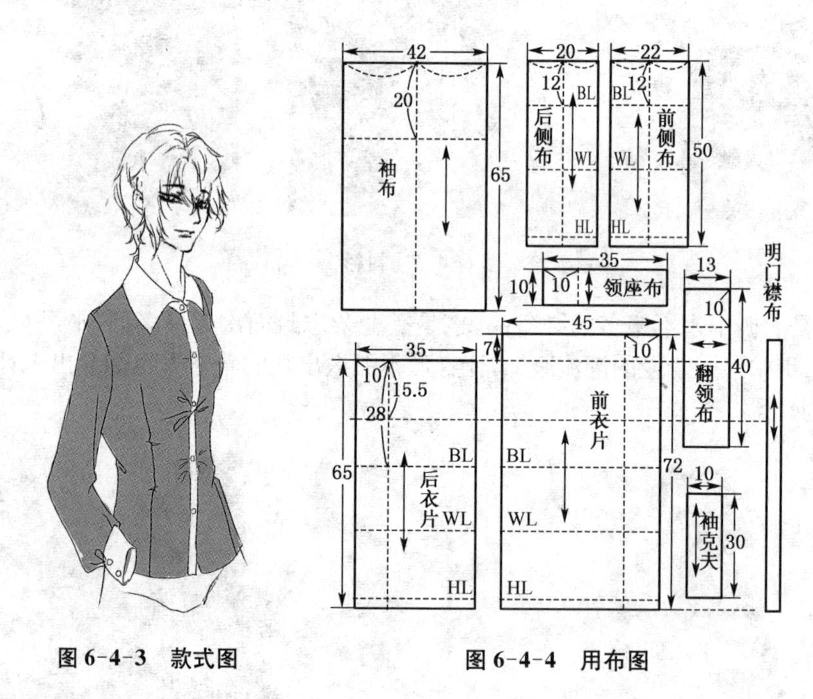

图 6-4-3 款式图　　　图 6-4-4 用布图

二、材料准备

(1) 粗裁布料；

(2) 整理布纹；

(3) 标记基准线，如图 6-4-4 所示。

三、立体造型方法

1. 前身造型

(1) 披前中布（如图 6-4-5 所示）：先标记刀背缝设计线，坯布的前中线与人台的前中线对齐，胸围线以上的前中线固定。领口部位打剪口，使颈部服帖。抚平肩部面料，固定。粗裁袖窿，确定刀背缝的起点。

(2) 做胸部皱褶（如图 6-4-6 所示）：按照箭头方向，将衣身肩部、腋下、腰部的面料推向胸部。胸部皱褶围绕胸部造型设计，调整皱褶的量，使皱褶均匀分布。

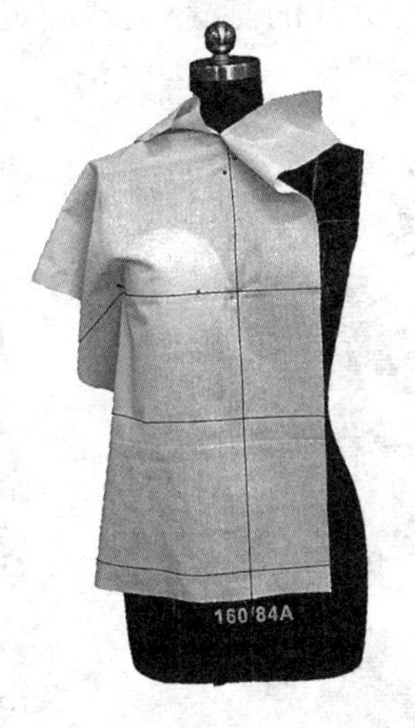

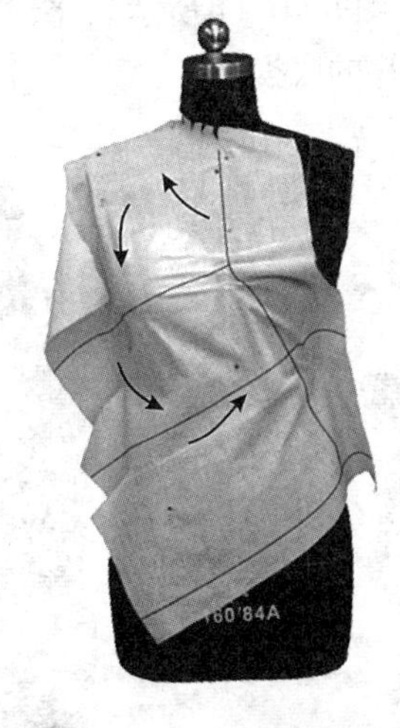

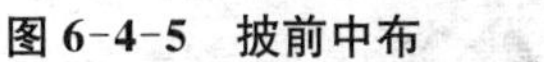

图 6-4-5　披前中布　　　图 6-4-6　做胸部皱褶

(3) 确定轮廓(如图 6-4-7 所示):标记刀背缝的形状,确定前中片的轮廓。将多余面料剪掉。

(4) 披侧布(如图 6-4-8 所示):前侧布的胸围线、腰围线分别与人台的胸围线、腰围线对齐,保证面料丝绺垂正。确定袖窿底点、刀背缝起点,完成袖窿线标记。根据前衣片的刀背缝,确定前侧片的刀背缝,标记侧缝线,做好衣片的对位标记。

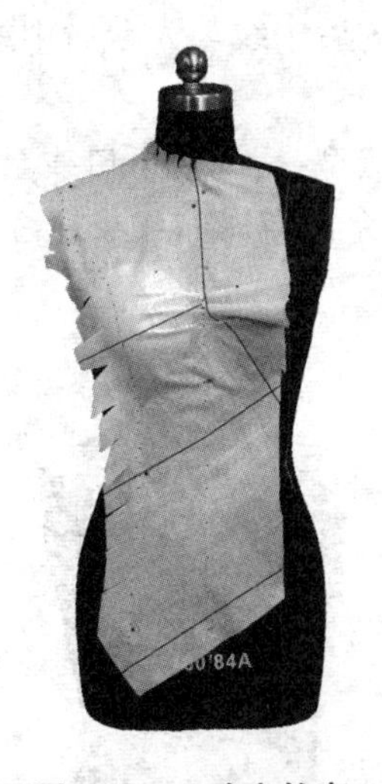

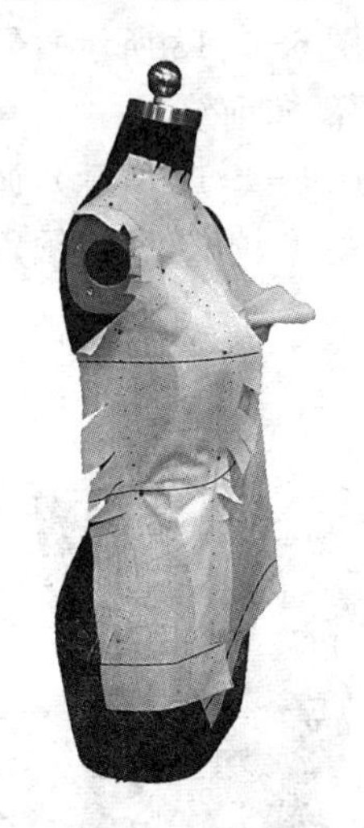

图 6-4-7　确定轮廓　　　图 6-4-8　披侧布

2. 后身造型

(1) 披后中布(如图 6-4-9 所示):先标记设计线,后中线、后胸围线分别对齐,固定。确定后领口造型。抚平后背部面料,粗裁袖窿,确定背宽点,肩部余量做肩背省,指向肩胛骨位置。腰部打剪口,完成后刀背缝设计,剪掉多余面料。

(2) 披后侧布(如图 6-4-10 所示):坯布与人台的胸围线、腰围线分别对齐,保证面料丝绺垂正。确定袖窿底点、刀背缝起点,完成袖窿线标记。确定后侧片的刀背缝,标记侧缝线,做好衣片的对位标记。

（3）确定侧缝（如图 6-4-11 所示）：将前、后侧片的侧缝对合，确定侧缝，并观察衣片与人台的松量。标记衣片的底摆线。

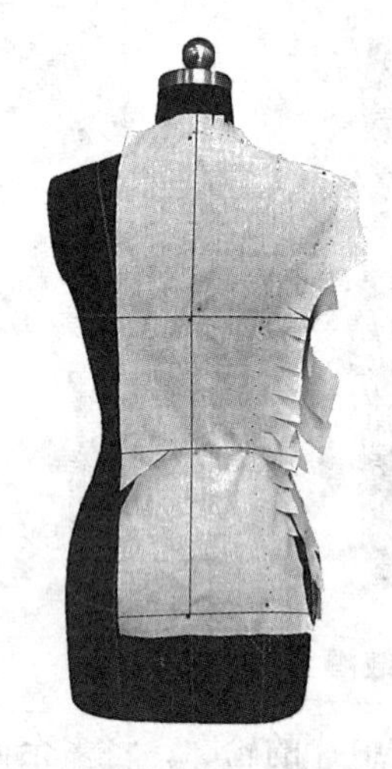

图 6-4-9　披后中布

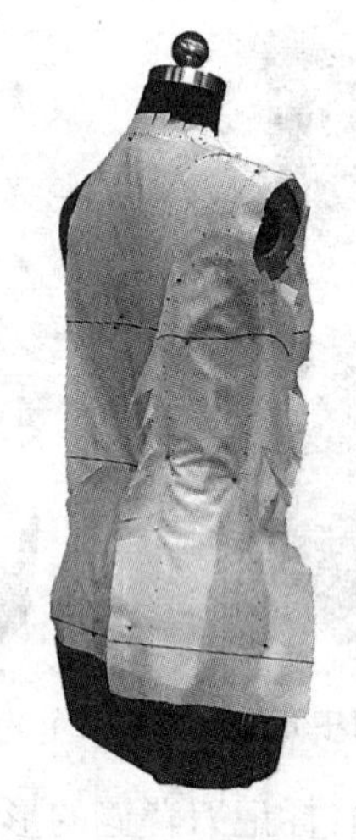

图 6-4-10　披后侧布

图 6-4-11　确定侧缝

3. 衣领造型

（1）标记领口线（如图 6-4-12 所示）：以前中线为基准，固定明门襟，宽度 2.5～3 cm。肩线部位叠合量放平，确定领口线，剪掉多余面料。

（2）披领座布（如图 6-4-13 所示）：领座面料的后中线与人台后中线对齐，确定领座宽度 2.5 cm，坯布围绕颈部向前绕。

（3）领座造型（如图 6-4-14 所示）：调整领座造型，标记领下口线至门襟止口。确定领上口线，领座在颈窝处宽度较窄，做圆领角，剪掉多余面料。

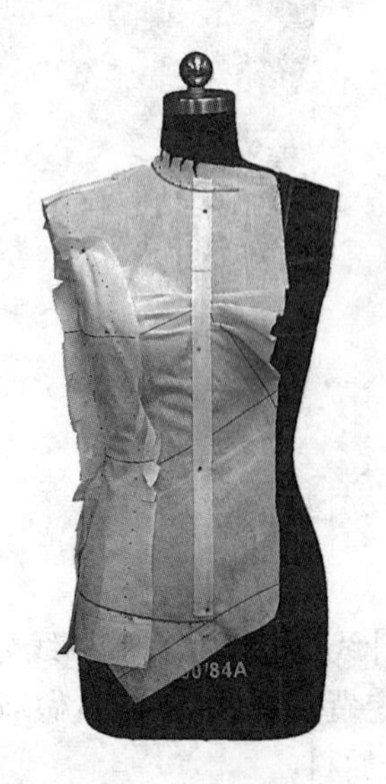

图 6-4-12　标记领口线

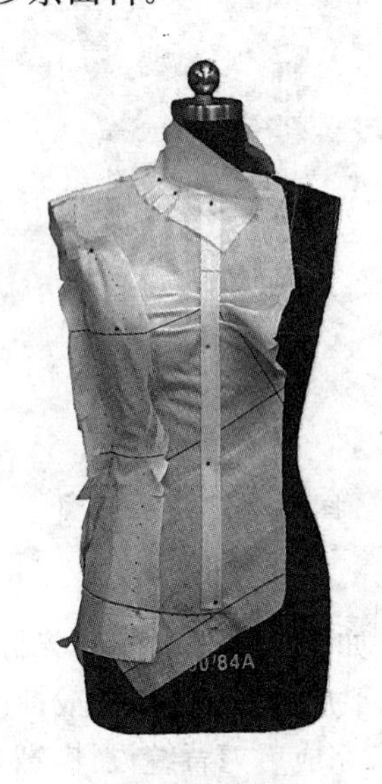

图 6-4-13　披领座布

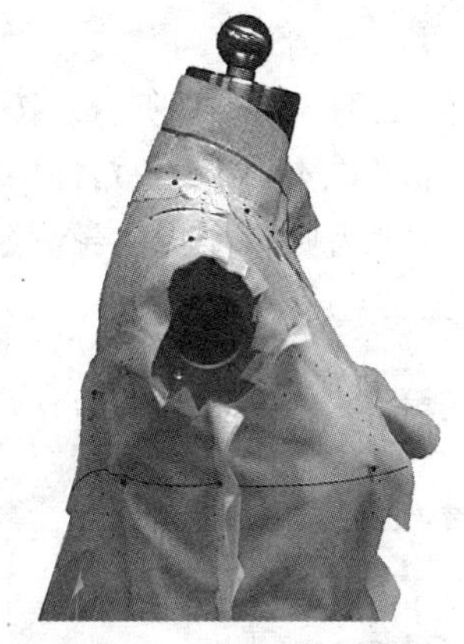

图 6-4-14　领座造型

(4) 披翻领布(如图 6-4-15 所示):翻领布后中心位置斜向向下剪掉 3 cm 面料,与人台的后中心线对齐,固定。翻领与领座搭接 2 cm,扎针固定。翻领外口面料往上翻折,使翻领围绕颈部至前面,与领座边缘相差 1.7 cm。

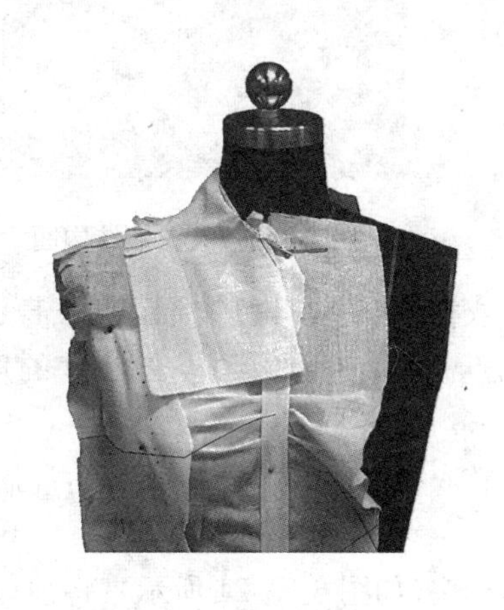

图 6-4-15　披翻领布

(5) 翻领造型(如图 6-4-16 所示):翻领宽度是 4 cm,根据领座造型确定翻领上口线的形状。标记翻领下口线,剪掉多余面料。

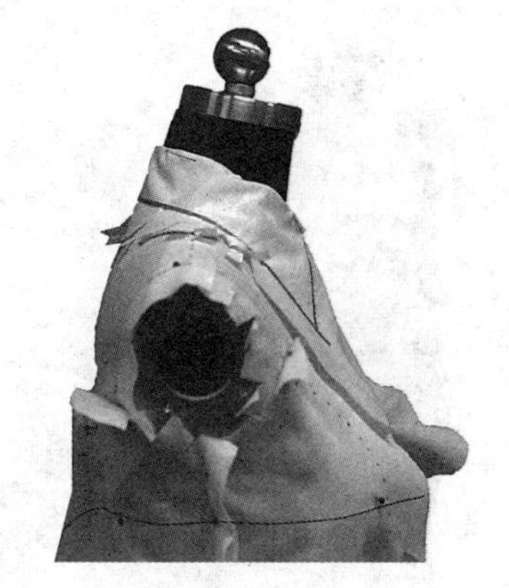

图 6-4-16　翻领造型

4. 衣袖造型

(1) 衣袖制图(如图 6-4-17 所示):按平面结构制图的方法,完成袖片的制图。

(2) 做衣袖(如图 6-4-18 所示):袖山缝缝边缘用拱针将面料缩缝,后袖山部分的皱褶量较多,使袖山部位变得圆顺。将袖身侧缝对别。

图 6-4-17 衣袖结构图

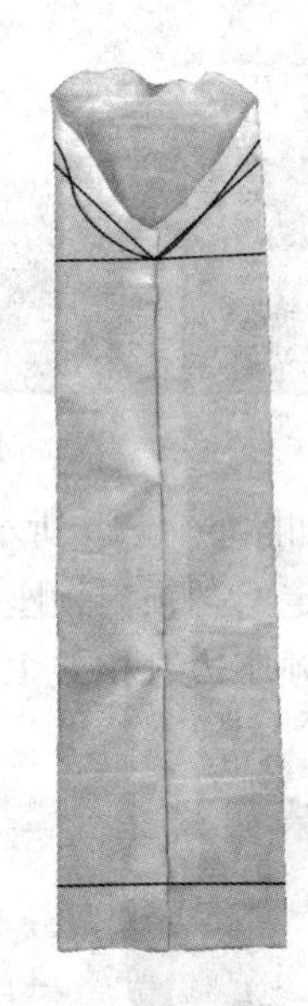

图 6-4-18 做衣袖

(3) 装衣袖(如图 6-4-19 所示):衣身、袖身的侧缝端点对齐,固定。左右两侧各别一针,三针固定。袖片的袖山顶点与衣片的肩端点对应,固定。袖山线与袖窿线分别对应固定。

(4) 调整衣袖(如图 6-4-20 所示):前后调节袖身与衣身的对应关系,使袖身、衣身保持结构平衡。

(5) 装袖头(如图 6-4-21 所示):将袖口处面料进行缩缝,与袖头长度相等,将袖头与袖片固定。

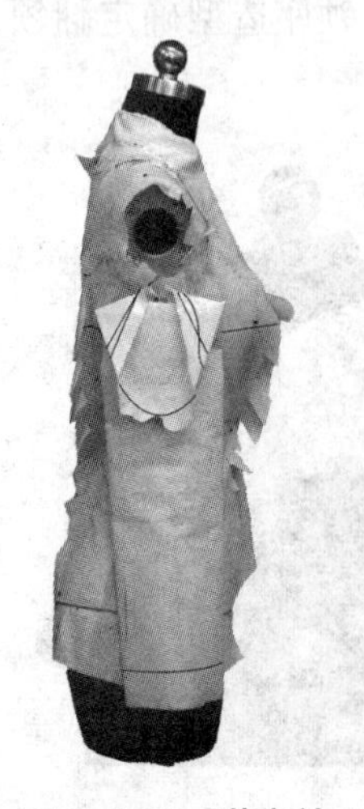

图 6-4-19 装衣袖

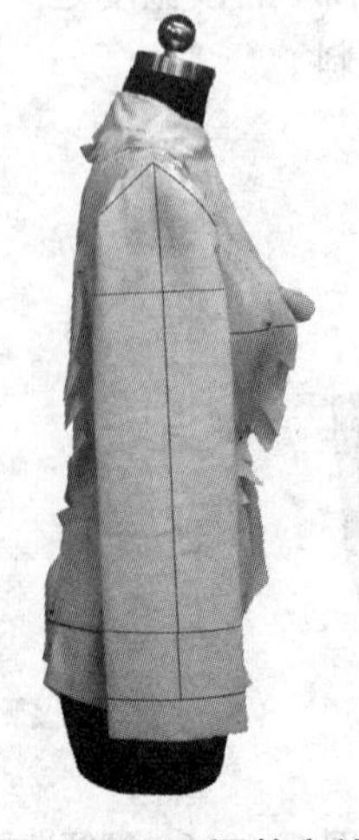

图 6-4-20 调整衣袖

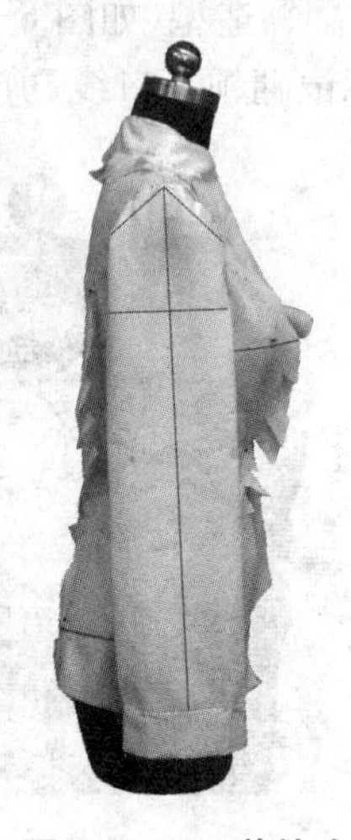

图 6-4-21 装袖头

5. 假缝试穿

将衣片取下描图，留 1 cm 缝缝修剪。扣烫缝缝，假缝试穿，观察效果，如图 6-4-22 所示。

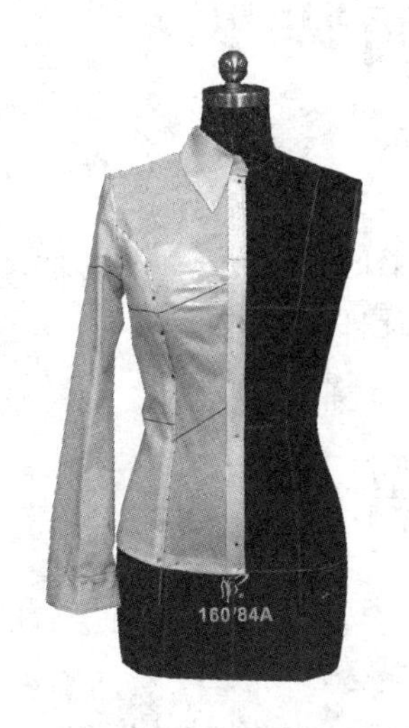

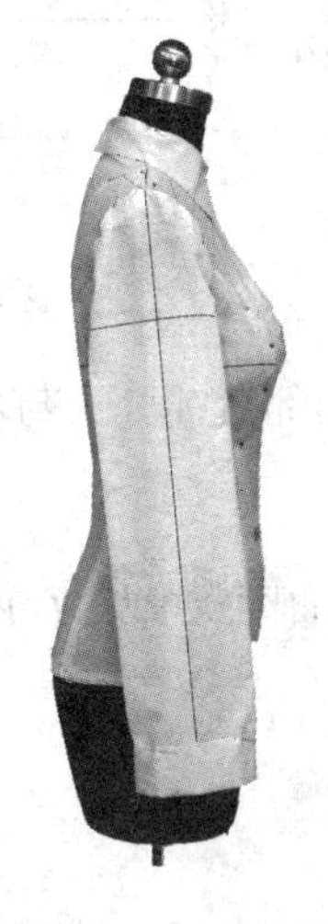
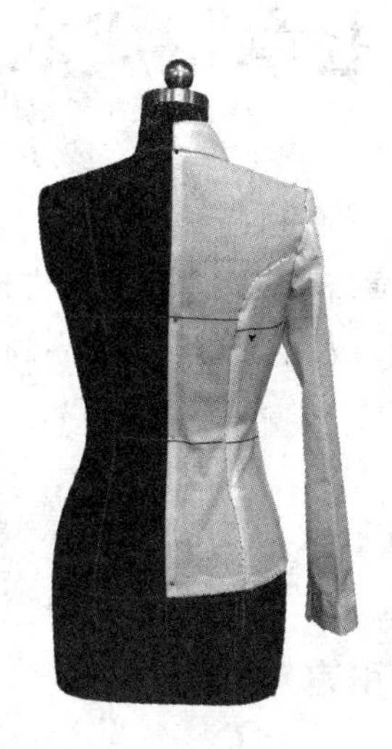

图 6-4-22 假缝试穿

6. 样板展开

把修正后的衣片展开成平面，用弧尺、直尺修画各条结构线，如图 6-4-23 所示。

图 6-4-23 样板展开

【思考题】

1. 不同类别的立领立体造型的技巧有哪些区别？
2. 不同类别的翻领立体造型的技巧有哪些区别？
3. 一片袖立体造型的重点是什么？
4. 衬衫立体造型时，领、袖与衣身的对应关系该如何把握？

第七章　成衣立体裁剪——女西装

章节提示：本章主要讲述翻驳领、女西装立体造型技巧，阐述女上装原型的特征差异、原型与人体的对应关系，旨在阐述女体胸部特征分类与着装合体性的关系。

第一节　翻驳领立体造型

引言

还记得在中华人民共和国建国 60 周年大阅兵的时候，女兵方队走起来那叫一个英姿飒爽，气势一点也不输男兵！

在军队中，军装是非常重要的，好看的军装穿上身能让人显得更挺拔，更有气场！

翻檐帽，黑筒靴，翻驳领，腰上扎腰带，倍儿精神！

翻驳领由翻折领和驳头组成，形成独特的领结构，如图 7-1-1 所示。

图 7-1-1　翻驳领结构

一、立体裁剪操作

(1) 坯布准备(如图 7-1-2 所示):坯布要准备两块,一块为驳头布样,另一块为翻折领布样。

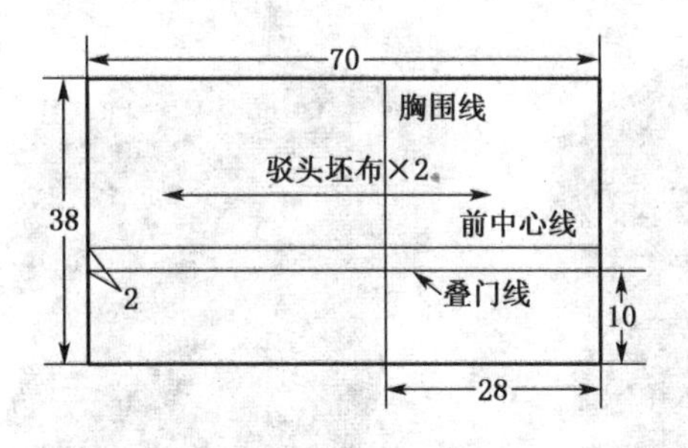

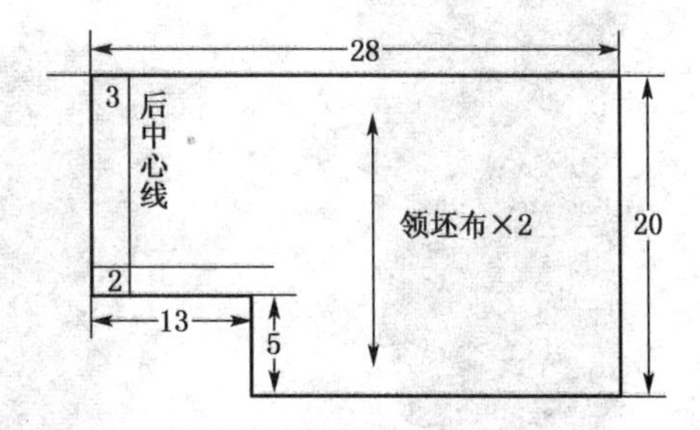

图 7-1-2 坯布准备

(2) 披布(如图 7-1-3 所示):坯布的前中心线、胸围线与人台的前中心线、胸围线重合,在叠门线上确定驳领深点。

(3) 确定翻折线(如图 7-1-4 所示):在颈肩端点位置开始翻折坯布,并确定驳头翻折线。

(4) 驳头造型(如图 7-1-5 所示):用胶带粘贴出驳头造型线。

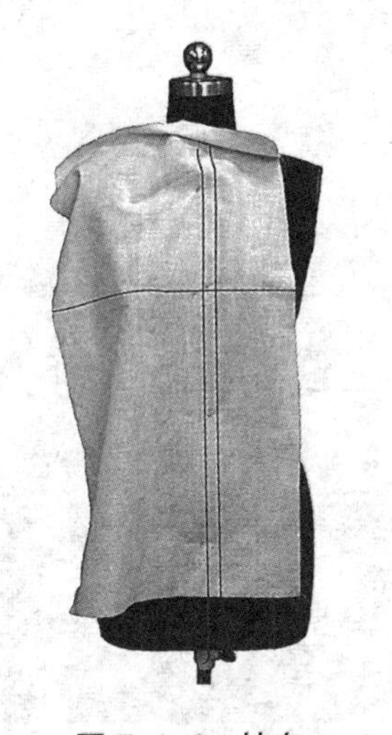

图 7-1-3 披布

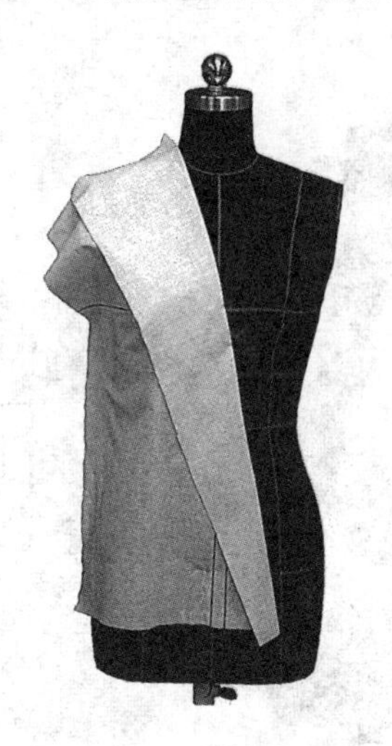

图 7-1-4 确定翻折线

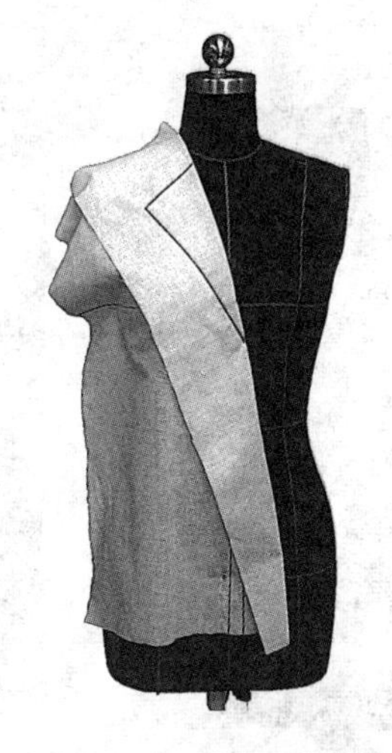

图 7-1-5 驳头造型

(5) 固定后中心线(如图 7-1-6 所示):将领坯布的后中心线与人台的后中心线对准并固定。

(6) 领下口线打剪口(如图 7-1-7 所示):坯布从后往前绕,沿后领围线打剪口,并用珠针固定。

(7) 调整领型(如图 7-1-8 所示):将后领按翻折线翻折,在领外口打剪口,固定后领中线,并观察其是否平整。

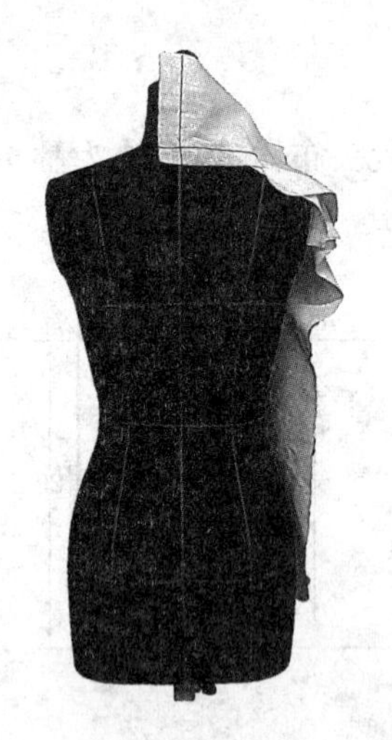

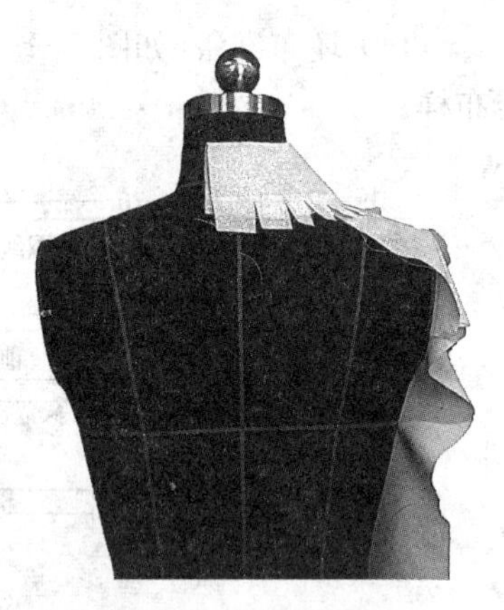

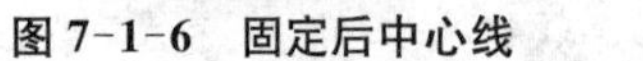

图 7-1-6　固定后中心线　　**图 7-1-7　领下口线打剪口**　　**图 7-1-8　调整领型**

(8) 对合(如图 7-1-9 所示):将领坯布的前端与驳头覆合一致。

(9) 确定领片轮廓线(如图 7-1-10 所示):根据领的造型在领坯布上调整好领的形状,并用胶带粘贴出外轮廓造型(或用标记笔点影画出领的外轮廓造型)。

(10)确定结构图(如图 7-1-11 所示):把人台上的布样取下进行描图,得到翻驳领的结构图。

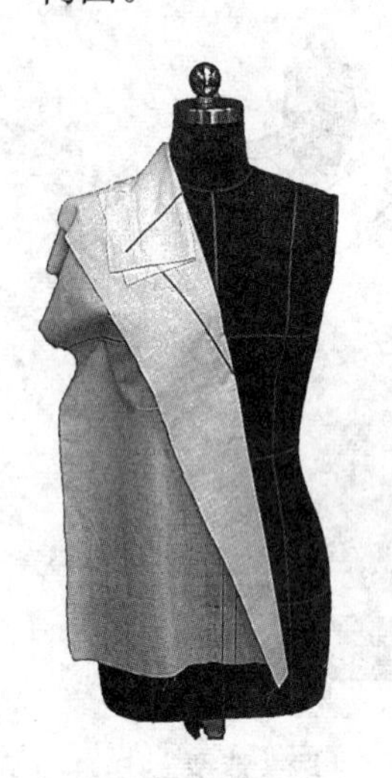

图 7-1-9　对合

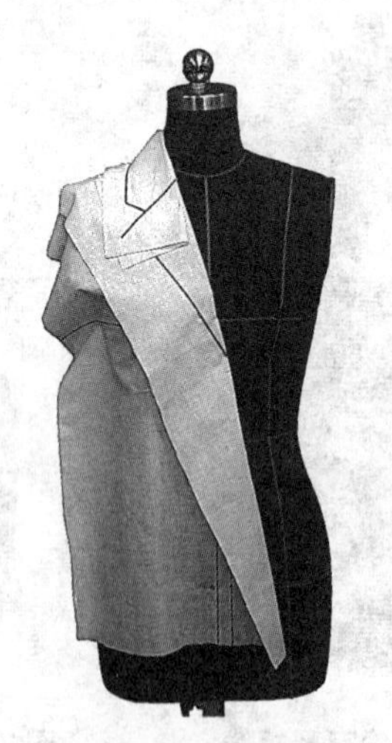

图 7-1-10　确定领片轮廓线

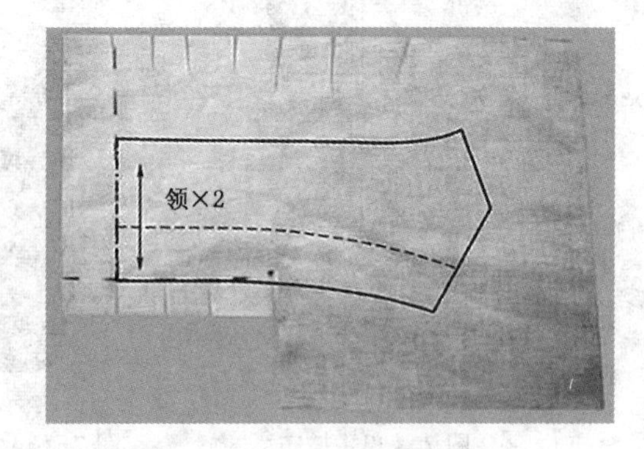

图 7-1-11　确定结构图

(11) 假缝试穿(如图 7-1-12 所示):翻驳领立体效果展示。

二、立体裁剪技法重点

(1) 驳头的翻折底点(即第一粒纽扣位置)处注意增加纽门搭位。一般西服的纽门搭位设计会比单穿的服装多一些量(2.5～5 cm)。

(2) 翻折领部分要注意领子与颈部之间的松度。

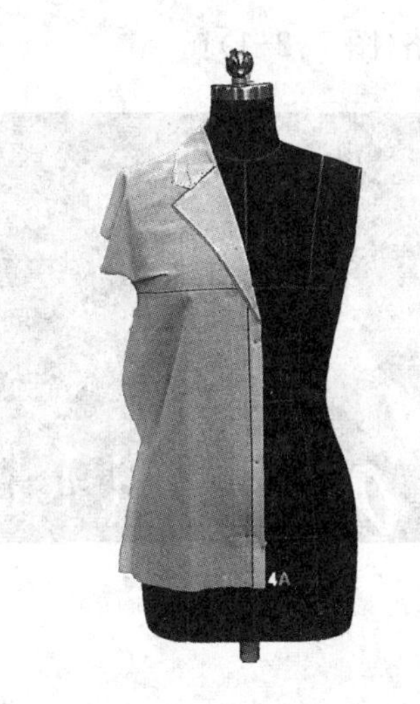

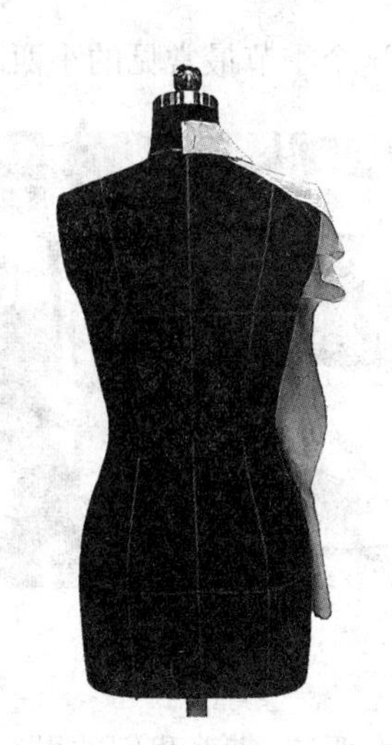

图 7-1-12　假缝试穿

三、平面结构分析

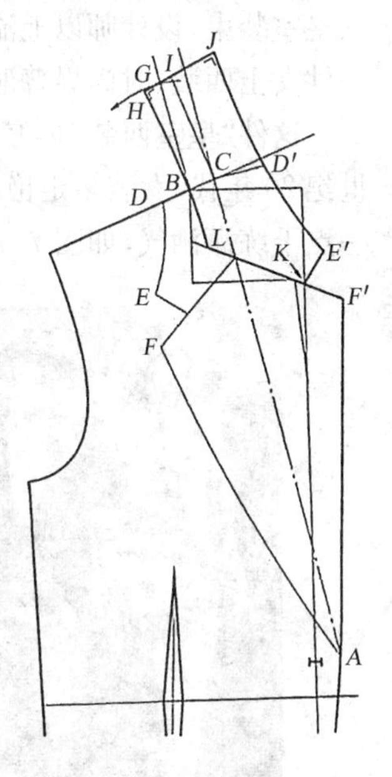

图 7-1-13　翻驳领制图

翻驳领平面制图通常采用公式法，公式法制图步骤如下：

(1) 先在前衣片的第一粒纽扣处(A)加出纽门搭位 2.5 cm。

(2) 延长前肩线(B 为肩颈点)，作 BC＝领座宽(这里取 3 cm)，CD＝翻领宽(这里取 4.5 cm)。

(3) 连接 A、C 两点，作为驳折线。

(4) 过 D、E、F、A 点画顺领外轮廓线。

(5) 以驳折线为对称轴，确定 D、E、F 的对称点 D'、E'、F'，连接 D'、E'、F'、A。

(6) 过点 B 作驳折线的平行线，在此线上取点 B 至点 G 等于后领口弧线长的一半，然后以点 B 为圆心，BG 为半径画弧。

(7) 在弧上量取 GH＝(上级领高－下级领高)×1.5，H 为弧上的点，GH 的长度在结构上被称为倒伏量(平均值为 2.5 cm)。

(8) 直线连接 BG，过点 G 作弧的切线，并在切线上取 HI＝领座宽，IJ＝翻领宽。

(9) 完成翻驳领制图，如图 7-1-13 所示。

第二节　西装立体造型

引言

相信大家都看过《欢乐颂》吧！剧中的“大姐大”安迪绝对是很多女生向往的成功典范。身为海归精英，安迪不仅拥有顶尖的工作能力，同时她还拥有出色的时髦品位呢！你看，就算是这个季节最常见的小西装和衬衫，安迪也能穿出自己的风格(图 7-2-1)！

图 7-2-1 《欢乐颂》中安迪的剧照

女西装，带着我们的思绪飞向了远方……

1885 年，英国裁缝 John Redfern 为威尔士公主 Louise 制作了一款出席日常正式场合的皇室装束，设计师以上流绅士的西装为灵感，改良设计出一款修身的女士夹克，历史上第一件女士西装(时尚界普遍认为)就这样诞生了。

这件“皇室西装”再怎么说也是私人定制，真正让女士西装变成大众潮流的要归功于 20 世纪 20 年代，女装多走艳丽华美风格，设计师将西装外套加入成衣系列，为女人的世界增添一点干练潇洒气，如图 7-2-2 所示。

图 7-2-2 20 世纪 20 年代的女西装

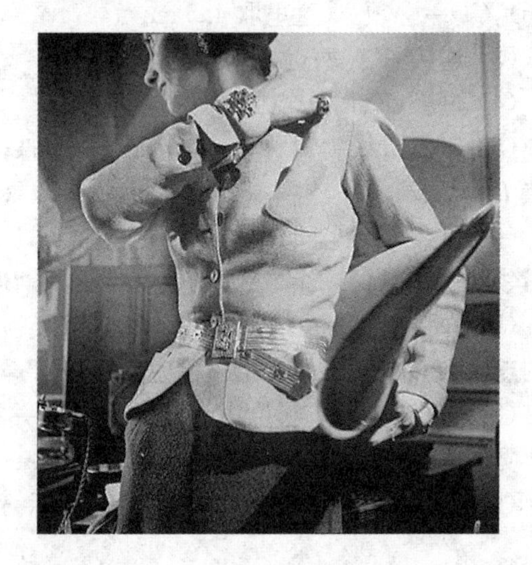

图 7-2-3 Coco Chanel 设计的简短款女士西装

1954 年，Coco Chanel 将女士西装华丽升级，如图 7-2-3 所示：苏格兰羊毛软呢的面料配以编织工艺制作出的简短款西装，再缀以金色纽扣装饰——这款女士西装即使放到今天也是时髦得不得了！

1966 年，法国著名设计师 Yves Saint Laurent 设计了第一件黑色吸烟装(Le Smoking)。改良后的吸烟装是一款散发着中性魅力的性感西装，既可看到男士那种英武之气，又能看到女性婀娜诱人的曲线，如图 7-2-4 所示。

图 7-2-4　第一件黑色吸烟装

图 7-2-5　Marlene Dietrich 的着装

1971 年,滚石乐队主唱 Mick Jagger 的新婚妻子 Bianca 便是穿着一身 Yves Saint Laurent 定制的白西装＋长裙＋缀有玫瑰装饰的宽檐帽被全世界记住的。

除了在时尚圈叱咤风云,小西装也是影视剧中的头牌单品呢！其中最经典的一幕,莫过于女演员 Marlene Dietrich 在某电影 Morocco 中的西装造型。电影上映后,Marlene 的中性造型引领起一股新风潮,世界各地的女性都纷纷脱下裙子,换上西装西裤,如图 7-2-5 所示。

一、款式特点

前衣片采用公主线与腰部分割线,使胸部更加丰满,腰部纤细。加上肩部蓬起,衣摆展放,更加显示了职业女性的风采。同时配以西装领、起肩袖、波浪下摆,使其经典与时尚得以完美结合,更具活力与魅力,如图 7-2-6 所示。

图 7-2-6　X 型女西装

二、材料准备

(1) 各个裁片的准备,如图 7-2-7 所示;

(2) 熨烫整理布纹垂正;

(3) 标记相应的标记线。

三、立体造型方法

1. 前身立体造型

(1) 标记设计线(如图 7-2-8 所示):胸部放上胸垫。根据款式,标记刀背缝、翻折线、驳领造型等设计线。

(2) 披前中布(如图 7-2-9 所示):前中布的胸围线、中心线分别与人台的胸围线、前中线对齐,固定。

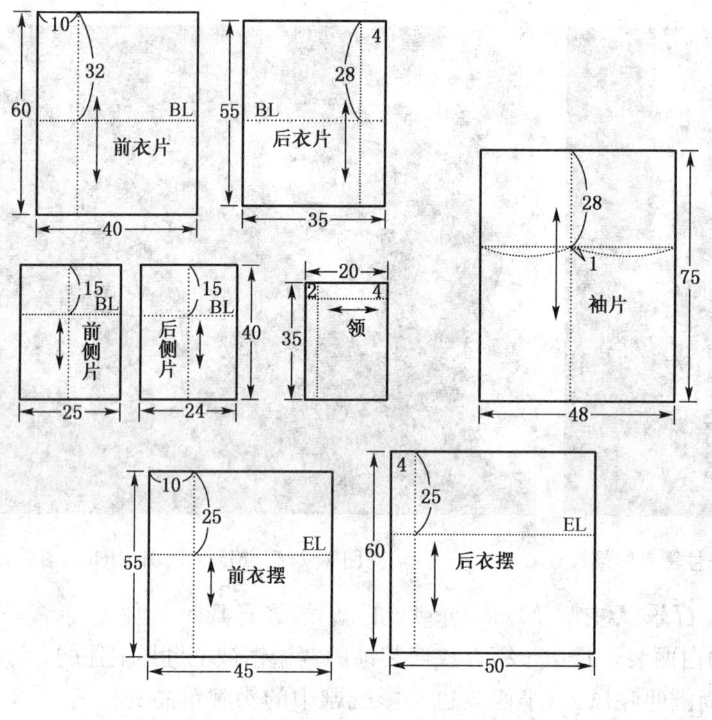

图 7-2-7　面料准备

(3) 衣身造型(如图 7-2-10 所示):抚平胸部、肩部的面料,粗裁领口、袖窿等部位,标记刀背缝,剪掉多余面料。

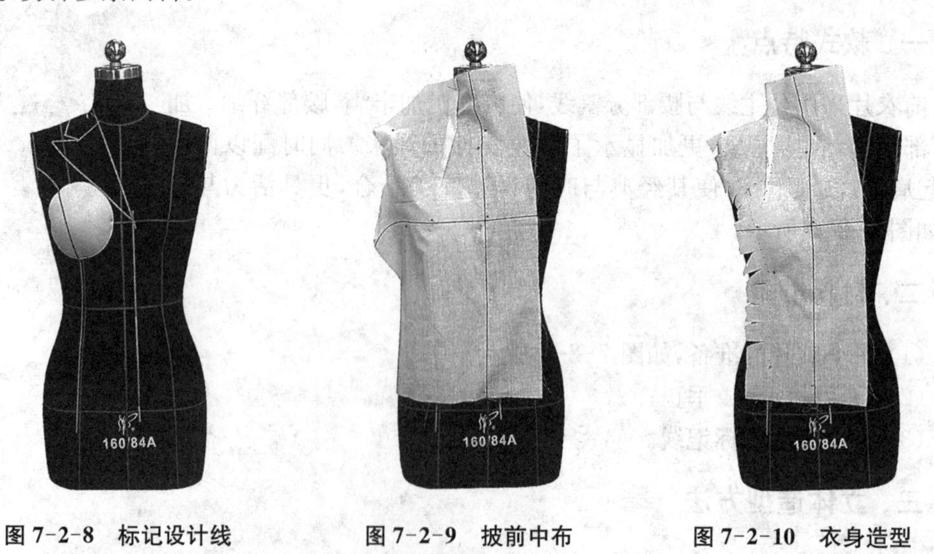

图 7-2-8　标记设计线　　**图 7-2-9　披前中布**　　**图 7-2-10　衣身造型**

(4) 驳头造型(如图 7-2-11 所示):将面料沿着翻折线折叠,根据驳领设计造型完成驳头造型设计。

(5) 披前侧布(如图 7-2-12 所示):前侧布与人台的胸围线、腰围线分别对齐,保证面料丝绺垂正。

(6) 确定前侧片轮廓(如图 7-2-13 所示):确定袖窿底点、刀背缝起点,完成袖窿线标记。确定前侧片的刀背缝，标记侧缝线。

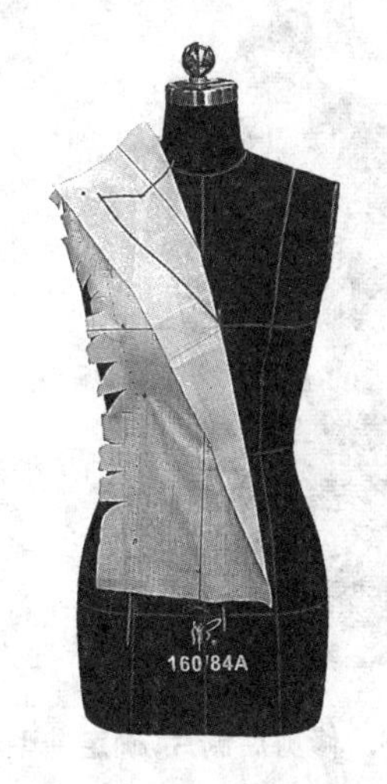

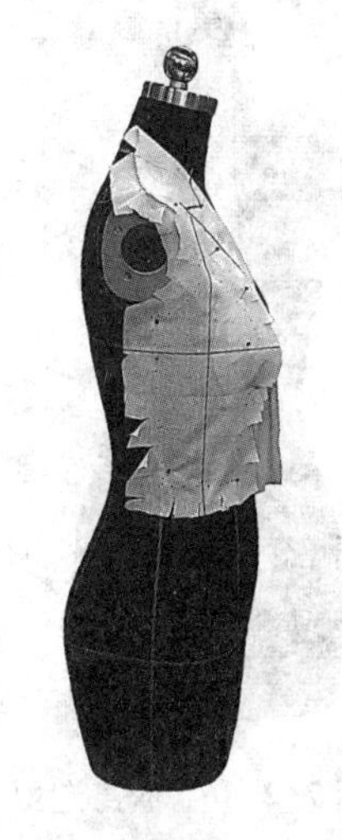

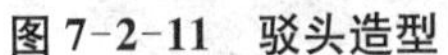

图 7-2-11　驳头造型　　图 7-2-12　披前侧布　　图 7-2-13　确定前侧片轮廓

2. 后身立体造型

(1) 标记设计线(如图 7-2-14 所示)：根据造型，设计后片刀背缝和后领窝线。

(2) 披后中布(如图 7-2-15 所示)：后中布的胸围线、中心线分别与人台胸围线、后中线对齐，固定。

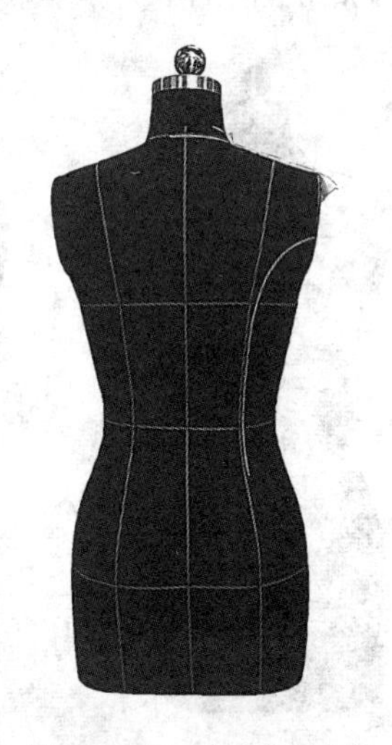

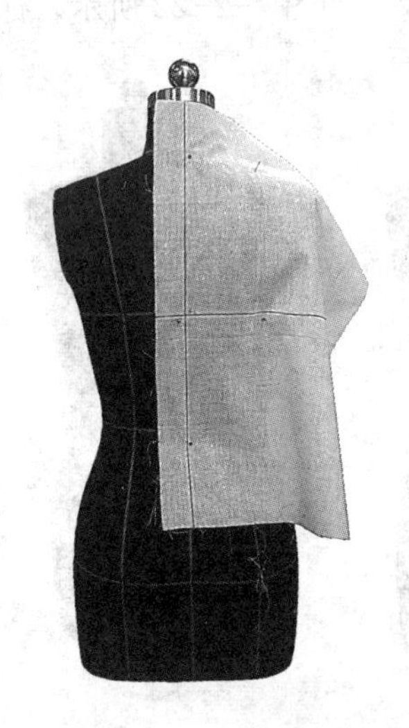

图 7-2-14　标记设计线　　图 7-2-15　披后中布

(3) 衣身造型(如图 7-2-16 所示)：粗裁领口，衣片的后中心线往外偏移，将部分胸腰差在后中线处理。抚平背部、肩部的面料，粗裁袖窿，标记刀背缝，剪掉多余面料。

(4) 披后侧布(如图 7-2-17 所示)：后侧布与人台的胸围线、腰围线分别对齐，保证面料丝绺垂正。

(5) 修剪后侧片，确定造型(如图 7-2-18 所示)：确定袖窿底点、刀背缝起点，完成袖窿线标记。确定后侧片的刀背缝，标记侧缝线。

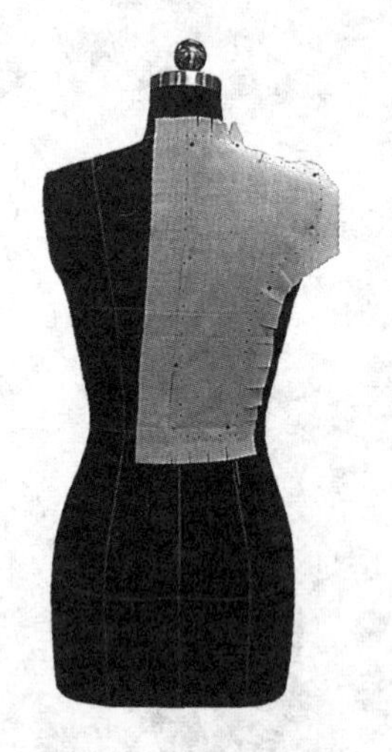

图 7-2-16　衣身造型

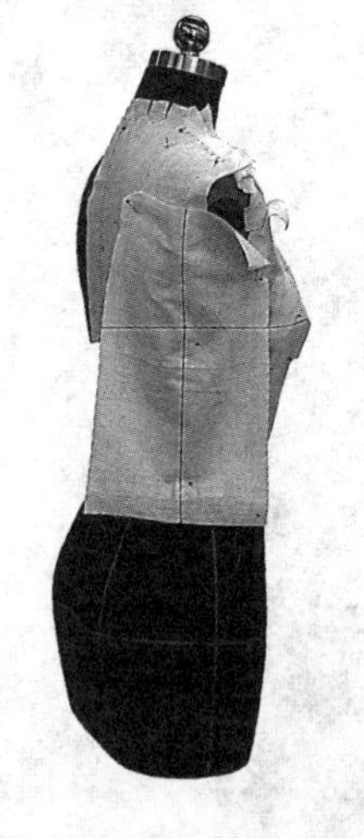

图 7-2-17　披后侧布

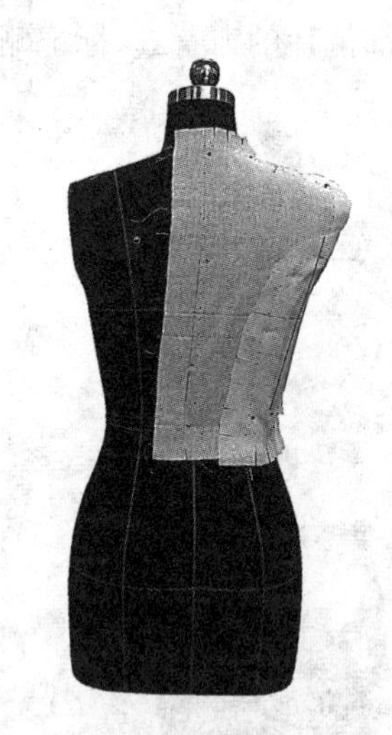

图 7-2-18　修剪后侧片，确定造型

3. 前后身下摆立体造型

(1) 披前摆布(如图 7-2-19 所示)：坯布的垂线与人台的前中心线对齐固定。

(2) 做波浪褶(如图 7-2-20 所示)：按照一针一浪一剪的操作技法，完成波浪褶的造型设计。

(3) 标记前摆轮廓(如图 7-2-21 所示)：根据款式，标记前衣片底摆，保证造型优美。

(4) 后摆造型(如图 7-2-22 所示)：标记后衣片底摆，前后衣片底摆侧缝处对合圆顺。

图 7-2-19　披前摆布

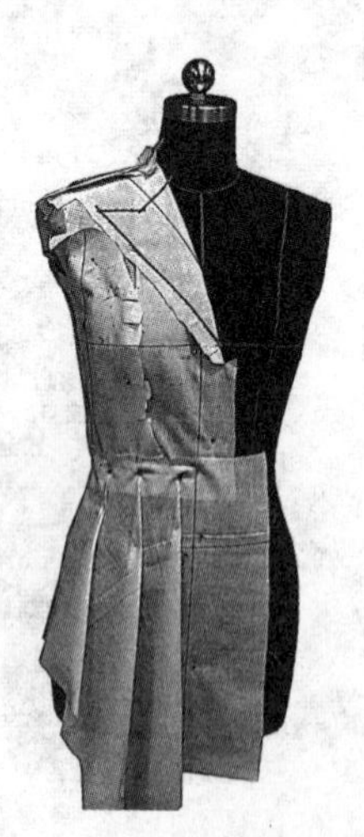

图 7-2-20　做波浪褶

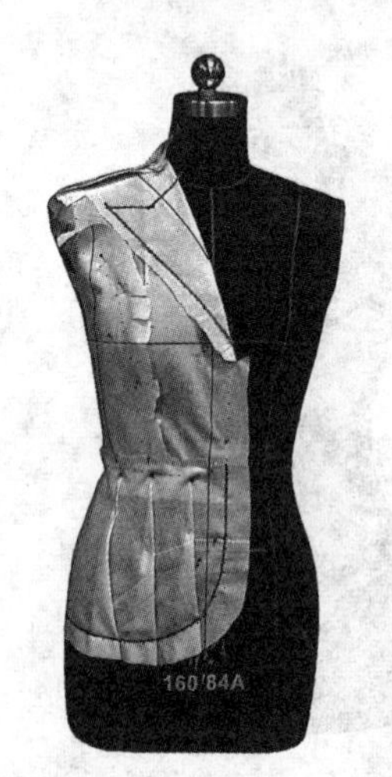

图 7-2-21　标记前摆轮廓

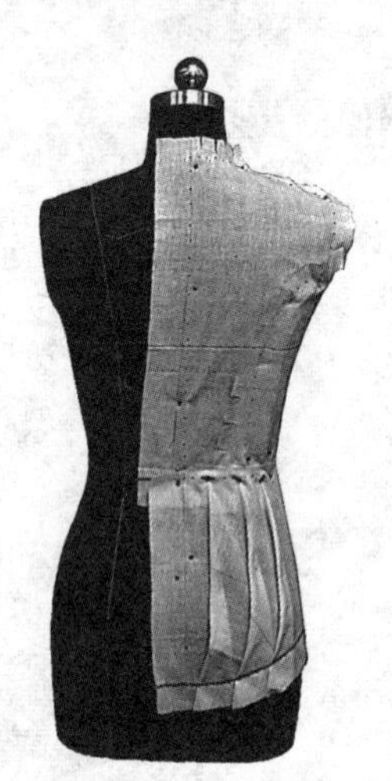

图 7-2-22　后摆造型

4. 衣领立体造型

(1) 确定领下口线(如图 7-2-23 所示)：根据翻领、驳头的结构对应关系，确定领下口线。领片的后中线与人台对位一致。

(2) 领外口造型(如图 7-2-24 所示)：将领布下口线向上折起固定于领窝上；边固定边翻向正面，确定底领宽，观察翻折线形状是否满意，然后再翻向反面修正或继续固定领布。最后将翻领多余面料向上翻折，确定翻领宽。

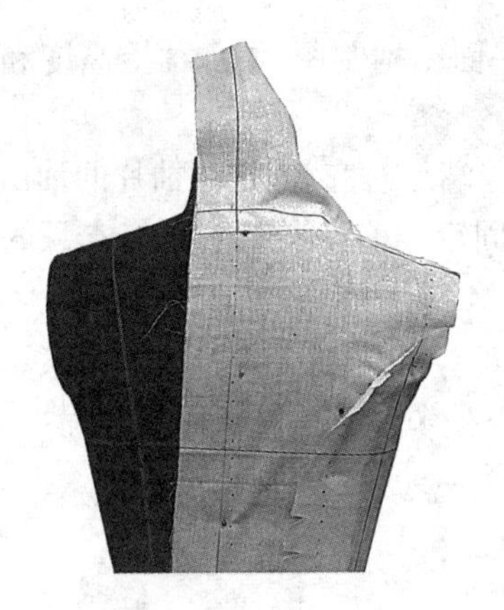

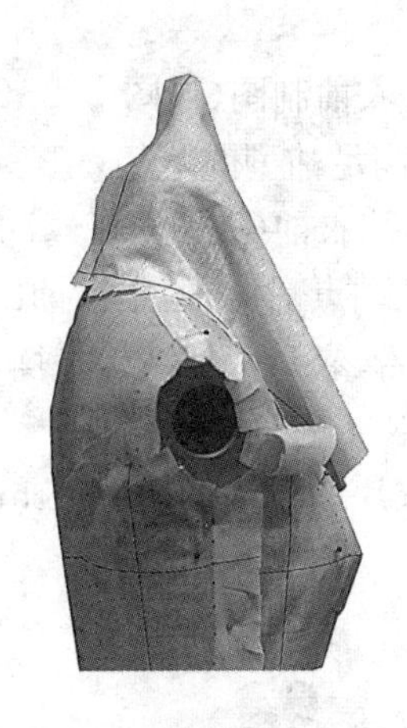

图 7-2-23　确定领下口线

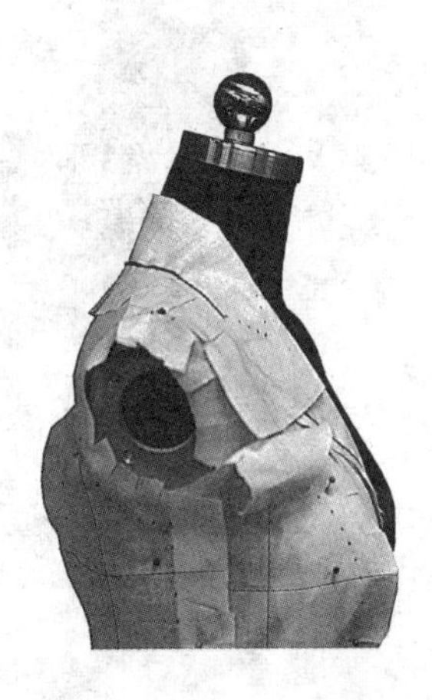

图 7-2-24　领外口造型

5. 衣袖立体造型

(1) 标记袖窿弧线(如图 7-2-25 所示):根据袖子造型,肩端点向里移 1～1.5 cm,标记袖窿弧线。

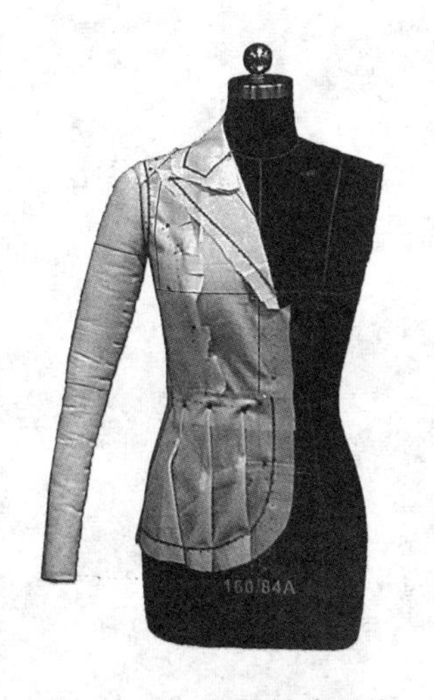

图7-2-25　标记袖窿弧线

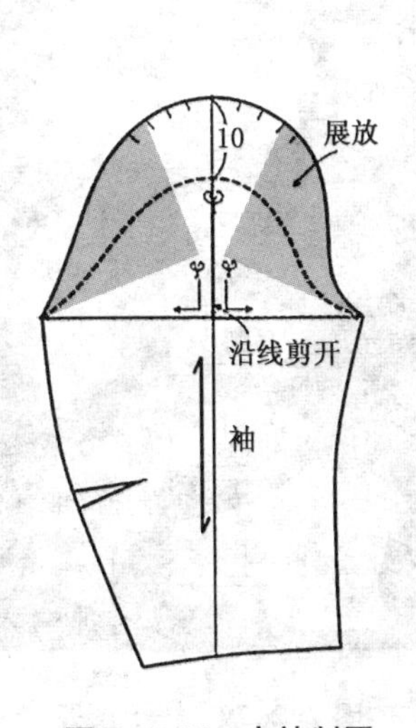

图 7-2-26　衣袖制图

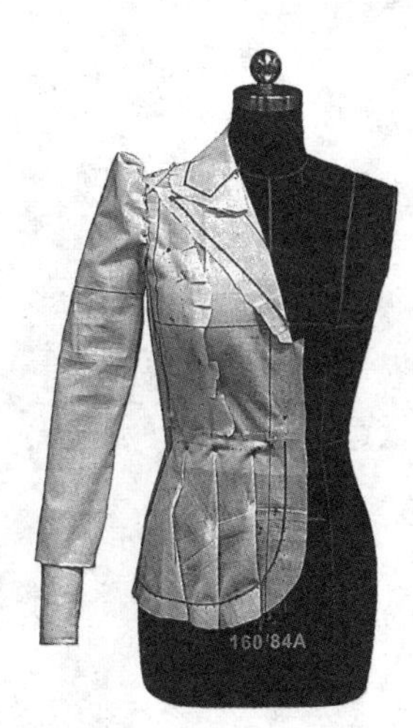

图 7-2-27　装衣袖

(2) 衣袖制图(如图 7-2-26 所示):完成袖片的平面结构制图,增加袖上高度和袖山曲线长度,满足袖型的蓬起。

(3) 装衣袖(如图 7-2-27 所示):衣身、袖身的侧缝端点对齐,固定。袖片的袖山顶点与衣片的肩端点对应,固定。袖山线与袖窿线分别对应固定。前后调节袖身与衣身的对应关系,使袖身、衣身保持结构平衡。

6. 假缝试穿

将衣片取下描图,留 1 cm 缝缝修剪。扣烫缝缝,假缝试穿,观察效果,如图 7-2-28 所示。

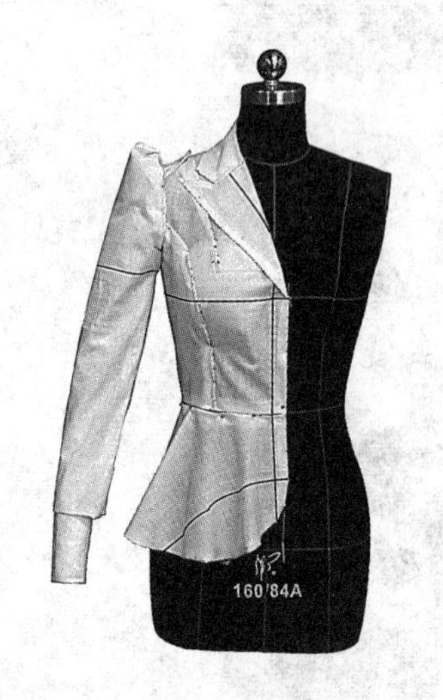

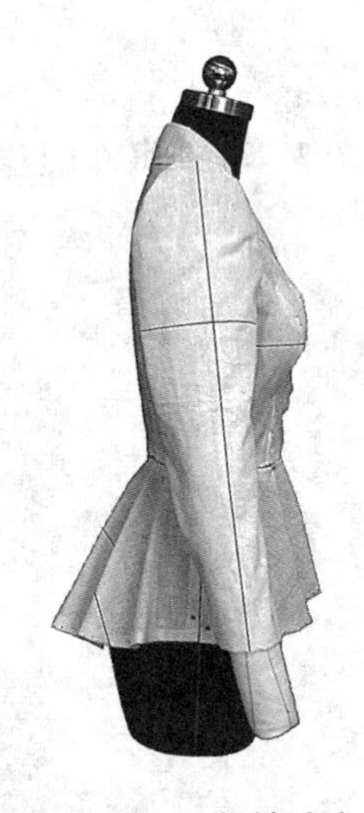

图 7-2-28 假缝试穿

7. 样板展开

把修正后的衣片展开成平面,用弧尺、直尺修画各条结构线,如图 7-2-29 所示。

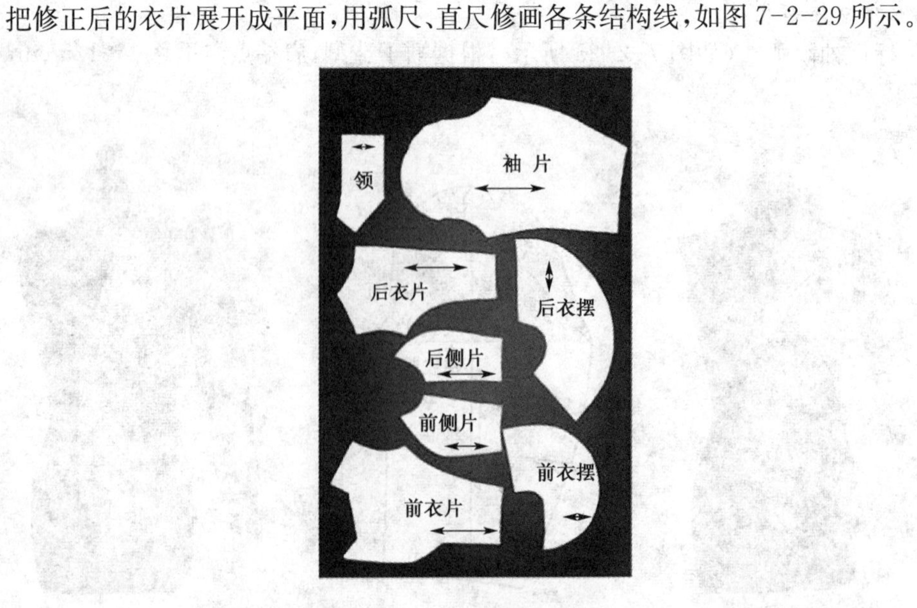

图 7-2-29 样板展开

第三节　女上装围度差处理的对比分析

引言

当前大多数消费者认为服装开发商不了解她们的体型及风格喜好，市场上缺少适合女性消费者需求的服装，合体性已成为困扰商家和女性消费者的一个难题。相关资料显示，90% 以上的女性消费者认为选购服装时存在不合体现象。

杨幂一身白色礼服出席了晚会，简直美呆了，但是似乎有点不对劲啊。活动刚刚开始不久，杨幂就已经盯着礼服了，显然礼服不合身，如图 7-3-1 所示。

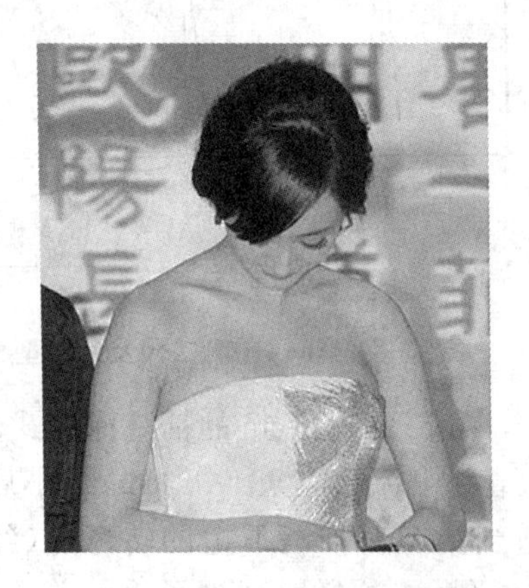

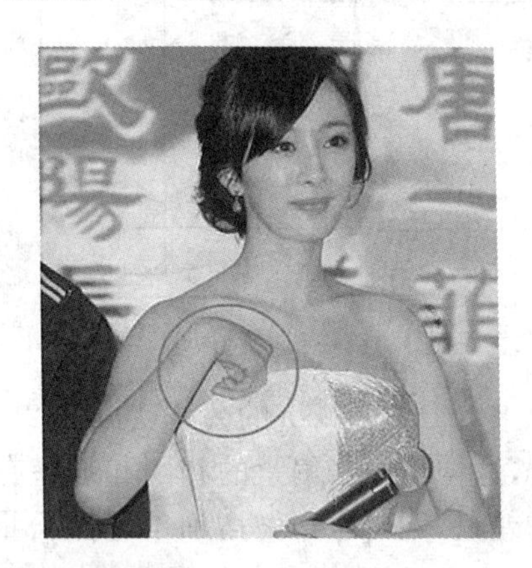

图 7-3-1　礼服不合体

凯特·哈德森所穿着的服装，胸腰部过勒显现赘肉，如图 7-3-2 所示。

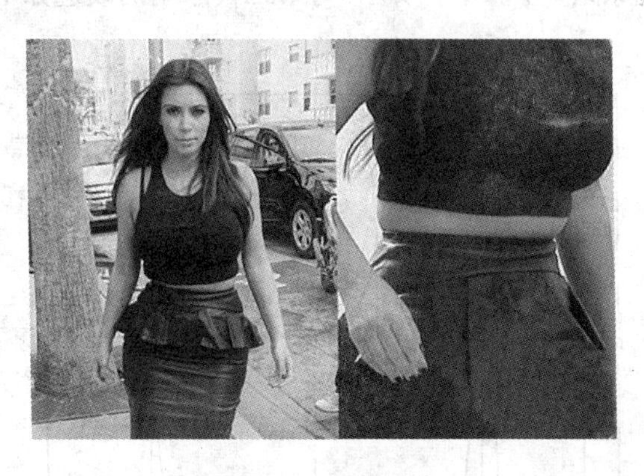

图 7-3-2　着装不合体

女上装的制作通常是采用原型法进行结构设计。服装原型是结构最简单、将三维人体尺寸展平为二维平面图形的纸样，然后以此为基础进行各种服装的款式变化，如根据款式造型的需要，在某些部位作收省、褶裥、分割、拼接等处理，按季节和穿着的需要增减放松量等。接下来分析女上装原型的特征。

一、女上装原型的特征

第二代原型与第一代原型如图 7-3-3、图 7-3-4 所示，对比发现，原型的改进如下：

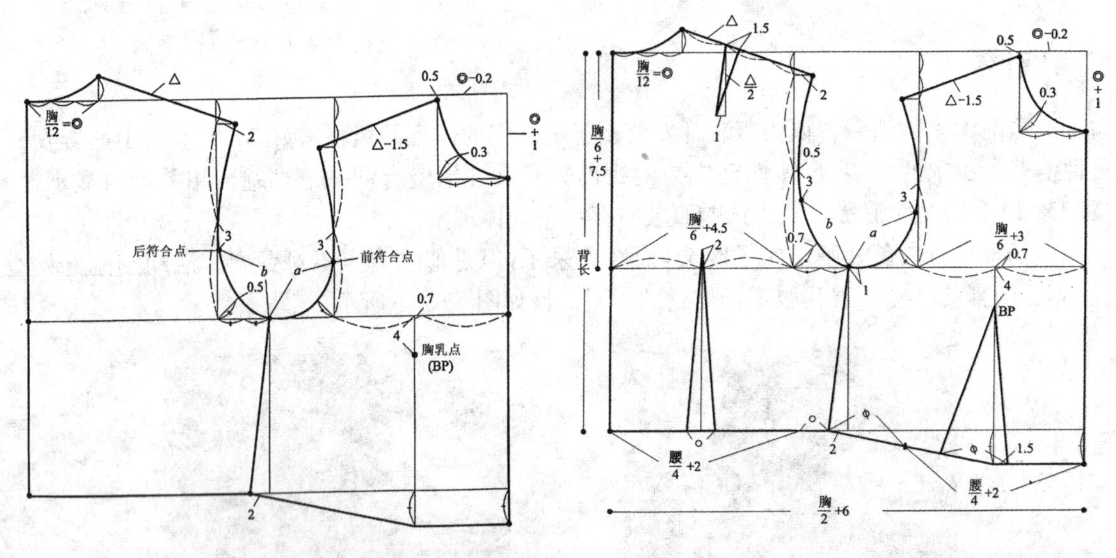

图 7-3-3 第一代女装原型

图 7-3-4 第二代女装原型

将原来的 B/2＋5 cm 的公式变成 B/2＋6 cm，相应 B/6＋7 cm 的袖窿深公式改为 B/6＋7.5 cm，这样使原来偏紧的胸围和袖窿有所改善。将后背放出 0.5 cm，减小后肩宽和后背宽的差量，同时也稍微增加了背宽松量。适当抬起后袖窿下边的转弯点（约增加了 0.2 cm），使后袖窿曲线和前袖窿曲线连接时更加平顺。这样既减少了手臂前屈的障碍，又能使后背的造型更加平服。

对比发现，第三代原型（图 7-3-5 所示）与第二代原型的改进如下：

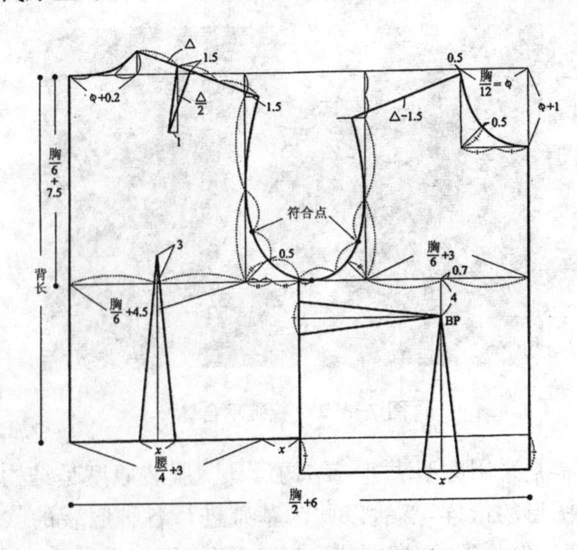

图 7-3-5 第三代女装原型

前领宽公式采用B/12，比第二代(B/12－0.2)增加了0.2 cm。这样使一系列尺寸发生微妙的变化，整个领口尺寸有所增加，肩斜度加大。后冲肩量从2 cm改为1.5 cm，后袖窿与背宽线相切又回到第一代的状态，但袖窿最低点作了适当的前移。综合起来分析：领口变大肩宽变小，后袖窿曲率趋于平直，这样无疑对颈部和手臂的活动有所改善，且提高服装和身体的“合适度”。新一代衣身基本纸样在胸省的处理上，改变了第二代全身集中设置使基本纸样外形线不规整的局面。修改的方法是将乳突量视为全省的一部分设在前侧缝上，同时前、后片腰省均采用减去W/4＋3 cm的余量获得，使其全省用尽时，胸腰松量可以保持一致。

二、原型与人体的关系

服装原型是各种款式服装所具有的共性部分，又是服装裁剪的关键、核心部分和难点部分。服装原型是最能体现服装与人体渊源关系的一种服装形态，突出体现了服装的几何学特征。

1. 原型胸围与人体的关系

将原型衣身穿着于人体上，不难发现原型整体松量主要体现在胸围整个一圈，可以将其分为前、后两部分进行分析：前胸部松量主要在BP至前腋点之间，后背部松量主要体现在后腋点周围。图7-3-6中的粗实线包裹人体胸部一圈，没有任何放松量，这是测量所得的净体胸围的状态；图7-3-7中的粗实线与人体胸围出现一定的间隙量，这就是原型胸围的放松量，也可以理解为原型与人体之间的内空间量。

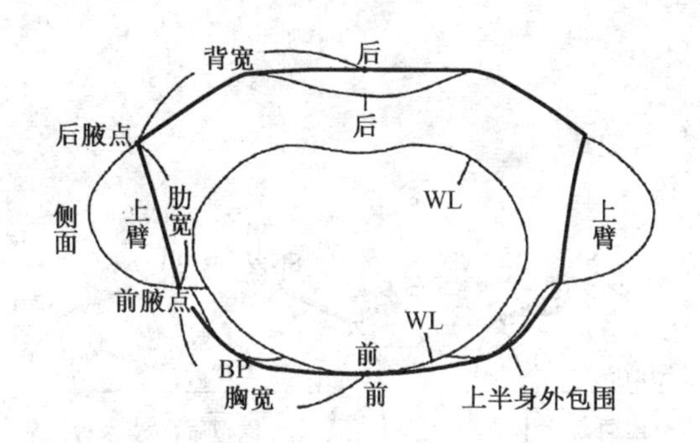

图7-3-6 上半身外包围

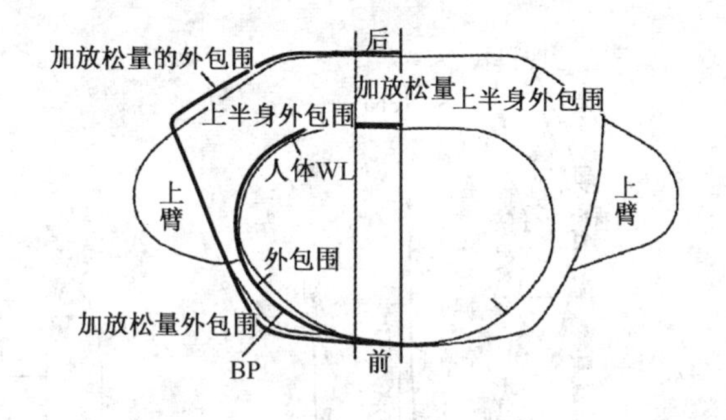

图7-3-7 加松量的外包围

2. 原型前、后腰节长与人体的关系

由于地心引力，所有物体重心都是垂直向下，则可以理解为原型衣身穿着于人体，肩部为受力面，前胸、后背分别有胸部、肩胛骨进行支撑，整个衣身垂直方向不存在任何放松量。原型衣身在合并胸部、腰部所有省道后，穿着人体上时基本贴于人体，由此可见，原型前、后腰节的长度与人体前、后腰节的长度是等同的，如图7-3-8所示。

3. 原型领窝与人体的关系

观察将原型衣身穿着于人体的效果，可以发现，原型领圈弧线正好经过前颈点、左颈侧点、后颈点、右颈侧点四个点，如图7-3-9所示。由此可见，原型衣身领窝线与人体领根围是完全对应的。

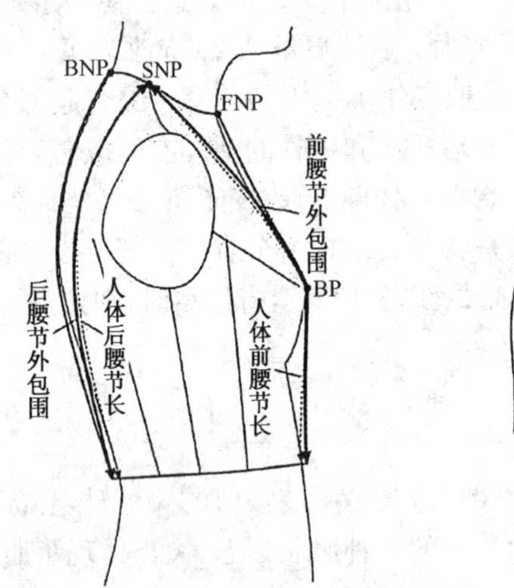

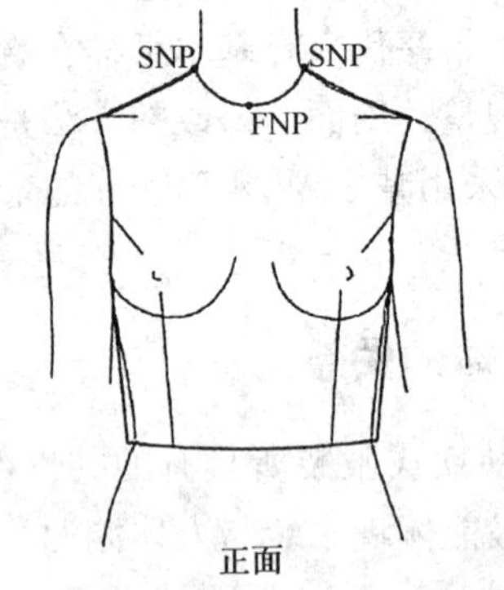

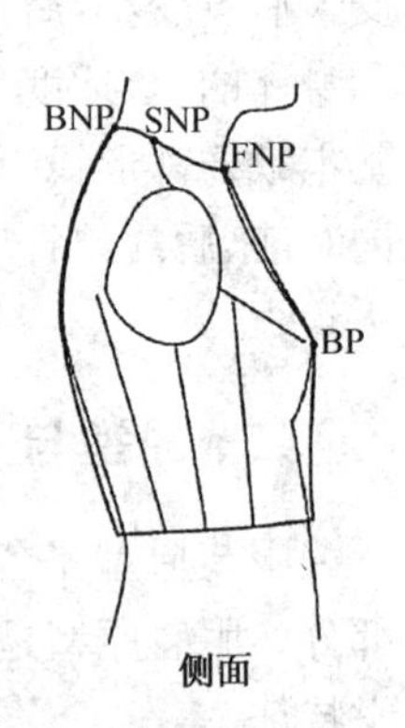

图 7-3-8　原型前、后腰节长与人体的关系

图 7-3-9　原型领窝与人体的关系

4. 原型袖窿深与人体的关系

袖窿深度对服装袖子造型起着决定性的作用,同时袖窿深浅也决定着人体手臂的活动范围,如图 7-3-10 所示。原型是结构设计的基础,由于在纸样造型时需要根据实际情况对原型进行调整,因此原型袖窿深确定在比较适中的位置,这样可以方便后期结构变化时灵活运用原型。

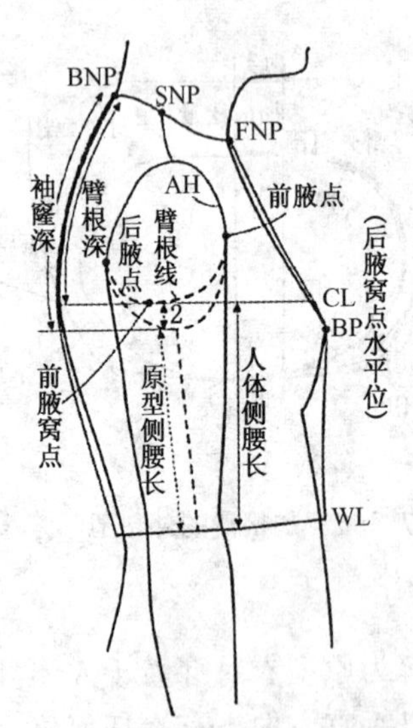

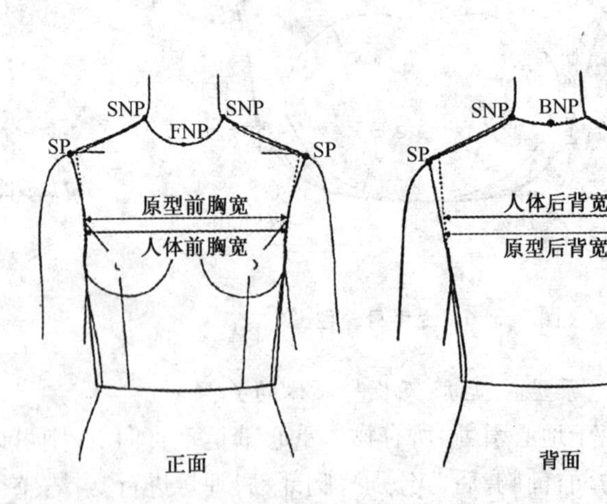

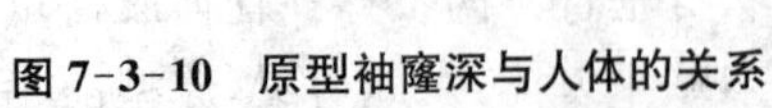
图 7-3-10　原型袖窿深与人体的关系

图 7-3-11　原型的前胸、后背宽与人体的关系

5. 原型的前胸、后背宽与人体的关系

纵观原型衣身结构,可以看出原型整个胸围是由前胸宽、袖窿宽、后背宽三部分组成。观察原型穿着于人体的效果,如图 7-3-11 所示,可以看到原型前胸宽刚好处在左右前腋点之间,后背宽也恰好在左右后腋点之间。由于人体手臂向前活动频繁,原型在处理前胸宽时会将其略窄于人体实际胸宽,在处理后背宽时会将其略宽于人体实际背宽。

目前使用的一般体型分类未考虑人体的截面形态，如图 7-3-12 所示。图中实线截是腰围截面，细虚线截面是臀围截面，虚线截面是胸围截面。现有国家号型标准只考虑人体长度、围度，没有体表形态分类，尤其是胸部的特征分类。现代女性越来越注重体型美，使得原有原型的适用度下降。这些问题引起了众多研究人员的关注。

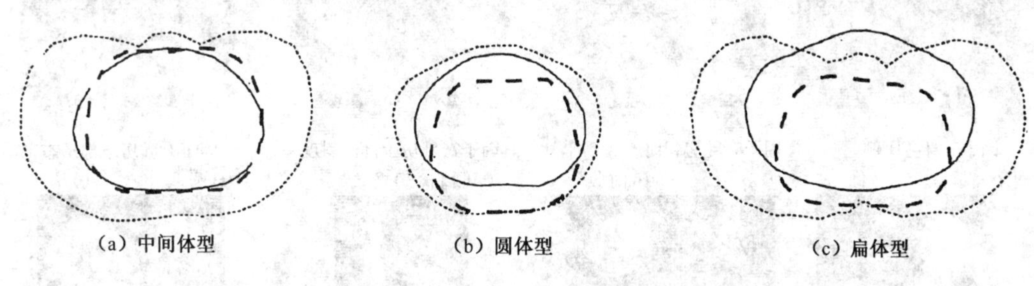

图 7-3-12　人体的截面形态

三、胸部特征分类

运用 3D 激光扫描仪进行人体测量，其中 34 个测量项目是根据 ISO 8559 和 ISO 7250 定义的，包括人体的围度、高度、宽度及厚度等。譬如胸围、下胸围、身高、肩宽等，其余的 69 个测量项目为自定义尺寸，从胸部横截面、垂直截面、侧面、乳房根部曲线及躯干部分获取，包括乳宽、乳深、乳间距、截面面积、乳房体积及曲率等。

可运用不同的软件来获取以上尺寸。3D-rugle 用来获取简单的尺寸，如高度、宽度、厚度、围度等。Rapidform 用于在胸部横截面、乳根曲线上量取乳房尺寸。Shapeline-3D 可用于测量角度、投影距离等尺寸，如图 7-3-13 所示。

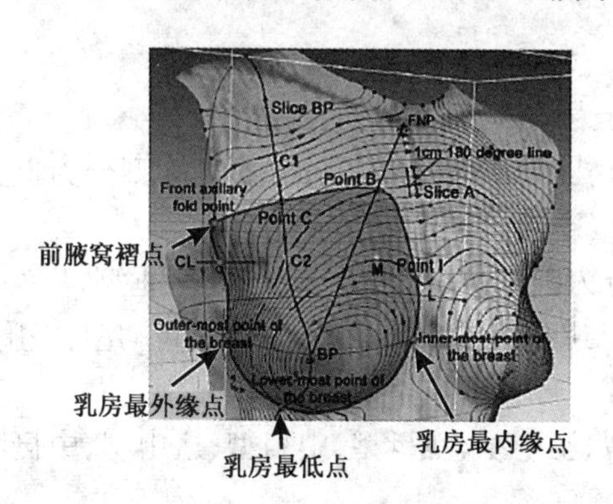

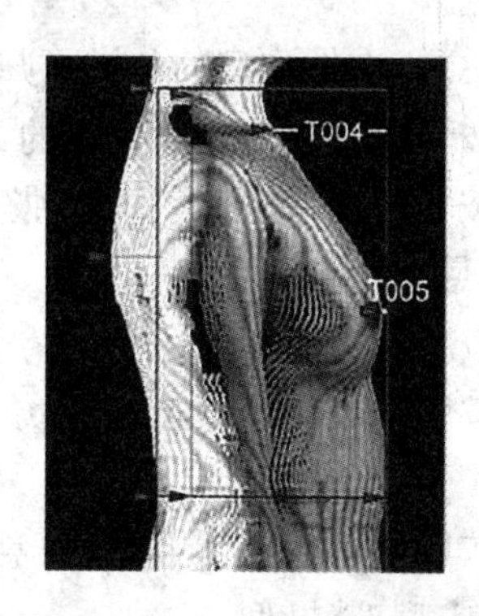

图 7-3-13　运用不同的软件获取人体 34 个测量项目的尺寸

针对 20～39 岁的中国女性样本，基于 98 个三维测量和 5 个补充的手工测量项目，用身体体形、乳房体积、乳房内侧形态、乳房外侧形态、身高比例、乳房朝向、乳房上部倾斜度、乳房下部形态等 8 个因子来描述胸部的形态分类，如图 7-3-14 所示。

女性的胸部呈复杂的几何形状。根据乳房侧面曲线形状，Martin 将乳房分为 4 种类型：扁平乳、半球乳、圆锥乳及山羊乳。

基于 1 115 名女性的测量尺寸，Wacoal 研究发现乳房根部形状、乳房朝向(内收、正常、外扩)是决定乳房形状的两个重要因素。

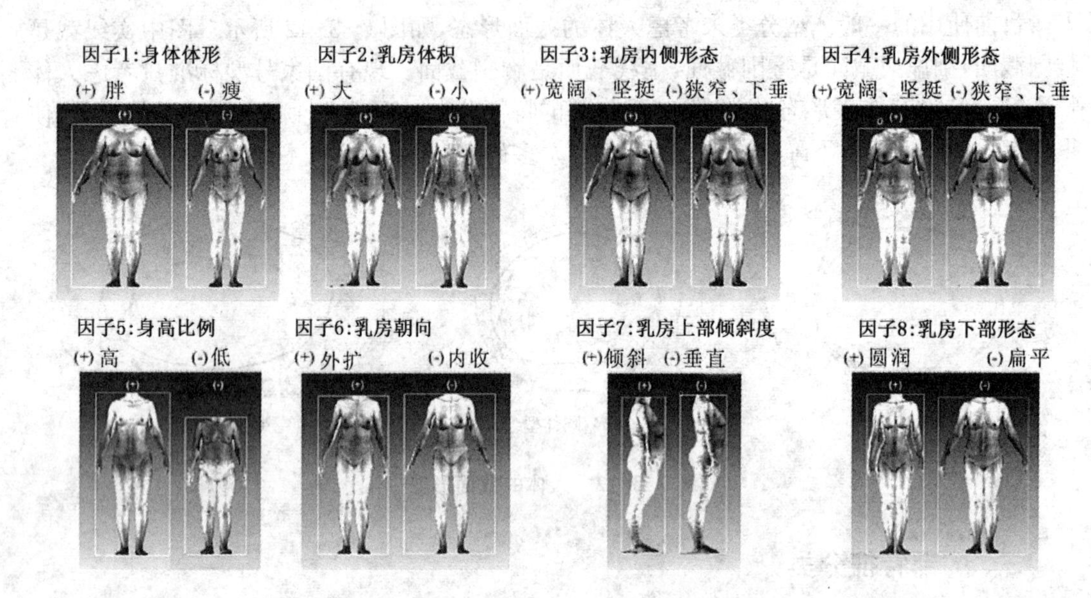

图 7-3-14　胸部的 8 个因子形态分类

有的研究人员认为影响女性乳房形态美的主要因素是乳间距和胸点高。从这个角度出发，将乳房基本形态分为 9 类，取中间型定为标准型，并得出中国青年女性的胸身高比在 0.71 左右，乳间距与胸宽比在 0.5 左右。

人体胸部横截面上的相关测量项目也被用来描述人体胸部的围度特征，如：前胸宽与乳间距之比、胸围与下胸围之比、胸围与乳间距之比等，连同围度测量项一起作为胸型分类的依据。

总之，女性胸型的分类可归纳如下：

按乳房高度与基底直径的大小，胸型分为圆盘型、半球型、圆锥型；

按乳房的软硬度、弹性、张力及乳轴与乳房基底的圆周平面的角，胸型分为挺立型、下垂型、悬垂型；

按乳房高度和乳房横径的大小，胸型分为圆盘型、半球型、圆锥型、轻垂型；

按胸横矢径 RB(指胸围线上胸围横长与胸围厚的比值)，胸型分为高胸型、平胸型和正常型；

按照乳房的立体形态，胸型分为瘦扁型、瘦中型、瘦挺型、中扁型、适中型、中挺型、胖扁型、胖中型、胖挺型；

按照胸部的侧面形态，胸型分为圆盘型(扁平型)、半球型、标准型、圆锥型(纺锤型)、下垂型和鸟嘴型；

从乳间距、胸点高的角度考虑，胸型分为内敛—偏高型、内敛—中间型、内敛—下垂型、外阔—偏高型、外阔—中间型、外阔—下垂型、中间—偏高型、中间—下垂型、标准型。

四、小结

即使将女体胸型细分化，得到的也只是每类人体体型特征的共同点，以此为依据，完成女上装的结构设计，对应的服装也只是符合这一类人群的共性需求，满足不了个性需求。

运用立体裁剪的方式，可以很直接地设计出满足女性消费者个性化着装需求的上装。

【思考题】

1. 翻驳领立体造型的技术重点是什么？
2. 西装立体造型时，领与衣身的对位关系是什么？
3. 西装立体造型时，袖与衣身的对位关系是什么？
4. 原型与人体的对应关系体现在哪些方面？
5. 胸部特征的分类有哪些？

第八章　面料性能与立体造型

章节提示：本章主要讲述立体裁剪常用的造型手法、面料性能对服装造型的影响，旨在阐述面料与造型之间的对应关系。

第一节　立体裁剪常用造型手法

随着社会的发展和科技的进步，人们的审美能力、创造能力都有了很大的提高，对服饰的要求发生了深刻的变化，追求美、表现美、拥有美、享受美成为时尚。就现代服装的发展而言，一方面有赖于对面料的开发与再造，另一方面需要服装造型手法的不断创新与应用，使现代服饰艺术产生更丰富、更绚丽的视觉效果，并能得到美的升华和艺术享受。

在立体裁剪中，常用的立体造型方法有褶饰、缝饰、编饰和缀饰等几种。

一、褶饰立体造型法

褶饰是立体裁剪中常用的造型方法之一，是使平面的面料，变为立体的形态的最直接的方式。褶饰利用面料本身的特征，经过有意识、有目的的设计加工，使面料产生各种形式和效果的褶纹，以此增添服装的生动感、韵律感。

褶饰按照造型方法的不同，可分为如下几种：

（一）叠褶

叠褶是以点或线为单位起褶，用重复的折叠手法，形成形状相似分布均匀的褶纹。叠褶是相似造型的叠加形式，体现服装设计中"线"的效果，适用于服装主要部位的装饰。

叠褶按照起褶方式，可以分为两种：

1. *点起褶*

以某个设计点为中心，放射状叠褶。如图8-1-1所示的是点起褶的立裁效果，图8-1-2所示的是点起褶的服装设计作品。

图8-1-1　点起褶的立裁效果

2. *线起褶*

普利兹褶、对褶：借助熨烫手段形成的相向或相对的规律重复直褶，如图8-1-3所示的是线起褶之普利兹褶的立裁效果，图8-1-4所示的是线起褶之普利兹褶的服装设计作品。

图 8-1-2　点起褶的服装设计作品

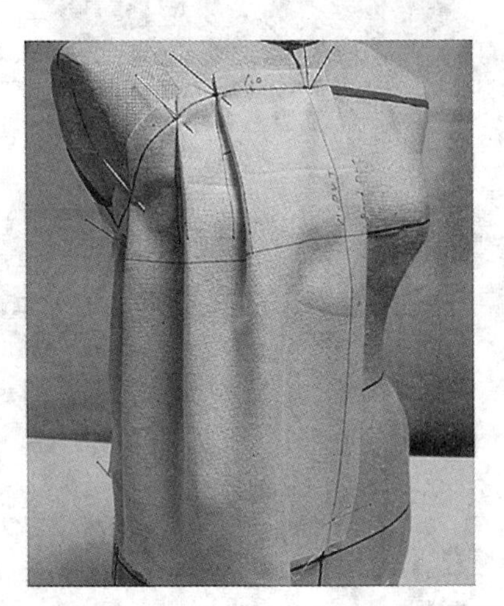

图 8-1-3　线起褶之普利兹褶的立裁效果

图 8-1-4　线起褶之普利兹褶的服装设计作品

3. 随意感叠褶

如图 8-1-5 所示的是随意感叠褶的立裁效果，图 8-1-6 所示的是随意感叠褶的服装设计作品。

图 8-1-5 随意感叠褶的立裁效果

图 8-1-6 随意感叠褶的服装设计作品

（二）抽褶

抽褶也叫碎褶，以线、面均可作起褶单位，通过对面料不规则地反复折叠收紧，呈现出收缩效果的褶纹。抽褶具有浮雕效果，生动活泼，丰富多变，适用于主要服装部位的强调性装饰，如图 8-1-7 所示的是抽褶服装设计作品。

图 8-1-7 抽褶的服装设计作品

（三）波褶

波褶也叫波浪褶、荷叶褶，是褶饰里最浪漫灵活的褶纹。波褶以点、线均可作起褶单位，利用面料斜纱的特点和内外圈边长的差数，使外圈长出的布量形成波浪式褶纹，褶纹随着内外圈边长差数的大小而变化，差数越大，褶纹越多，反之亦然。波褶适用于服装各部位装饰、饰边，或者圆裙。图 8-1-8 所示的是波褶的立裁作品，图 8-1-9 所示的是波褶的服装设计作品。

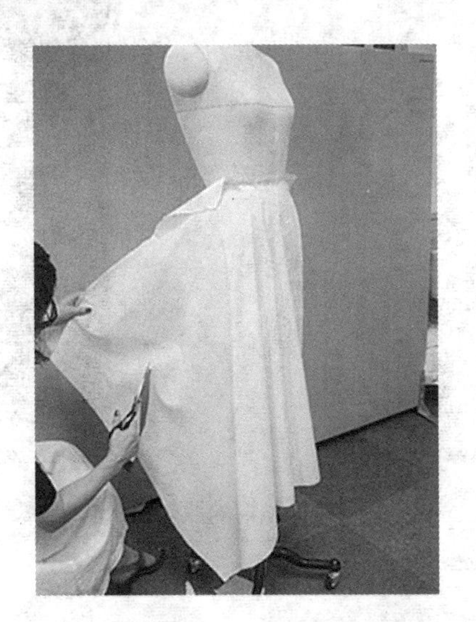

图 8-1-8 波褶的立裁作品

图 8-1-9　波褶的服装设计作品

（四）堆褶

堆褶在面的单位内起褶，把面料向多个不同方向堆积与挤压，呈现出疏密、明暗、起伏、生动的纹理状态，具有较强的立体造型效果，适用于服装各部位的夸张和强调。如图 8-1-10 所示的是堆褶的服装设计作品。

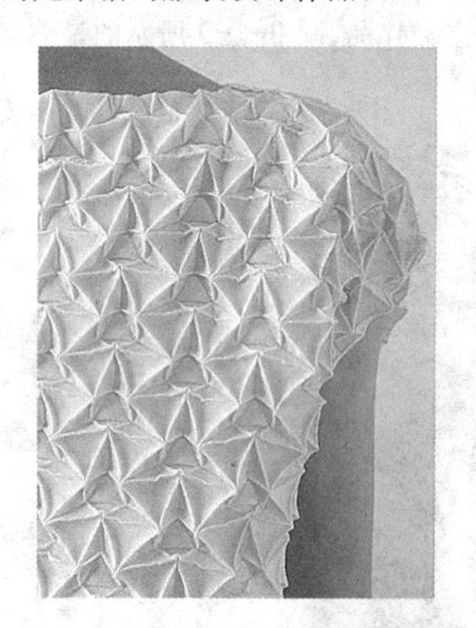

图 8-1-10　堆褶的服装设计作品

（五）垂坠褶

垂坠褶是在两个单位之间起褶，形成疏密变化的曲线褶纹，具有自然悬垂、柔和流畅的纹理特点，适用于胸、背、腰、腿、袖山等部位的设计与装饰。如图 8-1-11 所示的是垂坠褶的立裁作品，图 8-1-12 所示的是垂坠褶的服装设计作品。

图 8-1-11 垂坠褶的立裁作品

图 8-1-12 垂坠褶的服装设计作品

二、缝饰立体造型法

缝饰是以面料本身为主体，选用某种图形，在其反面（或正面）进行手工（或机器）缩缝，使面料外观形成各种凸凹起伏、活泼细腻的皱褶效果。缝饰得到的面料肌理效果明显，纹理感强，具有良好的视觉冲击力。图案大小的不同和连续性的变化，组合方式的不同与缝线的手法变换，能产生风格各异、韵味不同的效果和趣味，适用于服装局部与整体的点缀与装饰。

缝饰可分为有规律缝饰、无规律缝饰、嵌绳缝饰等三种方法。

（一）有规律缝饰

有规律缝饰按某种规律设计的图形，进行缩缝，如按连续的正方形构成的网格纹、按 V

字形构成的卷花纹,形成密集有规律的纹理效果,如图 8-1-13 所示。

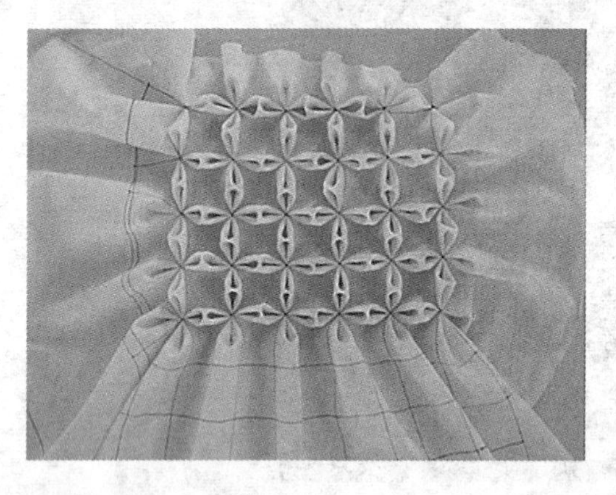

图 8-1-13　有规律缝饰

（二）无规律缝饰

无规律缝饰可随机绘制曲线,相互交叉、环绕,再将曲线车缝,收紧缝线,形成自由任意的纹理效果,如图 8-1-14 所示。

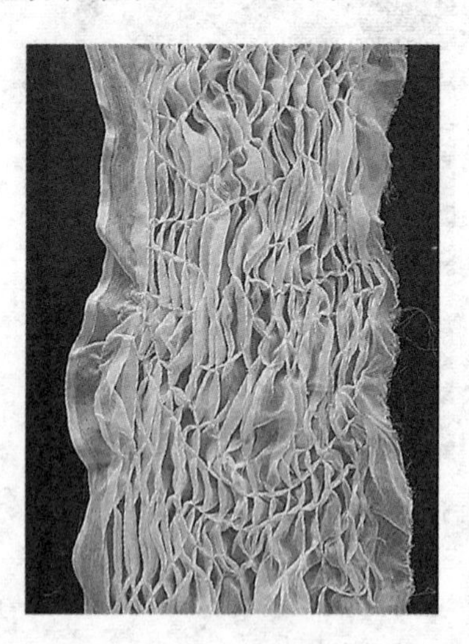

图 8-1-14　无规律缝饰

（三）嵌绳缝饰

嵌绳缝饰是将线绳夹在面料背面,缝合后收紧缝线,定型后形成分布均匀的皱褶,如图 8-1-15 所示。

图 8-1-15　嵌绳缝饰

三、编饰立体造型法

编饰立体造型法是将面料裁剪或搓叠成条状或绳状，使用编织或编结手法进行加工，突出层次感、韵律感，形成疏密、宽窄、凸凹、连续的各种变化，创造出特殊质感和局部细节，直接获得肌理对比美感，给人以稳定中求变化、质朴中透优雅的感觉。

编饰可以分为编织、编结、流苏三种手法。

（一）编织

用编织的方法进行立体造型，是模仿织物编织的方法，将面料制成较长的条状或绳状的材料，经过交叉排列的组合方式进行面料立体肌理形态制作。

编织包括编辫、平编、扭编等手法。

1. 编辫

用三股绳条，像女孩子编辫子一样进行编织，如图 8-1-16 所示。

图 8-1-16　编辫

2. 平编

平编是经纬交织，互相穿插掩映，形成不同的交叉编织纹样，如图 8-1-17 所示。

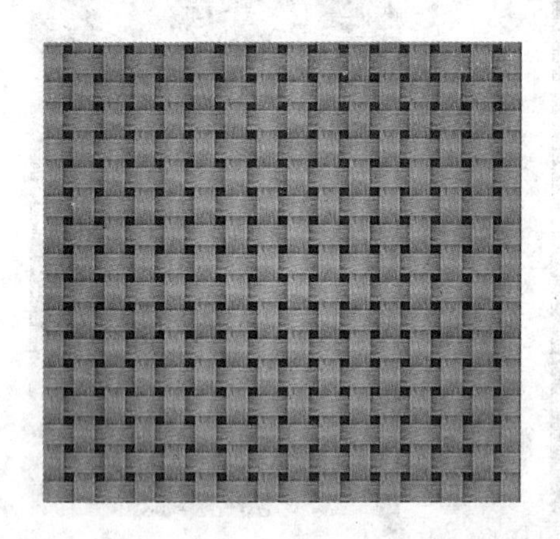

图 8-1-17　平编

3. 扭编

扭编是先编排好纵向经条，然后以横向纬条交叉穿行于经条上下，循环绕行。扭编图案特别，编成后表面为纬编所掩盖，不露经条，如图 8-1-18 所示。

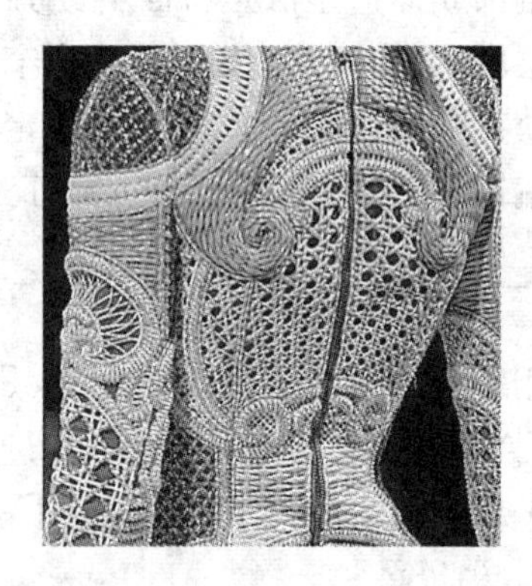

图 8-1-18　扭编

（二）编结

编结，是一边编、一边打结的工艺。编结艺术有悠久的历史，常有吉祥的寓意，有双线结、盘长结、如意结等，体现了我国古代文化信仰的美好愿望，如图 8-1-19 所示。

（三）流苏

流苏是绳结艺术的一种，是传统品种，有排须和缨子方式。排须的穗子较短，排列成行，如同胡须，多用于台布、窗帘、床罩、灯罩、围巾、帐幔、旗帜、灯彩的边缘装饰；缨子的穗子较长，扎成一束，用于刀剑鞘柄、旗杆的装饰。西南地区壮族、黎族妇女的头巾和瑶族、土家族妇女的围腰也常缀以流苏。在传统戏剧服装和道具上，流苏应用较多。现代服饰里，流苏的应用，使服装增加了随性和动感，如图 8-1-20 所示。

图 8-1-19 编结

图 8-1-20 流苏

四、缀饰立体造型法

缀饰是在现有服装材料的基础上添加质地相同或不同的材质，形成新的视觉效果。

（一）相同材质的缀饰

相同材质的缀饰是将面料进行切割、捆扎，装饰成不同造型，通过缝、绣、嵌、粘等方法，装饰于服装的某个部位，起到突出造型重点的作用，如图 8-1-21 所示。

图 8-1-21 相同材质的缀饰

（二）相异质地的缀饰

相异质地的缀饰是用不同的材质，通过缝、绣、嵌、粘、热压、挂等方法，出现在现有的面料材质上，使之呈现出特殊的美感。缀饰的种类、大小、形状、质感、光感等设计元素繁多，效果也多种多样，可以起到画龙点睛的艺术效果，如图 8-1-22 所示。

图 8-1-22 相异质地的缀饰

五、其他装饰立体造型法

（一）镂空

镂空是现代服装重要的装饰方法之一，是在面料上按设计好的思路进行切割去除，造成面料局部的断开、缺失，产生了特殊的装饰效果。

1. 精致镂空效果

通常按有规律的图形，进行面料切割，形成像民间剪纸一样细腻精致的效果，如图 8-1-23 所示。

图 8-1-23　精致镂空效果

2. 残破镂空效果

通常按无规律的图形，进行切割去除，使面料出现不完整的、残破的特征，如图 8-1-24 所示。

图 8-1-24　残破镂空效果

（二）填充

在面料里层使用弹性较好、质地较轻的添加材料作为填充材料，将面料撑起，形成设计所需要的轮廓造型。填充的手法多出现在造型新颖的时装、婚纱礼服等服装上，或出现在夸张的肩形、泡泡袖、裙摆等部位上，如图 8-1-25 所示。

图 8-1-25　填充

第二节　面料性能对服装造型的影响

随着社会的发展，消费者对服装的要求越来越高，不仅要追求个性，更希望有自己的穿衣风格。服装的变化最引人关注的就是服装造型，而服装造型的重要影响因素当属服装的款式和结构，其中，服装面料对于服装造型有着很大的影响。随着现代科技的高速发展，新型面料层出不穷，从而对设计师的设计技巧提出了新的挑战。对面料与服装造型的关系进行研究有助于深入理解和掌握服装材料的特性及其对服装的影响，从而合理地选择、灵活地使用各种材料，合理地采用造型方法，真正做到设计与材料的完美结合。

"服装的造型不完全由设计确定，而是常常需要在穿着过程中通过面料具体表现出来"。在很大程度上，面料的塑形性对服装的整体造型具有决定性作用。面料的弹性、厚实、挺括、飘逸、疏密如何，都直接影响到服装的造型效果。

一、面料的构成要素对服装造型的影响

在服装设计中，服装造型由面料的质地所决定，特定的款式造型直接取决于面料所具备的性能。比如，稳定性相对较好的面料，一般用来做造型稳重的服装，如套装、西装等；较柔软的面料，适合制作飘逸效果的服装，如礼服、大摆裙等。面料的性能取决于纤维种类、纱线、组织结构等要素。不同的面料构成要素，决定着面料不同的性能，最终呈现的服装造型也有所不同。

1. 纤维种类的影响

面料纤维的原料主要有棉、麻、丝、毛、化纤、新型纤维等类别。天然纤维面料与服装造型的关系如下：

棉纤维面料手感较为舒适，具有朴素、亲和的感觉，但容易缩水、弹性较差，易起皱。由于棉纤维面料手感较舒适，吸湿性较好，因此适合做比较贴身的服装造型。

精纺毛纤维面料纹路清晰，手感柔软而且有弹性。粗纺毛纤维面料跟精纺毛纤维面料相比，更厚重一些，手感柔软而且厚实。总之，毛纤维面料属于高档的服装面料，适合做礼

服或正装。

真丝面料具有穿着舒适、手感滑糯等特点，属于高档的服装面料。真丝面料由于悬垂性好，适合制作晚礼服或造型飘逸的裙装。

麻纤维织物手感爽滑，厚实，表面较粗糙，但麻纤维面料吸湿性较好。麻面料还具有较好的耐腐蚀、防水、不易霉烂的性能，因此，在夏季穿着麻型面料制作的服装干爽吸汗、较为舒适。

2. 纱线性质和结构的影响

纱线的形成方法、工艺参数和规格不同，使纱线具有不同的外观、弹性，相应地影响着面料外观和性能，从而影响服装的造型效果。

纱线按纤维的长短和纺纱过程分为短纤维纱和长丝，短纤维纱除了传统的环锭纺纱外，还可通过各种新型纺纱方法和技术，改变纱线的外观、风格和内在品质，从而相应地改变了机织面料的表面特征和性能，直接影响着服装的造型和服用性能。例如，面料的表面是光滑还是粗糙，质地是柔软还是挺括均与纱线有直接关系，而纱线的品质除取决于纤维固有的拉伸强度、长度、线密度等外，也受纱线结构的影响，如纱线粗细、捻度、捻向等。

纱线的粗细直接影响机织面料的厚薄、重量及外观。在其他条件不变的情况下，纱线越细，面料越薄，重量越轻。反过来纱线越粗，面料越厚、越重。服装材料中的纱线趋细是近年来的一种特征，如细特棉衬衣料、精纺毛织物等，独具风格。

纱线捻度的大小也直接影响机织面料的品质。一般来说，捻度过大，会使纱线变硬，弹性和柔软性变差。反之，纱线和面料表面毛羽较多，手感柔软。有光泽的机织面料由于能够反射亮光，会有金碧辉煌的闪光效果，经常用作高档礼服、旗袍、舞台演出服的造型设计。

二、面料表现性能对服装造型的影响

影响服装造型的表现性能主要包括轻重感、悬垂性、弹性等。

1. 面料厚薄的影响

轻薄的面料使人感觉到动作比较轻快，而厚实的面料使人感觉到稳重。一般来说，夏季选择的面料多数具有透气、凉爽的性能；秋冬的服装造型适合选用保暖性较好的面料，如图 8-2-1 所示。

图 8-2-1　不同厚薄面料在服装上的应用效果

2. 悬垂性的影响

悬垂性是指由于重力的作用而导致面料垂下时产生的优雅形态所具备的特性，它对于服装造型影响很大。悬垂性是一种视觉上的现象，硬挺的面料不容易垂下，很难制作出优美的服装造型；柔软的面料就容易垂下，形成的造型效果比较好。具有比较好悬垂性能的面料有粘胶纤维面料、绸型面料、毛型面料；棉、麻面料的悬垂性比较差。因此，绸型面料常用于制作飘逸的服装造型，如图 8-2-2 所示。

图 8-2-2　绸型面料的服装造型

3. 面料弹性的影响

弹性面料的收缩可以使服装轮廓缩紧。薄型、中厚型、厚重型的柔软、悬垂质感的弹性面料适合于制作 A 型服装。真丝弹性缎纹类面料、弹性雪纺、涤纶弹性缎纹类面料、弹力丝绒、针织类弹性面料、莱卡等都适合肩部收紧的轮廓设计。

挺爽型弹性面料能支撑起宽肩、阔摆的外轮廓造型，还能使束腰束得紧且能够舒适、活动自如。这类面料适合于 X 型服装设计，使得服装具有优美、柔和的特点。如果在腰部使用弹性针织罗纹面料，还能够产生材质肌理的对比，突出设计效果。

S 型是具有女性特征的外轮廓形，突出了女性曲线美。面料的弹性可以使其更贴近皮肤，活动舒适，外轮廓更加柔媚。柔软的薄、中厚型弹性面料都适合这种设计，如弹性雪纺、弹性丝缎、弹性精细针织面料都可以用于设计 S 型服装外轮廓，如图 8-2-3 所示。

三、面料对交叉造型的影响

一般来说，厚重硬挺的面料做出来的造型显得厚实挺括，轻薄柔软的面料做出来的造型则显得柔美飘逸。因此，制作较为贴身的交叉造型不适宜选用厚重硬挺的面料，特别是在礼服设计时，会严重影响着装的舒适度。如图 8-2-4 款式 a 和款式 b 两款礼服都是在颈部饰以裥褶交叉，同样的造型，同样的装饰部位，会由于面料厚薄、软硬程度的不同，造型效果相差甚远。款式 a 因为采用的面料具有一定的硬挺度，造型显得硬朗有型，形成的皱褶数量较少，但单个褶量较大。款式 b 采用柔软轻薄的面料，制作出的裥褶交叉造型显得十分

图 8-2-3　弹性面料的服装造型

轻柔细腻，形成的皱褶密集，数量多，但单个褶量较小。悬垂性较好的面料可以使裥褶、缠绕等交叉造型中的裥褶效果更加自然，沿着人体自然垂下，可以拉长人体比例，使着装者的身材显得更加修长，如图 8-2-4 款式 c 所示。

使用高弹性面料制作编织交叉等贴身造型时，甚至不需收省，并且对着装者的三围要求较小，同一型号的礼服可供胖瘦不一的人穿着。但同时，这类礼服对着装者的人体曲线的要求也有所增加，人体胸腰臀等起伏较大部位的缺陷，如臀部扁平、下垂等也很容易暴露出来，如图 8-2-4 款式 d 所示。

a　　b　　c　　d

图 8-2-4　面料材质对交叉造型的影响

【思考题】

1. 立体裁剪常用的造型手法有哪些？
2. 面料的哪些性能对服装造型会产生影响？

第九章 礼服立体造型

章节提示:本章主要讲述礼服材料的特征及其选配,阐述小礼服、晚礼服的立体造型技巧,旨在阐述立体造型与平面结构设计之间的对应关系。

第一节 礼服材料特征与选配

引言

礼服是礼仪场合穿着的服装,包括礼仪服、社交服、婚礼服、晚礼服等。

女式礼服在款式和材料上较男礼服更为多样。对材料的要求是高雅而雍容华贵,在灯光下有闪烁效果,多用素色(如黑、蓝、红、白等色,无花型图案)和柔软、飘逸及悬垂性好的面料。可采用真丝或人造丝(粘胶、醋酯或铜氨人造丝)、丝绒、软缎、乔其绒、乔其纱等高档面料,或者涤纶仿丝绸、锦纶锻等化学纤维面料。晚礼服需要有较强的装饰效果,所以常用首饰、胸饰以及羽毛、珠片、绣花等服饰配件。

一、女士礼服丝绸面料

(一) 缎类丝绸面料

缎类丝绸面料分有素软缎、花软缎、库缎等多种。

1. 素软缎

素软缎色泽鲜艳,缎面光滑如镜,背面呈细斜纹状,质地柔软,可做女装、戏装、高档里料、绣花坯料等。

2. 花软缎

花软缎花型有大有小,图案以自然花卉居多,轮廓清晰。大多用于女装、舞台服装,也是少数民族喜爱的绸缎,如图 9-1-1 所示。

3. 库缎

库缎图案多以团花为主,花纹多为“五福捧寿”“吉祥如意”“龙凤呈祥”等民族传统图案。库缎手感厚实、硬挺,富有弹性,缎面精致细腻,色光柔和,是蒙古族、藏族、满族、维吾尔族等少数民族制作袍子的面料,也可用于服装镶边,如图 9-1-2 所示。

图 9-1-1　软缎礼服、软缎旗袍

图 9-1-2　库缎礼服

（二）绢类丝绸面料

天香绢手感柔软，质地细密，正面有闪光亮花，背面花纹无光。适宜做女装，也是少数民族服饰用料。

（三）纱类丝绸面料

1. 莨纱

莨纱绸表面乌黑发亮、细滑平挺，具有挺爽柔滑、透凉舒适的特点，莨纱绸宜作东南亚热带地区的各种夏季便服、旗袍、唐装等，如图 9-1-3 所示。

图 9-1-3　莨纱礼服

2. 夏夜纱

夏夜纱织物质地平整爽挺，花纹纱孔清晰，地纹光芒闪烁，高贵华丽，宜做妇女高档衣料、装饰品等。

3. 乔其纱

真丝乔其质地轻薄飘逸，透明如蝉翼，极富弹性。涤纶乔其挺括、滑爽、牢度大，但在吸湿透气性方面不及真丝乔其，当然服用舒适性也要差一些，如图 9-1-4 所示。

图 9-1-4　乔其纱礼服

(四) 绡类丝绸面料

绡采用平纹或透孔组织，经纬密度小，质地爽挺、轻薄、透明，孔眼方正清晰。

1. 真丝绡

纯桑蚕丝半精炼绡类丝织物。以平纹组织织制，表面微绉而透明，质地较薄，手感平挺而略带硬性，如图 9-1-5 所示。

图 9-1-5 真丝绡

2. 烂花绡

烂花绡为真丝或锦纶丝与有光粘胶丝交织的烂花绡类丝织物。织物花地分明，地布清薄透明，花纹光泽明亮，宜做时装、披纱、裙料等，如图 9-1-6 所示。

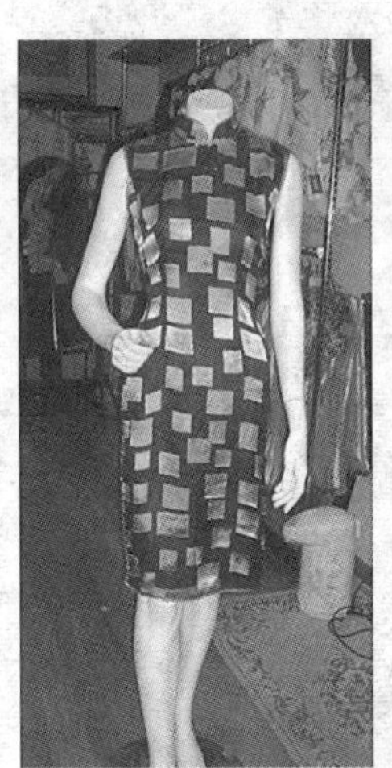
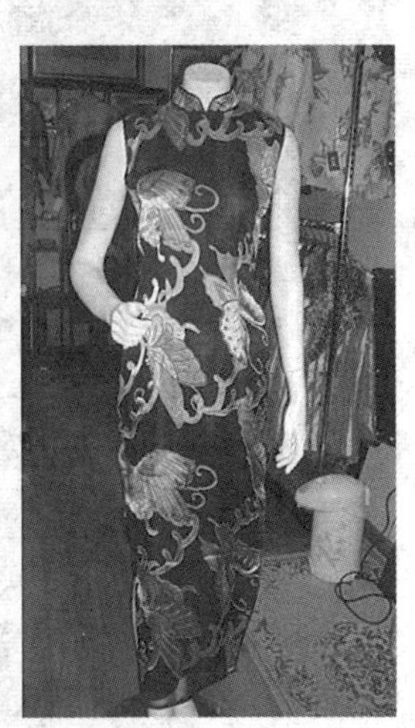

图 9-1-6 烂花绡旗袍

（五）绒类丝绸面料

质地丰腴柔软，色泽鲜艳光亮，绒毛、绒圈耸立或倒伏。丝绒是一种高级丝织品，可做服装、帷幕、窗帘及精美包装盒。

1. 漳绒

漳绒又称天鹅绒，是中国传统丝织物之一，因起源于福建漳州而得名。

漳绒这种织物的绒毛或绒圈浓密耸立，光泽柔和，质地坚牢，色光文雅，手感厚实。主要用作妇女高级服装、帽子的面料等，如图 9-1-7 所示。

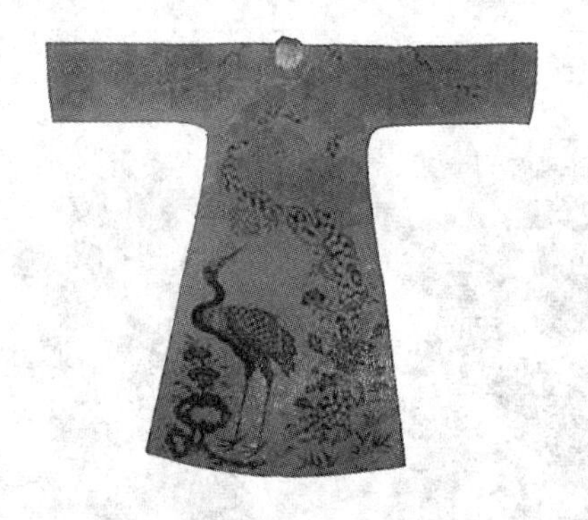

图 9-1-7 漳绒

2. 金丝绒

金丝绒是一种高档丝织物，质地柔软而富有弹性，色光柔和，绒毛浓密耸立略显倾伏。主要作女性上衣、裙及服饰镶边等，如图 9-1-8 所示。

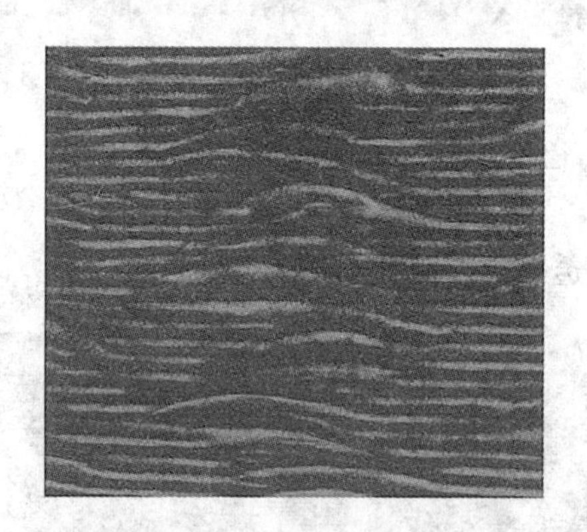

图 9-1-8 金丝绒

3. 乔其绒

乔其绒、乔其立绒的绒坯经染色或印花后加工成染色乔其绒或印花乔其绒。乔其绒织物的绒毛浓密，手感柔软，富有弹性，光泽柔和，色泽鲜艳。主要作女士晚礼服、长裙、围巾等服饰面料，如图 9-1-9 所示。

图 9-1-9　乔其绒

4. 烂花绒

烂花绒绒地轻薄柔挺透明，绒毛浓艳密集；花地凹凸分明，色泽鲜艳。适宜作连衣裙、套裙、民族服装和装饰用面料，如图 9-1-10、图 9-1-11 所示。

图 9-1-10　素色烂花和雕印

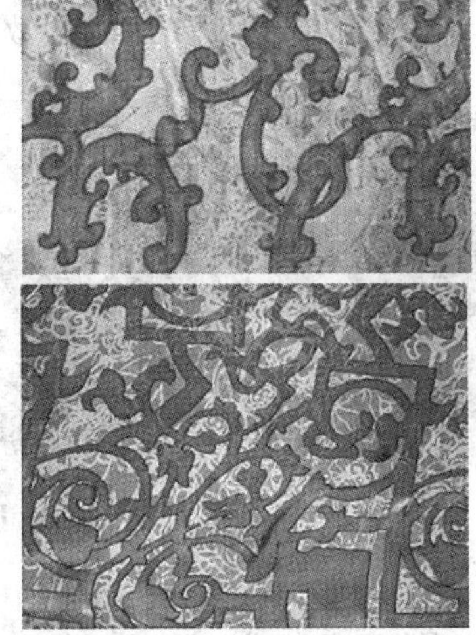

图 9-1-11　印花加烂花

（六）锦类丝绸面料

锦类丝织物是一种外观绚丽多彩、精致典雅的提花丝织品，古代有“织彩为文”“其价如金”之说，是中国传统丝织品之一。

锦类织物外观绚丽多彩，花纹精致古朴，质地厚实丰满。多采用龙、凤、仙鹤及梅、兰、竹、菊以及文字“福、禄、寿、喜”等民族图案，装饰感较强。

1. 宋锦

宋锦是中国传统丝织物之一。因其主要产地在苏州，故又称“苏州宋锦”，宋锦色泽华丽，图案精致，质地坚柔，故赋予中国“锦绣之冠”。宋锦分为重锦和细锦（此两类又合称大锦）、匣锦和小锦，其中，细锦是宋锦中最具代表性的一类，厚薄适中，广泛用于服饰、装裱，如图 9-1-12 所示。

图 9-1-12　宋锦

2. 蜀锦

蜀锦，专指蜀地（四川成都地区）生产的丝织提花织锦。蜀锦有两千多年的历史，大多以经线彩色起彩，彩条添花，经纬起花，先彩条后锦群，方形、条形、几何骨架添花，对称纹样，四方连续，色调鲜艳，对比性强，是一种具有汉民族特色和地方风格的多彩织锦。常作为高级服饰和其他装饰用料，最为西南少数民族人民喜爱，如图 9-1-13 所示。

图 9-1-13　蜀锦

3. 云锦

云锦是以缎纹组织提花的色织锦类丝织物。图案中配有祥云飞霞，宛如天空中瑰丽的云彩，故名云锦。云锦在明清时代非常流行，主要用作贡品。织物纹样布局严谨，题材广泛，有大朵缠枝花和各种传统吉祥动物、植物、文字以及各种姿态变幻莫测的云彩等纹样。主要用于制作高级礼服、民族装以及高档装饰品等，如图 9-1-14 所示。

图 9-1-14　云锦

4. 织锦缎

织锦缎是蚕丝与粘胶丝交织的熟织提花绸缎，是由我国古代宋锦发展演变而成的。织锦缎的缎面光亮纯洁，细致紧密，质地平挺厚实，纬花丰满，花纹清晰，瑰丽多彩，鲜艳夺目，图案多采用具有民族传统特色的梅、兰、竹、菊等四季花卉，禽鸟动物和自然景物，造型精致活泼，为传统高档丝织品。尤其是近几年流行的中式礼服——唐装，配以织锦缎面料，相得益彰，如图 9-1-15 所示。

图 9-1-15　织锦缎

（七）塔夫绸

塔夫绸是丝织品中的高档品种，为全真丝绸。根据色相不同或组织变化可分为素塔夫绸、闪色塔夫绸、格塔夫绸、花塔夫绸等，如图 9-1-16、图 9-1-17 所示。塔夫绸特别能表现出女士晚装奢华高贵的格调，是礼服尤其是晚礼服的首选面料。

图 9-1-16 塔夫绸礼服

图 9-1-17 塔夫绸婚纱

（八）葛类面料

1. 文尚葛

文尚葛是粘胶丝与丝光棉纱交织的丝织物，外观具有明显的横棱纹。花文尚葛纹样常为龙、凤、寿字等团花。图案一般为圆形或者寿型，花纹明亮突出，织物质地精致紧密且较厚实，宜作春、秋、冬季服装面料等，如图 9-1-18 所示。

2. 印花葛

印花葛为纯桑蚕丝单经单纬白织的提花葛类丝织物，表面具有横棱纹路，织纹精致，光泽悦目，质地柔软。

（九）留香绉

留香绉属于丝绸的传统产品，织物的风格特点为地组织暗淡柔和，花纹光亮明快，质地厚实，富有弹性，花纹题材主要是写实型的梅、兰、竹、菊等花卉以及吉祥文字。在中式礼服中使用较多,如图 9-1-19 所示。

图 9-1-18 文尚葛

图 9-1-19 留香绉礼服

二、其他面料

(一) 经编针织面料

经编针织面料手感柔和、细腻、柔美舒适,是针织类新特面料,科技含量高,属高档精品,如图 9-1-20 所示。

图 9-1-20 经编针织面料

(二) 天鹅绒面料

天鹅绒面料是长毛绒针织物的一种,织物表面被一层起绒纱段两端纤维形成的直立绒毛所覆盖。天鹅绒面料手感柔软,织物厚实,绒毛紧密而直立,色光柔和,织物坚牢耐磨。天鹅绒面料可制作外衣、裙子、旗袍、帽子、衣领、披肩、睡衣等,如图 9-1-21 所示。

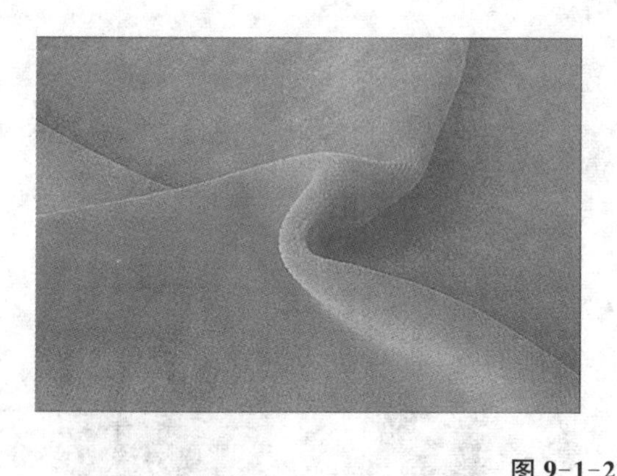

图 9-1-21　天鹅绒

（三）人造毛皮

人造毛皮指采用经编方法织制的仿兽皮毛绒织物，保暖性好、绒面耐磨，并且质量轻、抗菌防蛀、容易保藏、可以水洗。

人造毛皮可用以代替天然兽皮制作服装，如外套、大衣等，如图 9-1-22 所示。

图 9-1-22　人造毛皮

（四）提花经编面料

提花面料指在几个横列中不垫纱又不脱圈而形成拉长线圈的经编织物，其结构稳定，外观挺括，表面凹凸效应显著，立体感强，花型多变。提花经编面料层次分明，手感柔软，悬垂性好，并富有弹性，主要用作妇女外衣、内衣、裙料及各种装饰用品，如图 9-1-23 所示。

图 9-1-23　提花经编面料

（五）羊绒面料

用羊绒制成的中厚及厚型面料是礼服及正装用高档面料，如图 9-1-24 所示。

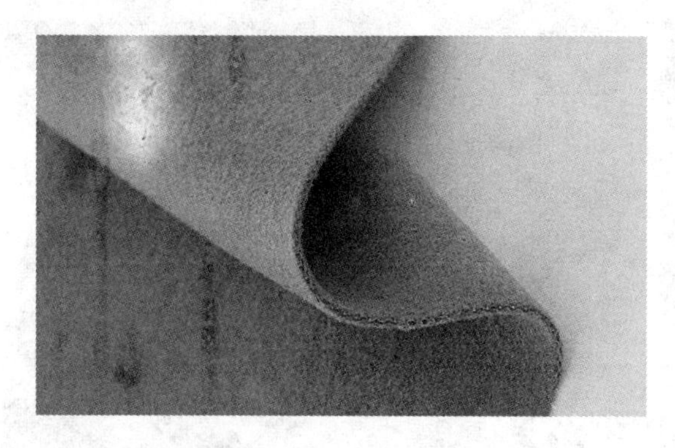

图 9-1-24　羊绒面料

第二节　小礼服立体造型

引言

时至今日，小礼服是大多数品牌时装系列所必备的。正是由于小礼服在历史上的几次风格的重大转变，演变出今天层出不穷的各种风格。

小礼服引领时尚潮流，让女生们拥有美丽的装扮，点缀高雅气质。小礼服给女人们带来的不仅是高贵的气质和淡雅的女人味，也是品位与地位的象征，备受女性喜爱，如图 9-2-1 所示。

图 9-2-1　小礼服

小礼服的风格多种多样，有宫廷复古、民族风情、优雅甜美、英伦贵族、花园女孩、名媛淑女、摇滚风格、女神风范、异域风情、平民时尚等，如图 9-2-2 所示。

款式也新颖独特，包括抹胸裙、吊带裙、斜裙、收腰包身裙、背心裙、迷你裙、蛋糕裙、鱼尾裙、节裙、褶裙、筒裙等。

制作小礼服材质丰富，有雪纺、纯棉、蕾丝、真丝、羊毛、亚麻、绸缎、牛仔布、皮质等。

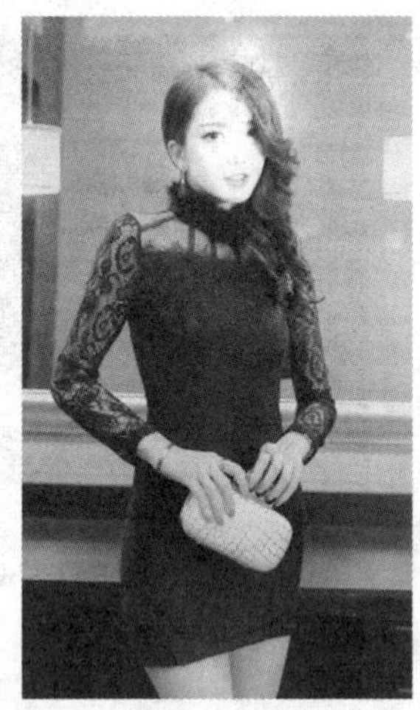

图 9-2-2　多种多样风格的小礼服

一、款式分析

本款服装是一件简洁的小礼服裙，其款式具备两个特点，一是衣身侧缝采用双向抽缩，形成自然皱褶；二是裙体为灯笼裙造型，如图 9-2-3 所示。

图 9-2-3　灯笼裙

二、准备工作

1. 布料准备

前后衣片里布、外层用布尺寸如图 9-2-4 所示。

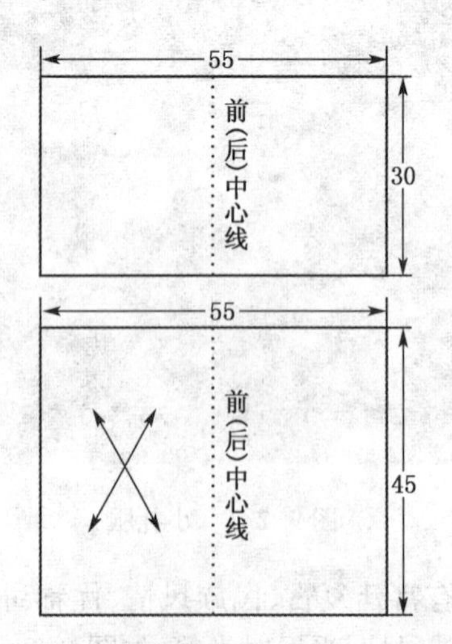

图 9-2-4　前后衣片里布、外层用布图

2. 标记衣身造型线

根据款式效果在人台上贴制款式造型线。在制作礼服前，要先对人台的胸部形态作补正处理，以体现人体曲线的完美状态，如图 9-2-5、图 9-2-6 所示。

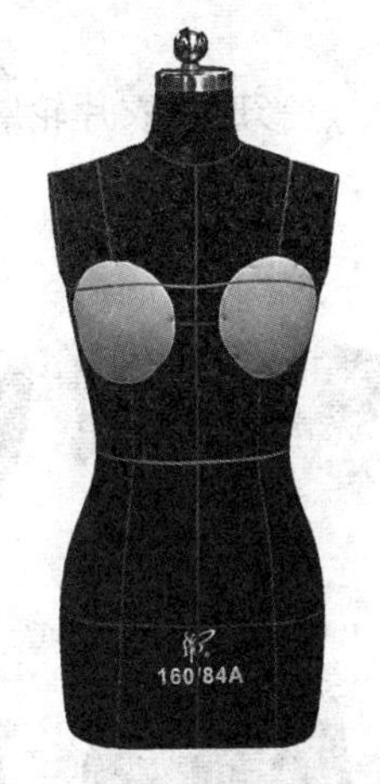

图 9-2-5　前衣片造型标记线

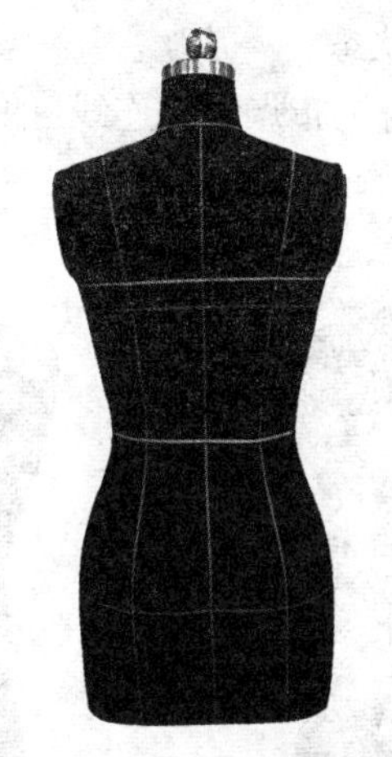

图 9-2-6　后衣片造型标记

三、操作方法及技巧

1. 前衣身里布制作

(1) 前衣身里布对位(如图 9-2-7 所示):将前中心线、胸围线与人台标识线对位,并用大头针固定。

(2) 前衣身里布裁剪(如图 9-2-8 所示):通过收取腋下省、胸腰省,将衣片上的浮余量收去,达到衣片的贴体状态。

(3) 前衣身里布点影与连线(如图 9-2-9 所示):取下前衣片里布,连接点影形成衣片轮廓,注意在腰侧点向外加放 0.5 cm 松量。左右片拷贝处理,修剪余量。

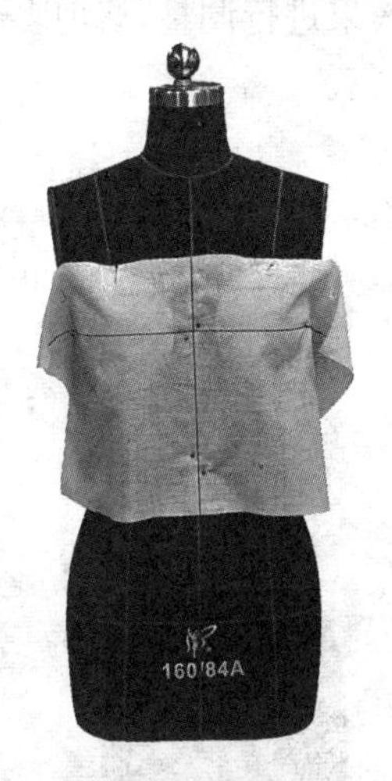

图 9-2-7　前衣身里布对位

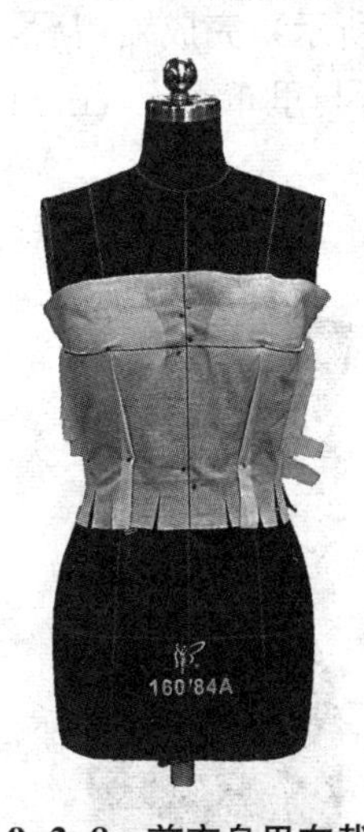

图 9-2-8　前衣身里布裁剪

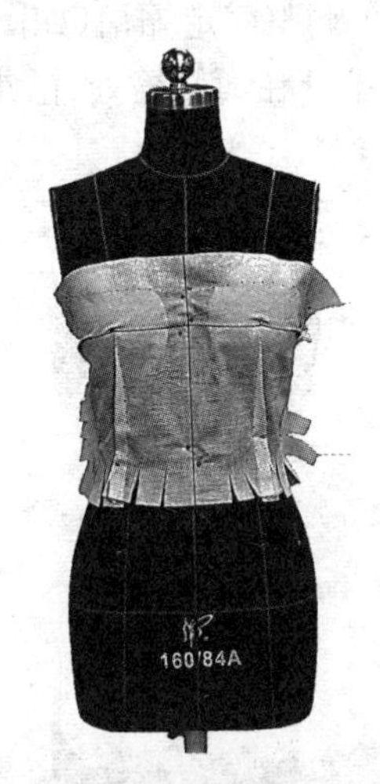

图 9-2-9　前衣身里布点影与连线

2. 后衣身里布制作

(1) 后衣身里布对位(如图 9-2-10 所示):将后中心线、胸围线与人台标识线对位,并用大头针固定。

(2) 后衣身里布裁剪(如图 9-2-11 所示):通过收取腰背省,将衣片上的浮余量收去,达到衣片的贴体状态。

(3) 后衣身里布点影与连线(如图 9-2-12 所示):连接点影形成衣片轮廓。

图 9-2-10　后衣身里布对位　图 9-2-11　后衣身里布裁剪　图 9-2-12　后衣身里布点影与连线

3. 前衣片外层立体裁剪

(1) 前衣片外层对位(如图 9-2-13 所示):前衣片取料 45°斜纱,用布纵向长度为与缩褶量的大小和多少成正比例变化,一般为成品衣长的 1.5 倍左右。横向余量少些即可。

(2) 前衣片缩褶处理(如图 9-2-14 所示):两侧缝同时设置缩褶,但左右衣褶不一定完全对称或相连。省量也随缩褶进入,成为缩褶量的一部分。缩褶设计过程中始终保持 45°斜丝缕状态,以保证形成的衣片平衡,定型稳定。

(3) 调整固定缩褶(如图 9-2-15 所示):完成缩褶后,对整体效果进行调整,修剪多余布料并用手针在两侧缝处、褶集中处进行与里布固定,注意针脚不外露。

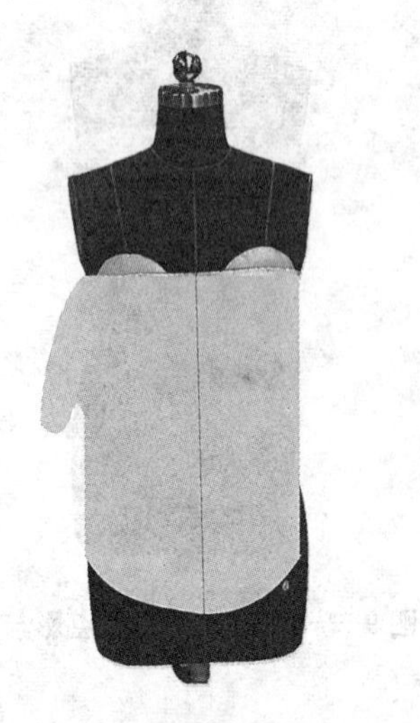

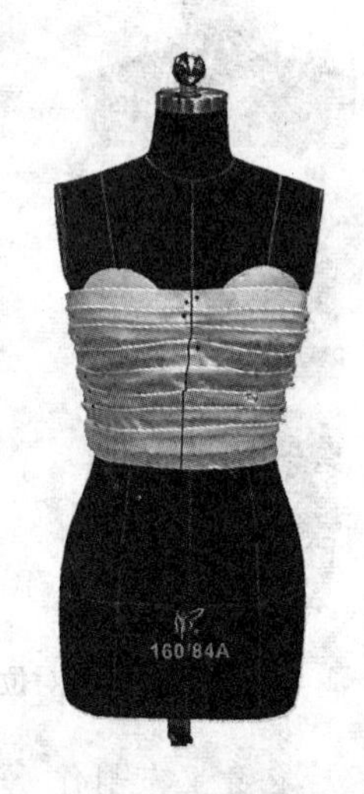

图 9-2-13　前衣片外层对位　图 9-2-14　前衣片缩褶处理　图 9-2-15　调整固定缩褶

4. 后衣片外层立体裁剪

后衣片外层立体裁剪方法与前衣片的制作方法基本相同,如图 9-2-16 所示。

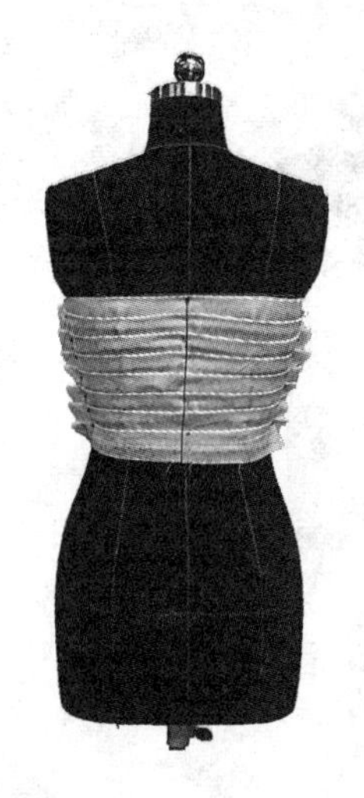

图 9-2-16　后衣片外层立体裁剪

5. 裙的立体裁剪

(1) 裙里布与裙外层的用布裁剪图，如图 9-2-17 所示。

(2) 裙里布的对位与裁剪(如图 9-2-18 所示)：裙里布可以是小 A 字裙款式，裙长短于成品裙长 10～15 cm，裙摆大小和长度满足走路时跨步的需要。

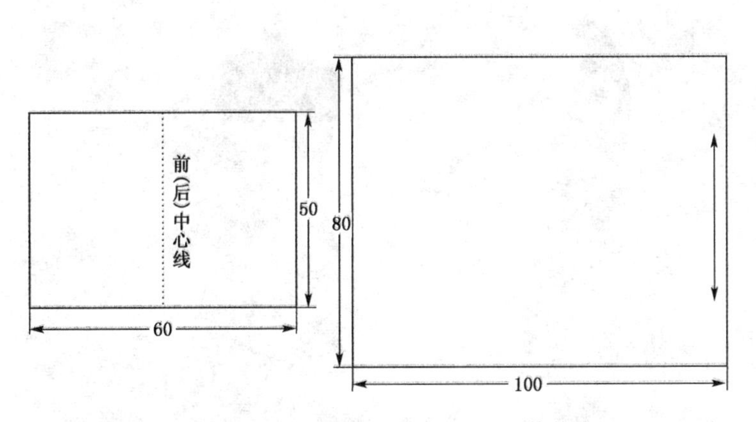

图 9-2-17　裙里布与裙外层的用布裁剪图

图 9-2-18　裙里布的对位与裁剪

(3) 裙外层的立体裁剪

① 裙外层的抽缩(如图 9-2-19 所示)：外裙片为腰部抽缩褶的喇叭裙形式，外裙片长需比成品裙长长出 15～20 cm，为形成灯笼裙的裙摆蓬松饱满状态准备足够的回转量。

② 非均衡抽缩底摆，如图 9-2-20 所示。

③ 提转裙摆塑型(如图 9-2-21 所示)：将外裙片底边向内提转，设置碎褶与裙里布底边别合，调整灯笼造型，并做标记。将外裙片的底边碎褶进行平面处理和抽缩，使之与裙里布的摆围等长，并且别合。

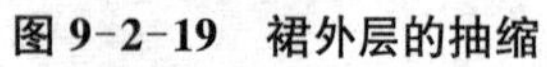

图 9-2-19　裙外层的抽缩　　图 9-2-20　非均衡抽缩底摆　　图 9-2-21　提转裙摆塑型

6. 裁片整理

将所得到的服装的前、后裙片进行点影、连线、修剪。

7. 裁片的假缝试样

将裁片的贴边扣烫，缝缝扣净，曲度较大的边口部位要打刀眼。用大头针将服装相关结构线进行假缝，如图 9-2-22 所示。

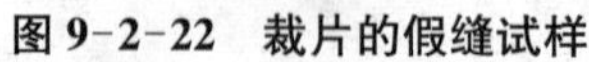

图 9-2-22　裁片的假缝试样

第三节　晚礼服立体造型

引言

晚礼服是晚上 20:00 以后穿用的正式礼服，是女士礼服中最高档次、最具特色、充分展示个性的礼服样式，又称夜礼服、晚宴服、舞会服。常与披肩、外套、斗篷之类的衣服相配，与华美的装饰手套等共同构成整体装束效果。

中国式晚礼服强调女性窈窕的腰肢，夸张臀部以下裙子的重量感，肩、胸、臂的充分展露，为华丽的首饰留下表现空间。如：低领口设计，以装饰感强的设计来突出高贵优雅，有重点地采用镶嵌、刺绣，领部细褶，华丽花边、蝴蝶结、玫瑰花，给人以古典、正统的服饰印象，如图 9-3-1 所示。

图 9-3-1　红毯上的中国式晚礼服

现代风格的晚礼服受到各种现代文化思潮、艺术风格及时尚潮流的影响，不过分拘泥于程式化的限制，注重式样的简捷亮丽和新奇变化，极具时代的特征与生活的气息。与传统晚礼服相比，现代晚礼服在造型上更加舒适实用经济美观，如图 9-3-2 所示。

图 9-3-2　现代风格晚礼服

一、款式分析

此款合体式晚礼服（如图 9-3-3 所示）胸部采用细褶造型，运用高腰斜线式分割，腰间采用双边横向褶饰，整件礼服线条丰富，立体感强，给人以修长、脱俗之感。使用面料宜选择质地柔软或具有弹性的织物，如丝绸、丝绒类等。

二、准备工作

1. 补正人体模型

制作礼服要先对人体模型的胸部进行补正。补正程度以着装者穿戴胸衣时的状态为准。

图 9-3-3 合体式晚礼服

2. 布料准备

(1) 前衣片布料准备，如图 9-3-4 所示。

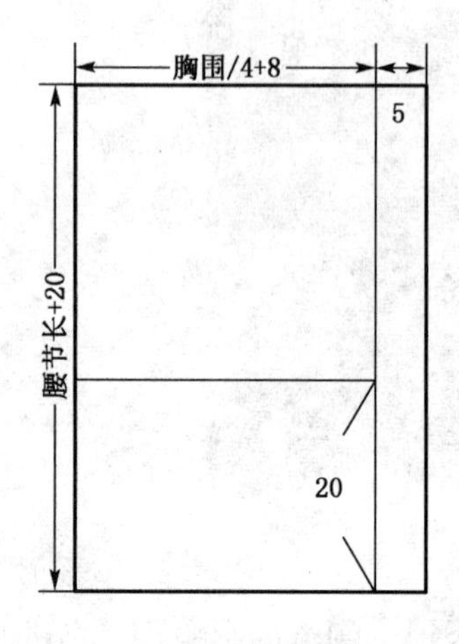

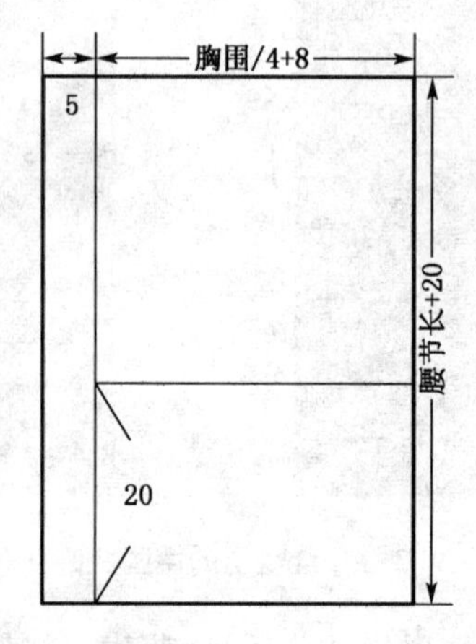

图 9-3-4 前衣片布料准备

(2) 前腰布料准备，如图 9-3-5 所示。

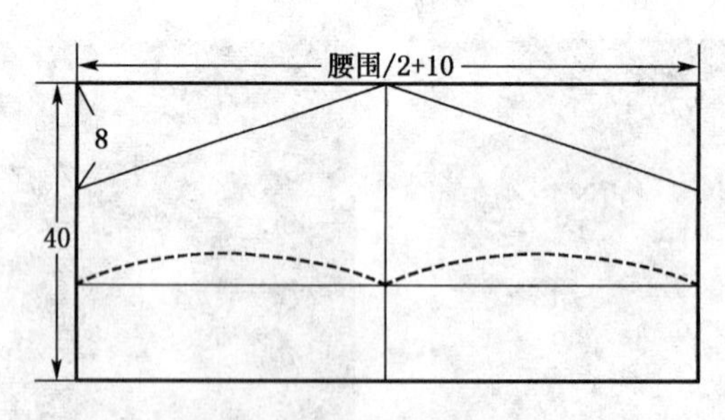

图 9-3-5 前腰布料准备

(3) 前裙片布料准备，如图 9-3-6 所示。

(4) 后裙片布料准备，如图 9-3-7 所示。

三、操作方法及技巧

1. 前衣片的操作

(1) 固定前中心十字点(如图 9-3-8 所示)：将面料上的对位标记线分别对准人台的前中心线和胸围线，用针固定右片坯布。

(2) 制作横向褶纹(如图 9-3-9 所示)：在胸高点以下把余量做成自然的褶纹。

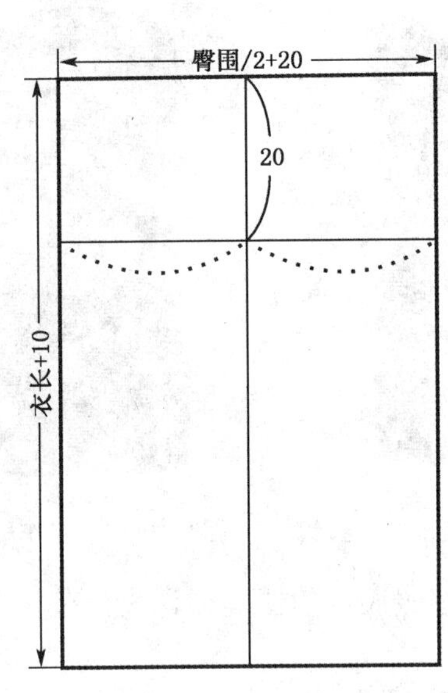

图 9-3-6　前裙片布料准备

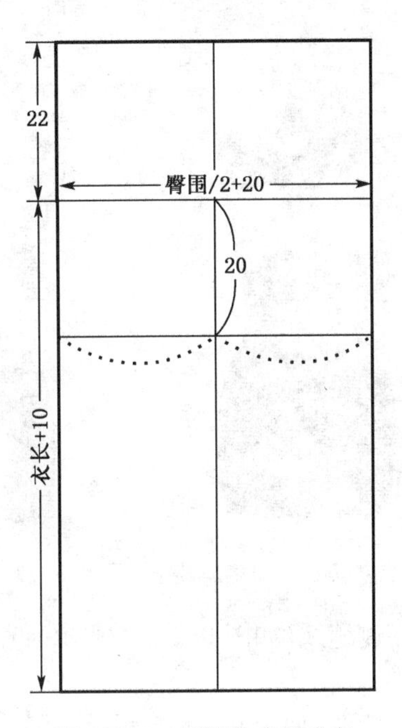

图 9-3-7　后裙片布料准备

(3) 贴置款式造型线(如图 9-3-10 所示):根据款式贴置款式造型线,并按造型线条预留出缝缝后剪开坯布。

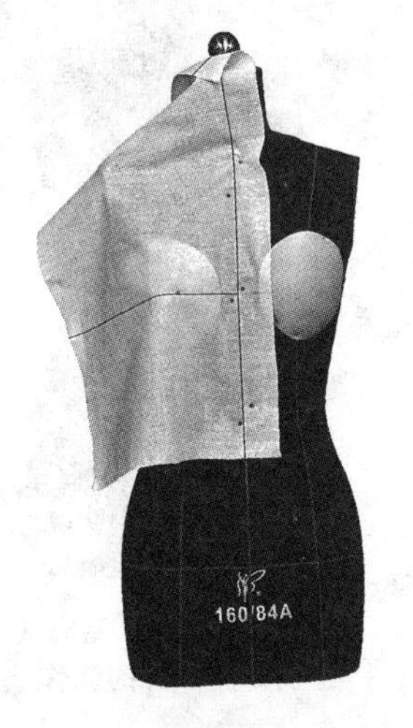

图 9-3-8　固定前中心十字点

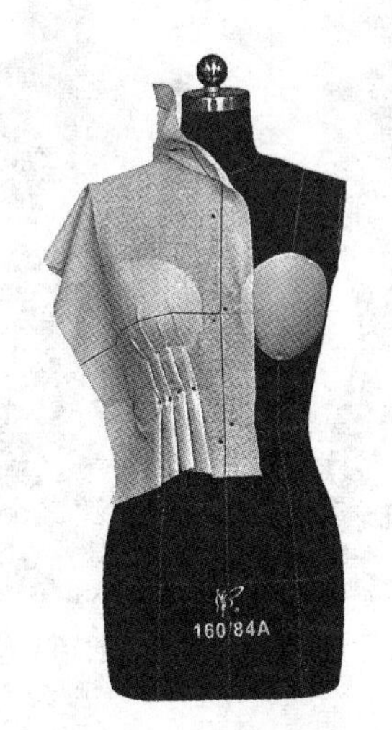

图 9-3-9　制作横向褶纹

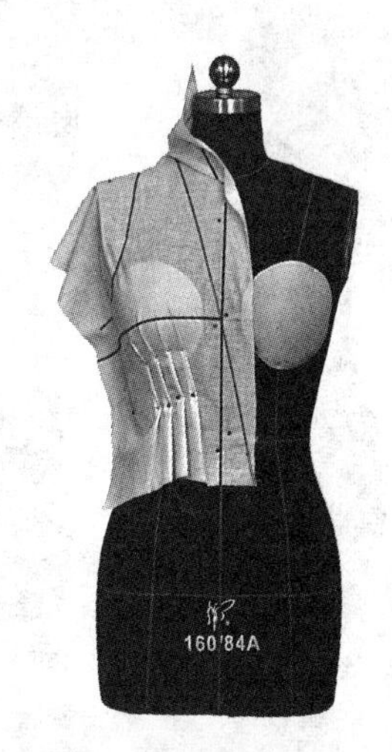

图 9-3-10　贴置款式造型线

(4) 修正前门襟斜线(如图 9-3-11 所示):按照前门襟标识线,修剪多余的面料。

(5) 修正前袖窿弧线(如图 9-3-12 所示):按照前袖窿标识线,修剪多余的面料。

(6) 制作吊带领(如图 9-3-13 所示):将肩部以上的面料绕向领后侧,将吊带领处抚平,修剪多余的面料。

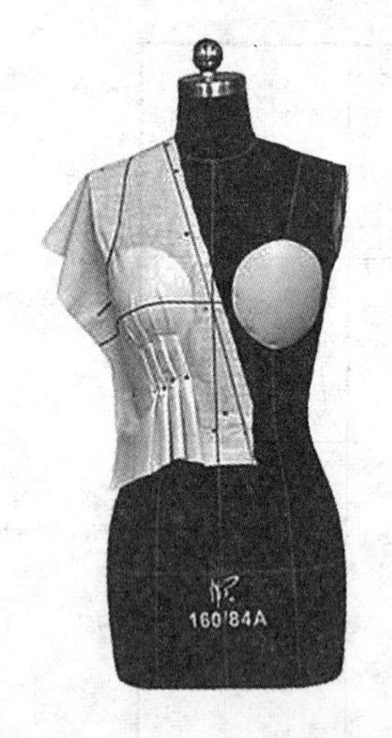

图 9-3-11　修正前门襟斜线

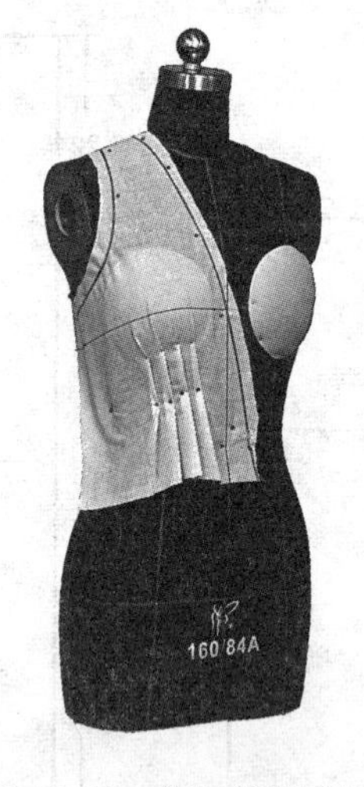

图 9-3-12　修正前袖窿弧线

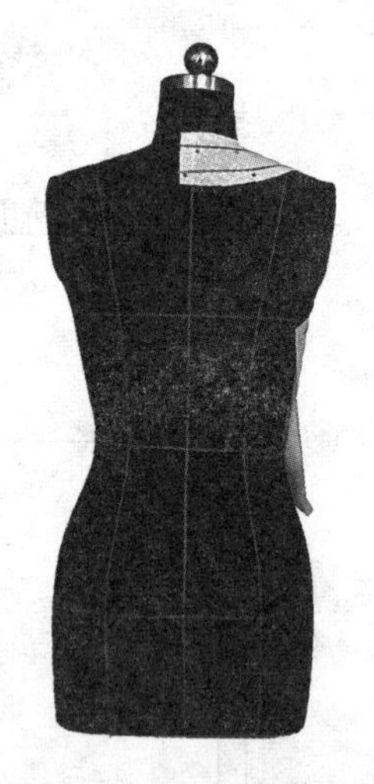

图 9-3-13　制作吊带领

(7) 修正侧缝线(如图 9-3-14 所示):用笔按照人台的侧缝标识线在布料上标记侧缝线,并修正。

(8) 标识腰线(如图 9-3-15 所示):用彩带标记前腰线。

(9) 修正前腰线(如图 9-3-16 所示):用剪刀按照标识线,修剪多余的面料。

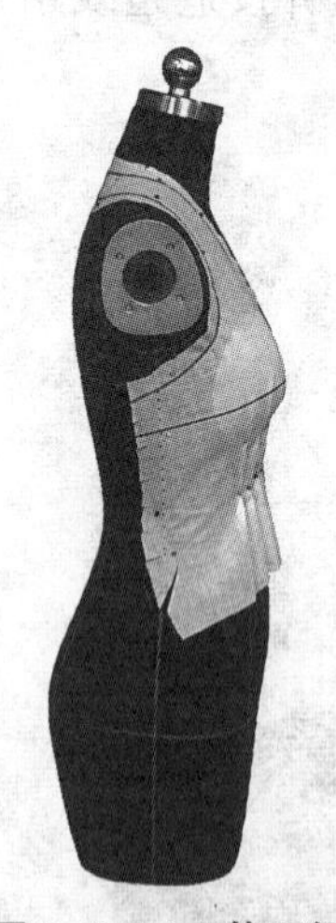

图 9-3-14　修正侧缝线

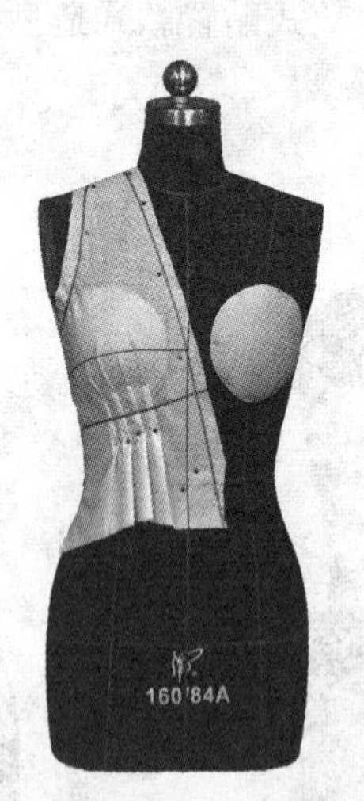

图 9-3-15　标识腰线

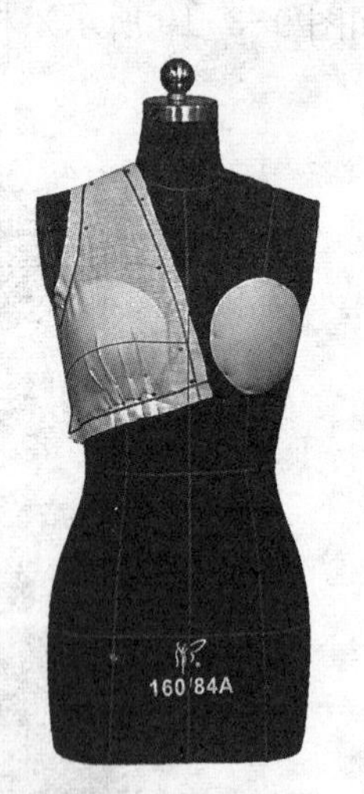

图 9-3-16　修正前腰线

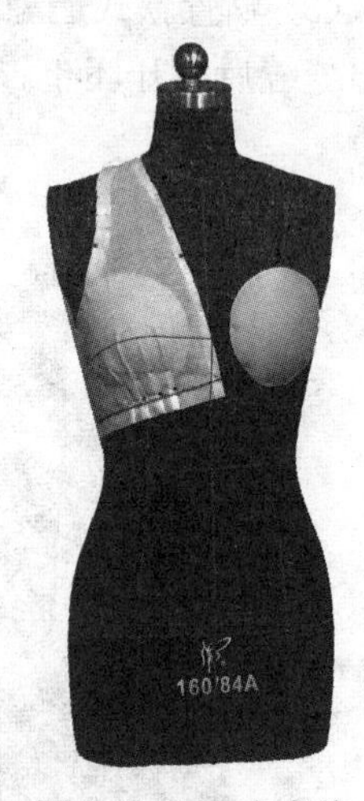

图 9-3-17　完成前右侧衣片的制作

(10) 完成前右侧衣片的制作,如图 9-3-17 所示。

(11) 做左片胸衣,按照右前片的制作方法做左前片,如图 9-3-18 所示。

2. 前片腰的制作

(1) 固定前中心十字点(如图 9-3-19 所示):将前腰坯布的标识线分别对位人台的腰围线和前中心线,用针固定坯布。

(2) 设置横向衣褶(如图 9-3-20 所示):在腰部的两侧同时设置衣褶,注意左右衣褶不要完全对称和相连。同时把腰省转移隐藏于衣褶中。

(3) 完成前片腰部的造型(如图 9-3-21 所示):根据款式按造型线条预留出缝缝后剪开

坯布。完成前片腰部的造型。

图 9-3-18　做左片胸衣

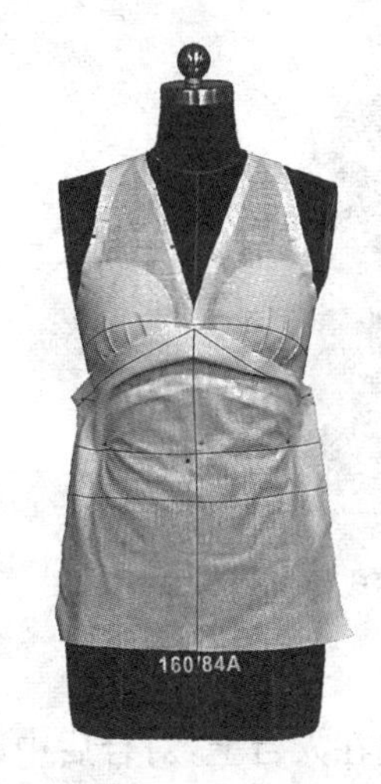

图 9-3-19　固定前中心十字点

图 9-3-20　设置横向衣褶

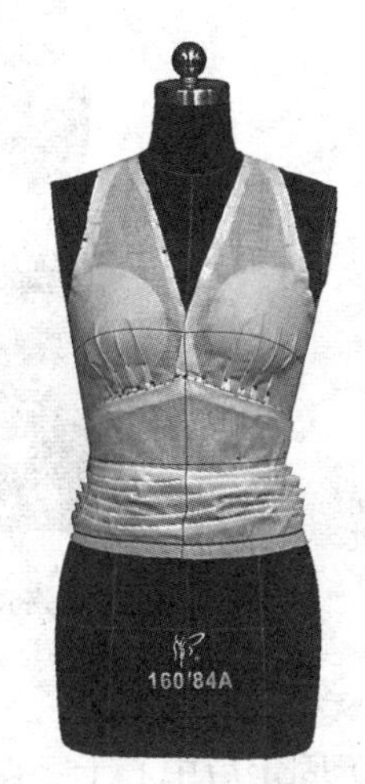

图 9-3-21　完成前片腰部的造型

3. 前裙片的制作

(1) 固定前中心十字点(如图 9-3-22 所示):将面料上的对位标识线分别对准人台的前中心线和臀围线,用针固定裙片坯布。

(2) 收省(如图 9-3-23 所示):把腰部的余量捏出两个省缝,省长较短。

图 9-3-22 固定前中心十字点

图 9-3-23 收省

(3) 修正侧缝和腰口缝(如图 9-3-24 所示):用笔标识侧缝和腰口线。用剪刀修正侧缝和腰口缝。

(4) 完成前衣片制作,如图 9-3-25 所示。

图 9-3-24 修正侧缝和腰口缝

图 9-3-25 完成前衣片制作

4. 后衣片的制作

(1) 固定后中心十字点(如图 9-3-26 所示):将后片的坯布披在人台上,对合后中心线与臀围线,用针固定坯布。

(2) 收省并修正侧缝线(如图 9-3-27 所示):将腰围线处的余量收省,注意省的长度。修正两侧缝线,完成后片制作。

图 9-3-26 固定后中心十字点

图 9-3-27 收省并修正侧缝线

5. 裁片的假缝试样

将裁片的贴边扣烫,缝缝扣净,曲度较大的边口部位要打刀眼。用大头针将服装相关结构线进行假缝,如图 9-3-28 所示。

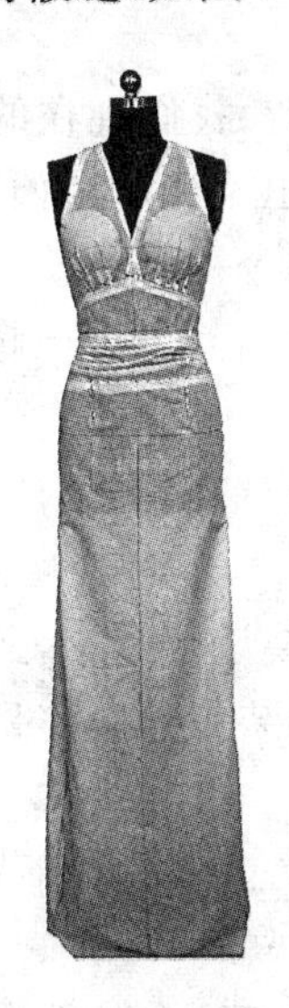

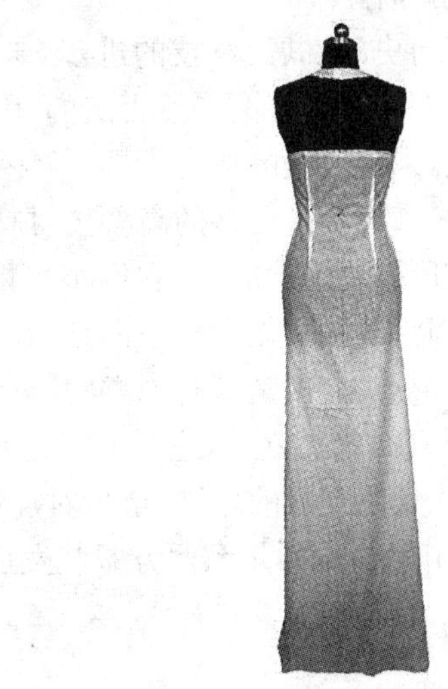

图 9-3-28 裁片的假缝试样

【思考题】

1. 常见礼服材料的种类有哪些?这些种类的礼服材料有什么特征?
2. 小礼服、晚礼服应该如何选择与其相匹配的材料?
3. 小礼服立体造型的技巧有哪些?
4. 晚礼服立体造型的技巧有哪些?

第十章 创意立体裁剪

章节提示:本章主要讲授创意立体裁剪的概念、形式美与创意立体裁剪及创意灵感等方面的内容,并理论与实践相结合地讲解创意立体裁剪的造型手法。

第一节 创意立体裁剪的概念

引言

纵观服装发展史,人类的服装形态从原始时期的天然材料蔽体披挂式形态,经过发展、变化,形成了东西方服装不同的风貌:西方服装,从哥特式窄衣形态,经过巴洛克、洛可可、新古典主义等时期的发展变化,确立了现代服装形态;在东方,近现代服装形态西风东渐,东方服装除了民族服装依旧坚持平面化装饰性服装特征之外,西式服装已成为日常服装的主流。

而随着历史的发展、科技的进步,未来的服装会是什么样子呢?我们现在的服装形态能是永恒不变的吗?答案当然否定的,因为在这个世界上,唯一永恒不变的东西,只有变化本身。那么,未来服装的形态,可以任凭我们去想象、去猜测。从当今社会科技引领行业的规律来看,未来将会有更多的高科技材料出现在服装上,它们可能更轻柔、更保暖、更透气、更具有服装所需要的功能性,它们很可能引起服装形态的全新变化,服装款式会更简洁而富有创意,因为简洁和创意从来都是一对孪生姊妹,创意往往出现在简洁的设计里。那么,未来的服装形态,应该是富有创意的形态。

我们引入的创意立裁,它具有的思维特征可以颠覆传统的服装设计观念,或者退一步说,我们引入创意立裁的思维,至少对加强服装设计想象力、拓宽服装设计思路是很有帮助的。图10-1-1所示的是东西方服装发展的脉络。

一、概念

创意立裁是以基础立体裁剪技术为平台,衍生出的创意与技术相结合的综合性设计手段。在立体裁剪过程中,设计思维与操作手法等因素不断变化、又相互作用,为款式设计带来诸多新变化,引导设计者思维走向,开启新思路,是服装立体创造力的表现,图10-1-2所示的是富有创意的服装作品。

图 10-1-1　东西方服装发展的脉络

图 10-1-2　富有创意的服装作品

二、创意立裁与形式美法则

在创意立裁中,同样要遵守形式美法则,而形式美法则,既可以增进对创意立裁的审视,也可以为创意立裁提供思维上的帮助。

1. 重复与交错

在创意立裁中,将线条、肌理等元素提炼出来后进行排列,重复的手法能使设计产生安定、整齐、规律的统一,交错能打破平淡和沉闷,重复与交错的出现可以使造型产生韵律和节奏感,如图 10-1-3 所示。

图 10-1-3　重复与交错

2. 对比与调和

对比是把服装各要素之间进行相互比较，从而显示主从关系和变化效果；调和是指使要素具有共性，表现统一的效果。对比和调和是相辅相成的，各元素的共性与差异性在服装造型中，既和谐又矛盾，使服装形态散发生动而活泼之美，如图 10-1-4 所示。

图 10-1-4　对比与调和

3. 比例与平衡

比例是指形的服装整体与局部以及局部与局部之间一种量的比率；平衡是指形、色、质地等带来的视觉心理感受。服装元素的比例应用为平衡状态，能产生持久的美感，如图 10-1-5 所示。

图 10-1-5　比例与平衡

4. 秩序与变异

秩序是对美的组织的编排，体现着逻辑和条理性；变异常通过大小、形状、比例等进行变化，是对规律的突破，是在整体中的局部突破。在服装的秩序美中融入变异构成能让规律的秩序产生灵动的效果，如图 10-1-6 所示。

图 10-1-6　秩序与变异

三、创意元素

（一）创意元素的来源

只要有一双善于发现的眼睛，生活中处处都是灵感。

创意立裁的创意元素可以来自自然与人工的各种形态。自然界中的大海、沙漠、树木、动物、花朵、树叶、水果等，或者人工的事物，如建筑、桥梁，以及乐器、折扇、首饰等，都可以作为创意立裁的灵感来源，如图 10-1-7、图 10-1-8 所示。

图 10-1-7　自然形态

图 10-1-8　人工形态

灵感来源事物的元素特征，常以“类似性”引发设计者的想象，从外部形状、材料、质地、内部结构、性质等角度进行与服装结合的联想，从而为服装的创意设计提供灵感，引发相应的服装创意手法的出现。

（二）创意元素的归纳

1. 造型归纳

灵感来源的事物的形状、构造、比例关系等与“形”有关的特点，都可以延伸出服装造型的设计，可以仿形，也可以用扭曲变形或抽象精简等手法，将原本的形态异化，如图 10-1-9 所示。

图 10-1-9　造型归纳

2. 色彩归纳

对灵感来源事物的色彩归纳会提供整体与局部的色彩，常用于织物设计与染整领域。在创意立裁中，要注意不同面料的色彩的设计位置，力求美感，表现风格与趣味性，如图 10-1-10 所示。

图 10-1-10 色彩归纳

3. 纹理归纳

纹理归纳能提供服装材料质地与肌理的设计灵感，可以采用缝缀、镂空等不同的手法，使服装材料出现浅浮雕效果；纹理还能传达触觉，使创意设计富于心理感受，如图 10-1-11 所示。

图 10-1-11 纹理归纳

4. 风格归纳

灵感来源事物通过造型、色彩、纹理等元素，体现出自身独特的风格。对灵感来源事物元素进行归纳，充分理解各个元素的特点，以及它所传递出来的具体与抽象的风格，建立灵感来源事物与服装风格的桥梁，能更好地确立创意服装作品自身独特的风格，如图 10-1-12、图 10-1-13 所示。

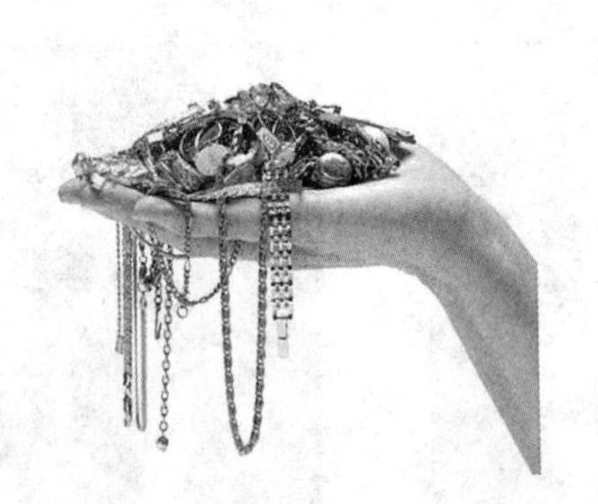

图 10-1-12 风格归纳

图 10-1-13 风格归纳

(三) 创意元素的联想应用

1. 直接联想应用

将灵感来源事物的特征，进行元素归纳，得到相应的服装创意手法。

以树叶为例，在创意立裁中，可以通过叶子的形状、大小、色彩、肌理、质感等进行创意设计，见表 10-1-1。叶子的形状可能提供给服装造型与结构的设计，大小密集程度决定服装层次的设计；叶脉肌理为服装表面材质细节设计提供了参照；叶子的颜色为服装的色调和色彩搭配提供灵感；叶子质感的柔软或干脆及树种季节等决定了服装的风格。

表 10-1-1　以树叶为灵感来源的直接联想应用

灵感来源事物	树　叶			
灵感来源事物特征	树叶与疏密	叶脉肌理	树叶色彩	树叶质地及树种季节等
元素归纳	造型归纳	纹理归纳	色彩归纳	风格归纳
服装创意手段	服装造型、结构与层次	服装表面材质细节	服装的色调和色彩搭配	服装整体风格

如图 10-1-14，树叶形状，联想应用于服装造型；如图 10-1-15，树叶的疏密程度，联想应用于服装层次；图 10-1-16 的叶脉肌理，联想应用于服装材质细节；图 10-1-17 树叶的颜色，联想应用于服装的色调和色彩搭配；图 10-1-18 树叶质地及树种季节等，联想应用于服装的风格。

图 10-1-14　树叶形状与服装造型

图 10-1-15　树叶的疏密程度——服装层次

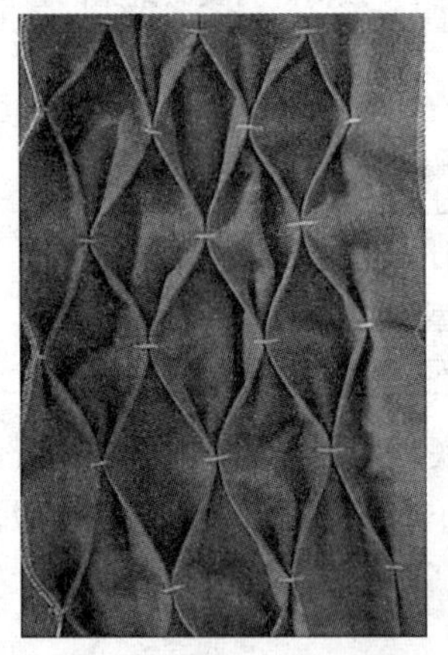
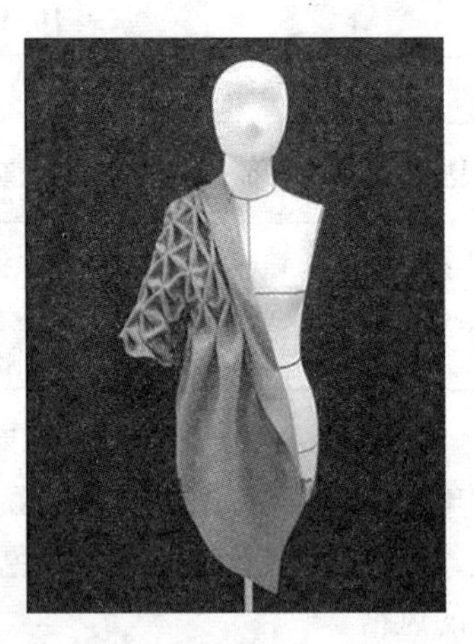

图 10-1-16　叶脉肌理——服装材质细节

图 10-1-17　树叶的颜色——服装的色调和色彩搭配

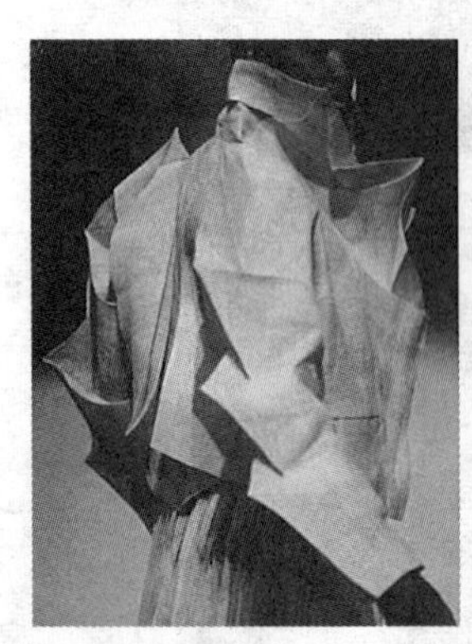

图 10-1-18　树叶质地及树种季节等——服装的风格

2. 间接联想应用

通过灵感来源事物的特征，可以联想到与之相似的其他事物，再通过元素归纳，得到相应的服装创意手法。

以中国折扇为例，由折扇这一元素，利用发散思维，可以联想到和折扇相似的其他事物，如银杏树叶、手风琴、光线、扇贝、窗帘、鸟尾、水果切片、头发等等，再将这些事物，进行造型归纳、纹理归纳、色彩归纳、风格归纳，产生服装形态的创意设计灵感，诸如产生缀饰、叠褶、裙摆、点起褶、垂褶、切展、层次、编结等创意设计手法。见表 10-1-2 所示。

表 10-1-2　以折扇为例的间接联想应用

灵感来源事物	中国折扇							
其他事物	银杏树叶	手风琴	光线	扇贝	窗帘	鸟尾	水果切片	头发
元素归纳	造型归纳、纹理归纳、色彩归纳、风格归纳							
服装创意手段	缀饰	叠褶	裙摆	点起褶	垂褶	切展	层次	编结

如图 10-1-19 由折扇联想到银杏叶创意出缀饰手法；图 10-1-20，由折扇联想到手风琴创意出叠褶；图 10-1-21，由折扇联想到光线创意出裙摆；图 10-1-22，由折扇联想到扇贝创意出点起褶；图 10-1-23，由折扇联想到窗帘创意出垂褶；图 10-1-24，由折扇联想到鸟尾创意出切展；图 10-1-25，由折扇联想到水果切片创意出层次；图 10-1-26，由折扇联想到头发创意出编结手法。

图 10-1-19　折扇—银杏叶—缀饰手法

图 10-1-20　折扇—手风琴—叠褶

图 10-1-21　折扇—光线—裙摆

图 10-1-22　折扇—扇贝—点起褶

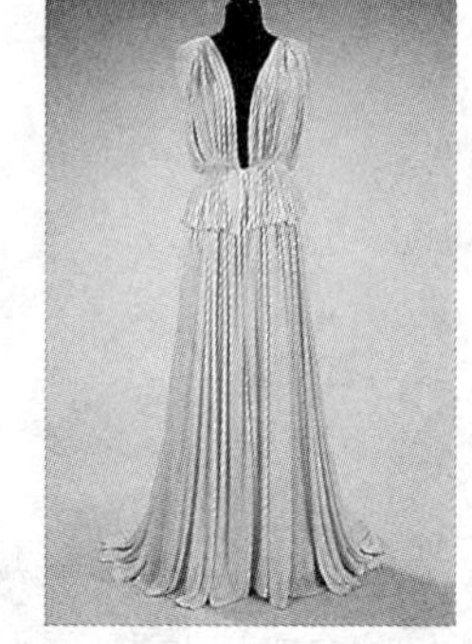

图 10-1-23　折扇—窗帘—垂褶

图 10-1-24　折扇—鸟尾—切展

图 10-1-25　折扇—水果切片—层次

图 10-1-26　折扇—头发—编结

第二节　创意立体裁剪的造型手法

创意立体裁剪是设计创新的过程。当设计者拿起一块布料，放在人台上，转折推敲，手的触觉和眼睛的感知，带来各种信息，能促使设计者产生强烈的创作冲动，以此产生无尽的设计构思。通过创意立裁能不断捕捉设计灵感，促进偶发性设计的产生，形成独一无二的服装形态，与当今及未来服装体现独特性、张扬个性的需求不谋而合。

创意立裁的基本造型手法分为披挂造型、缠绕造型、折叠造型、分割造型、穿插造型等五种。为了直观，也为了节省时间和材料，创意立裁多用 1∶2 人台进行操作。

一、披挂造型

披挂是最基本、最原始的造型手法，是将面料搭在人体上，寻找支撑部位，受重力影响，披挂的布料会自然垂坠，产生特有的形态。

披挂造型的支撑方式有三种：点支撑、线支撑、面支撑。

1. 点支撑

点支撑是以头部、肩点等做支撑点，以点支撑的设计方法进行的设计如图 10-2-1 所示。

图 10-2-1　点支撑

2. 线支撑

线支撑是以胸围、腰围、臀围等处做支撑点，以线支撑的设计方法进行的设计如图 10-2-2 所示。

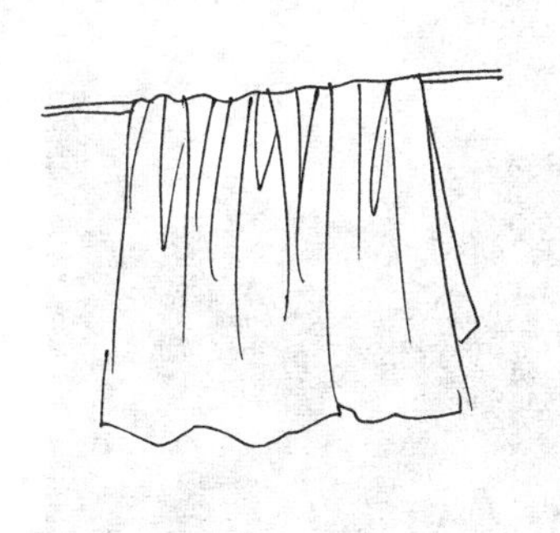

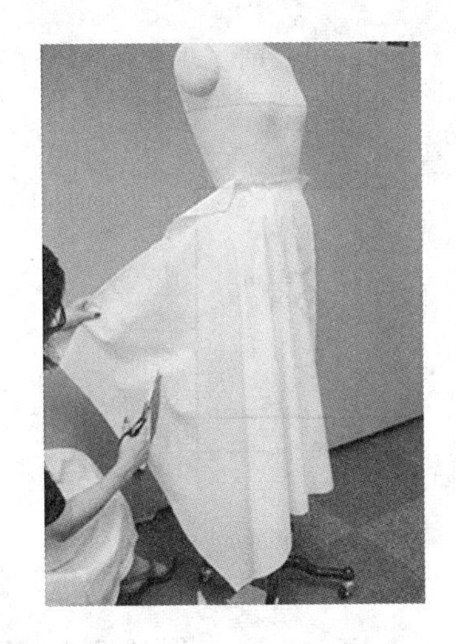

图 10-2-2　线支撑

3. 面支撑

面支撑是以肩约克、腰约克等分割面做支撑点。如图 10-2-3 所示,是肩约克支撑下的波褶设计。

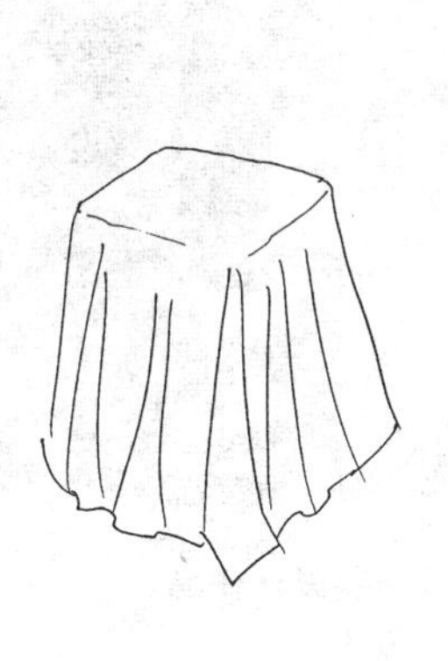

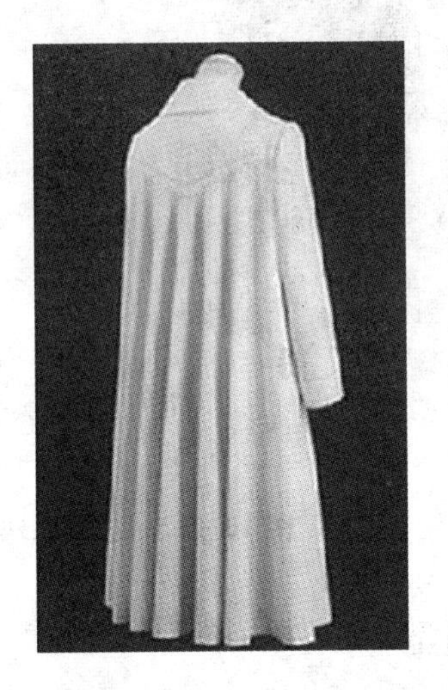

图 10-2-3　面支撑

在披挂造型时,披挂布料的大小、方向、重力分配等方面因素,会导致披挂造型发生变化,在做披挂造型时,需要格外注意。

下面阐述以披挂手法为主要设计手段的款式设计。

操作手法:方布披挂

取边长为 80 cm×80 cm 的正方形面料,依据中心点再画一个边长为 8 cm×8 cm 的正方形,并将中心的正方形剪空。可以将剪好的布料套在人台颈部,观察披挂效果,按照审美感觉,做各种尝试,如图 10-2-4、图 10-2-5 所示。

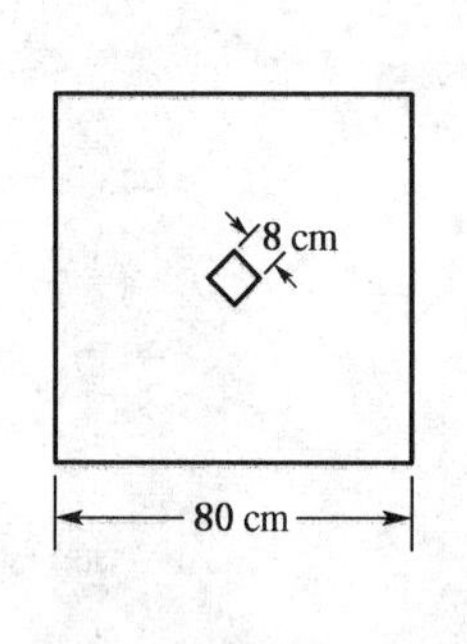

图 10-2-4 方布披挂效果尝试

图 10-2-5 披挂手法为主的服装设计作品

二、缠绕造型

缠绕是用一种近乎原始的设计手法来实现服装造型，是原始古老的手法与现代设计理念的结合。依靠布料自身的悬垂性，将布料不规则地随机地缠绕、包裹、扎系在对象身上，不经过剪裁或尽量少进行剪裁，保持面料的整体性。

操作手法：

取一长方形条状布料，宽 10 cm，长 170 cm；先在肩线附近固定长条的一端，然后进行缠绕；制作对称款式的时候，需要注意左右对称，如图 10-2-6、图 10-2-7 所示。

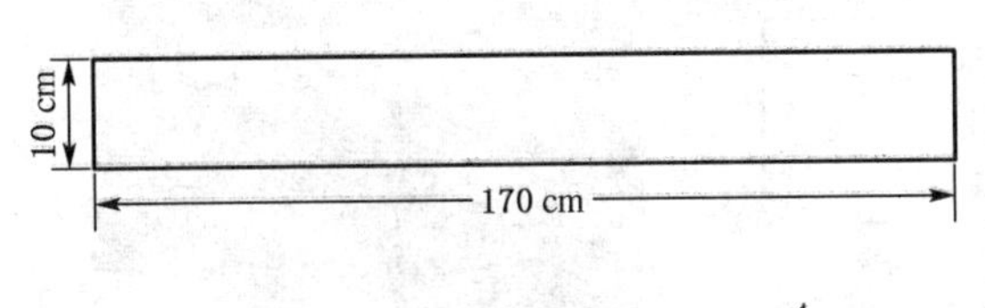

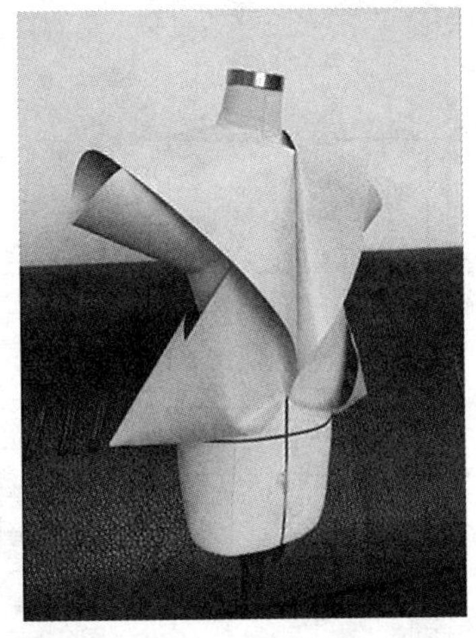

图 10-2-6　缠绕造型效果尝试

图 10-2-7　缠绕造型为主的服装设计作品

三、折叠造型

折叠是在面的基础上，通过翻转(折)叠加(叠)，构造新的力的支撑与平衡，折叠能够制造肌理，通常以连续、重复、组合、变化的方式出现，形成褶痕。

操作手法：

取 40 cm×40 cm 方布，1/2 处对折；做一叠褶；将叠褶少许边缘缝合固定；将面料翻过来使用，缝褶在里面；随意固定在人台上，做效果比对，如图 10-2-8、图 10-2-9 所示。

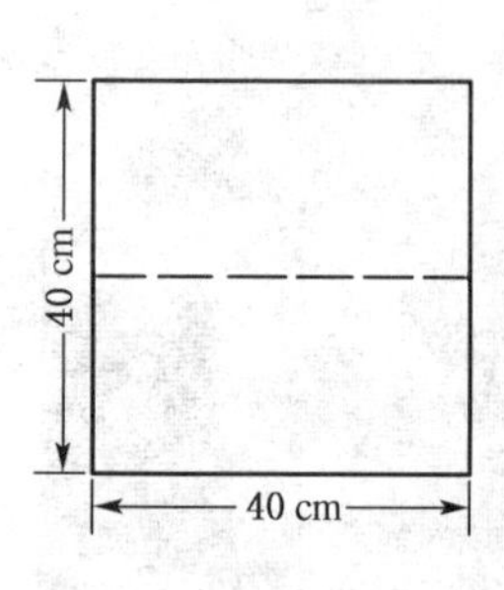

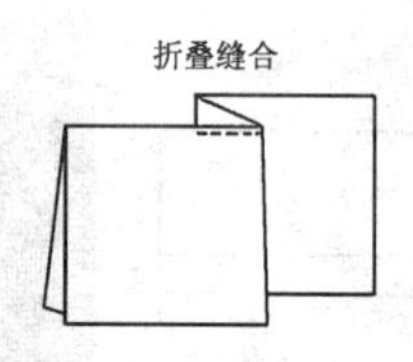

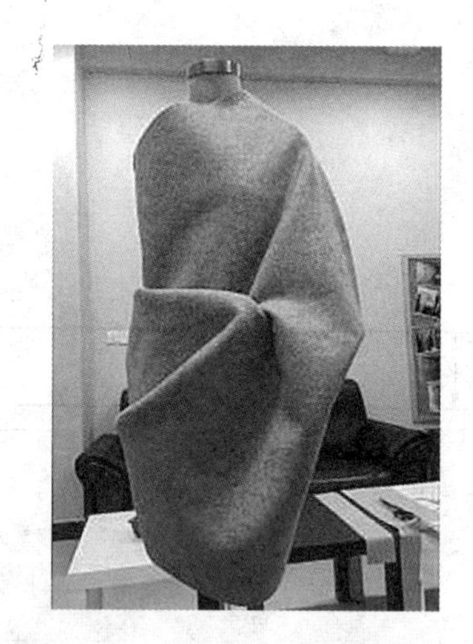

图 10-2-8　折叠造型效果尝试

图 10-2-9　折叠造型为主的服装设计作品

近年来,折纸常出现在创意服装设计舞台上。童年时候的折纸游戏,是这一手法的灵感来源。将童年时代的小衣服、小裤子、小船等折纸的折法,运用到服装设计里,会有意想不到的效果,如图 10-2-10、图 10-2-11 所示。

图 10-2-10　童年时代的折纸

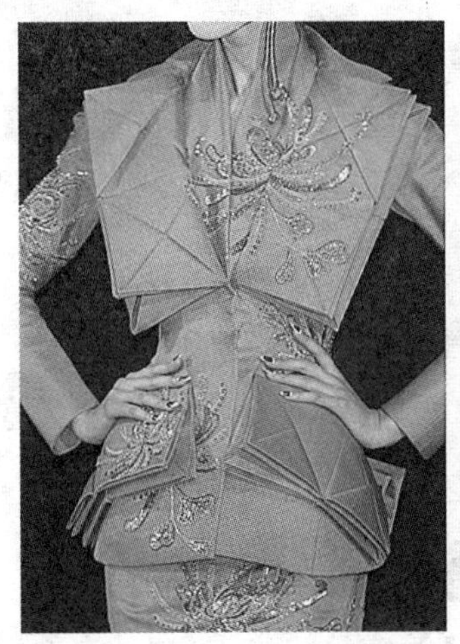

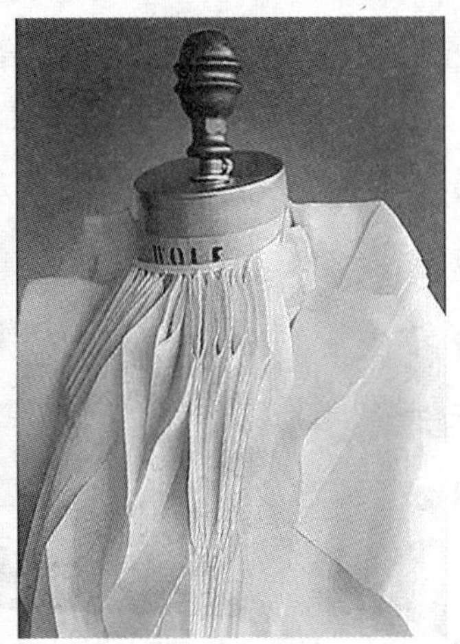

图 10-2-11　折纸为灵感来源的服装设计作品

四、分割造型

分割是通过裁剪消解面料的整体性，利用分割线的处理，实现错位、去量、加量等量的改变，从而丰富了创意造型设计。

操作手法 1：方布分割

取一块 40 cm×40 cm 的正方形布料，如图所示进行分割，将分割后的形态，在人台上进行试验，选择最佳效果，如图 10-2-12 所示。

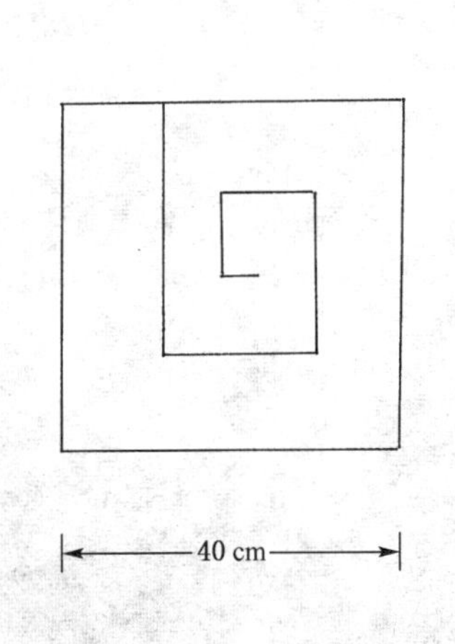

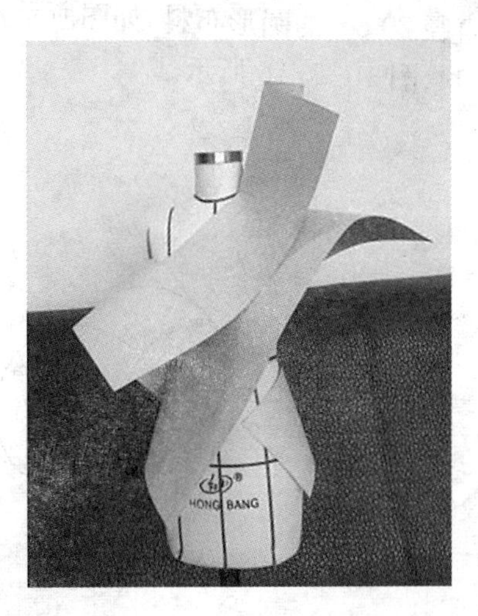

图 10-2-12　方布分割效果尝试

操作手法 2：圆布分割

取一块直径 40 cm 的圆形布料，如图所示进行分割，将分割后的形态，在人台上进行试验，选择最佳效果，如图 10-2-13 所示。

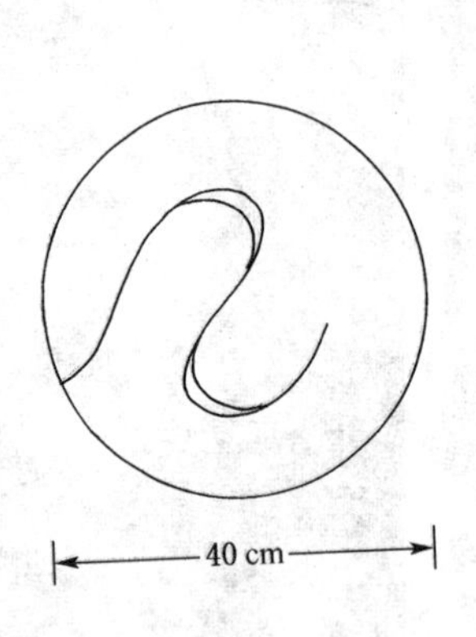

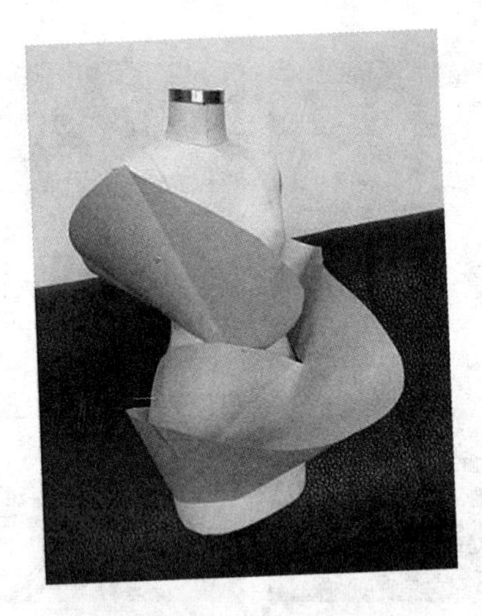

图 10-2-13　圆布分割效果尝试

五、穿插造型

穿插可以实现空间的互通多变，将零散的点连接成一个完整的部分，可以将服装两个或多个结构联系起来，或将分散的面料局部集合成相互关联的整体。穿插可以是编织手法的线性穿插，也可以通过扭曲、旋转等手法，实现面性穿插和体性穿插，塑造造型空间、丰富服装层次。

操作手法：

裁剪两块直径 20 cm 的圆形布料，如图所示，穿插放置，在人台上进行试验，选择最佳效果，如图 10-2-14、图 10-2-15 所示。

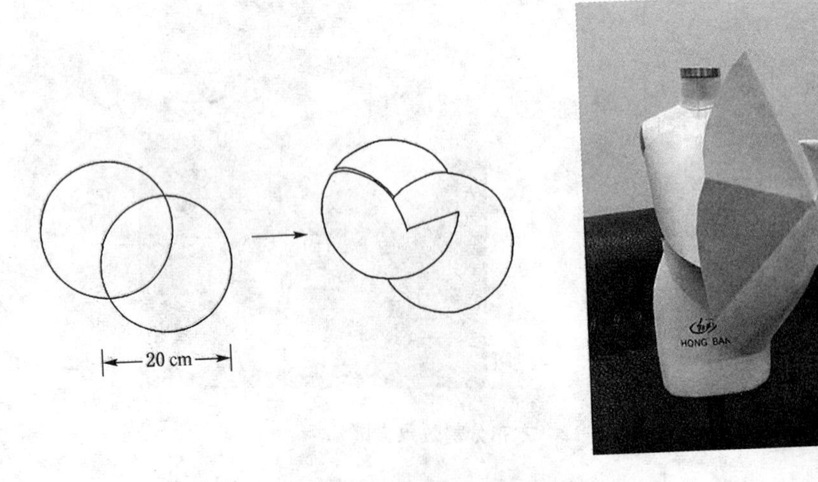

图 10-2-14　穿插造型效果尝试

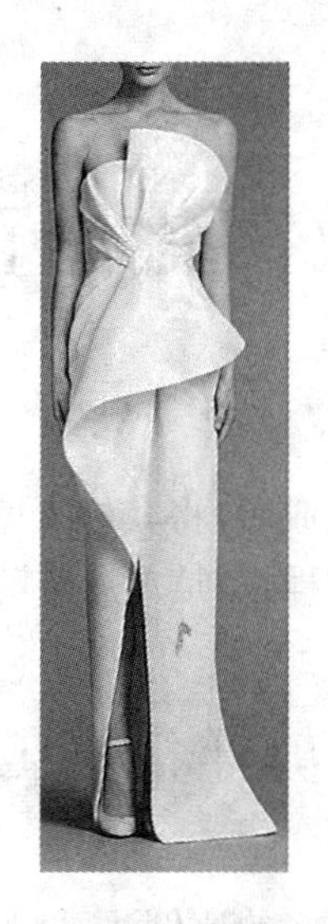 

图 10-2-15　以穿插造型为主的服装设计作品

【思考题】

1. 创意立裁的造型手法有哪些？在服装立体造型中如何应用？
2. 以花卉为灵感进行创意立裁的创作。

第十一章　立体裁剪数字化修正基本方法

章节提示：本章讲解立体裁剪坯样制作完成后，将其导入CAD系统进行修正。主要内容有两个方面，一是介绍样板数字化实现的过程，二是重点讲解数字化样板修正方法。

第一节　立体裁剪样板手工修正

立体裁剪是服装裁剪的一种方法，它与平面的比例法、原型法裁剪一样，最终目的都是为了获取生产用样板。立体裁剪方法进入国内后的很长一段时间里，主要侧重于在人台上面完成相关制作。因此，给人产生的印象是立体裁剪就是在人台上面的剪裁，或者认为这部分是最重要的。实际上，人台上面完成的仅仅是款式造型和结构设计，要达到生产用样板要求，还需要对人台上完成的坯样进行修正、假缝、再修正、样板转换等环节。通过一系列的后续处理，才能形成生产用样板，这才是完整的立体裁剪。

较长一段时间以来，立体裁剪样板修正之所以被淡化，是因为立体裁剪主要被用于礼服、创意服装的裁剪，在制作过程中强调的是型的修正。随着立体裁剪在服装工业生产中的普遍运用，成衣样板的性质决定了必须将坯样修正成能批量生产的工业样板，于是立体裁剪样板修正环节就显得十分重要。

样板修正的主要内容包括以下几个方面：

(1) 放松量加放，以及加放后对结构影响的修正；

(2) 人台缺陷对服装局部结构影响的修正；

(3) 廓型、结构、线条的修正；

(4) 部件配伍的修正；

(5) 面料性能、工艺要求对结构影响的修正。

在人台上面完成立体裁剪造型和结构设计后，只能达到直观效果。人体外形的吻合度，运动功能的实现，面料性能、工艺的匹配度还需要反复修正才能达到要求。

一、立体裁剪样板修正分类

立体裁剪样板修正分为手工样板修正和数字化样板修正。

二、手工样板修正基本方法

手工样板修正基本步骤是：追影—测量、修线—修正—校对—配齐部件—样板确认。具体内容如下：

(1) 从人台上面取下坯样，画顺结构线条；修剪多余的量，扣烫省、缝缝及折边，用折叠别法假缝。穿着于人台上，观察整体造型、结构以及局部效果，并做好修改标记。

(2) 取下假缝坯样，烫平，将坯样结构线拷贝在样板纸上。然后根据人体基本数据、运动功能，以及面料性能、工艺要求进行局部修正。修正不平服、不适合之处，以达到松紧适当，结构合理，整体平衡。

(3) 配伍好所有部件，用修正好的样板，裁剪面料打样，再次穿着于人台上，从正面、背面、侧面仔细观察整体造型是否美观，结构以及细节是否正确，功能是否满足要求，并确认样板。

(4) 根据样衣效果，对有问题的部位再做调整(有条件的情况下可以再打样)。最后校对样板、做好必要的标记与符号，完成推板等工序，形成生产用样板。

长期以来立体裁剪修正主要是由手工完成的，由于在修正时会涉及人体体形特征、运动功能实现、面料性能、工艺匹配等诸多要素，使得手工修正变得比较困难。多年来的实践证明，该方法效率低，成本比较高。制作过程中需要多次打样衣确认样板，工作量大、比较烦琐，已经越来越不适应服装智能化生产的要求。

第二节　立体裁剪数字化样板修正

如今，中国服装行业正走向智能制造。数字化与信息化的迅速发展，给行业提供了新的发展契机和产业升级的基础。数字化制作服装是必然的趋势，数字化服装生产是实现智能制造的核心，数字化服装生产的前提是数字化服装制板。立体裁剪结合 CAD 系统修正样板，是实现服装智能制造的重要途径。

数字化样板优势在于，它不需要将坯样假缝，也不需要制成样衣校对。将坯样导入 CAD 系统后，即实现了样板数字化，在此基础上，样板修正时所遇到的结构调整就会非常方便；放松量加放会更精准；服装部件、夹层、底层样板配伍就会非常简单；更重要的是，样板修正完成后，即得到了数字化母板，运用 CAD 系统中的推板工具推板，可以迅速完成系列化样板制作，转入排版系统后就能排料和批量裁剪。在 CAD 制板系统(2D)完成样板修正后，可导入三维虚拟试衣(3D)系统做多种仿真测试，这样既高效又可以避免没有合适面料试做样衣的尴尬，如图 11-2-1、图 11-2-2 所示。当前服装 CAD 系统和三维虚拟制衣技术的成熟，给数字化样板修正带来了极大的方便，使得样板制作更快、更准、更便捷和更有利于修正，效率是人工修正样板的数倍。

图 11-2-1　三维仿真

图 11-2-2　三维仿真

一、立体裁剪数字化样板修正概述

数字化样板修正步骤是：初始样板（坯样）导入2D—样板修正—转入三维虚拟制衣—再转2D—样板确定—2D推板。

操作时，首先需要在人台上造型和坯样制作，形成初始样板，然后借助数字化仪或专用扫描仪导入到CAD系统，如图11-2-3所示。利用CAD工具修正好第一道样板，转入三维试衣系统虚拟缝制以进一步验证样板并修正，如图11-2-4所示。再转入2D系统整理后形成标准板，如图11-2-5所示，然后打印生产用样板，如图11-2-6所示。

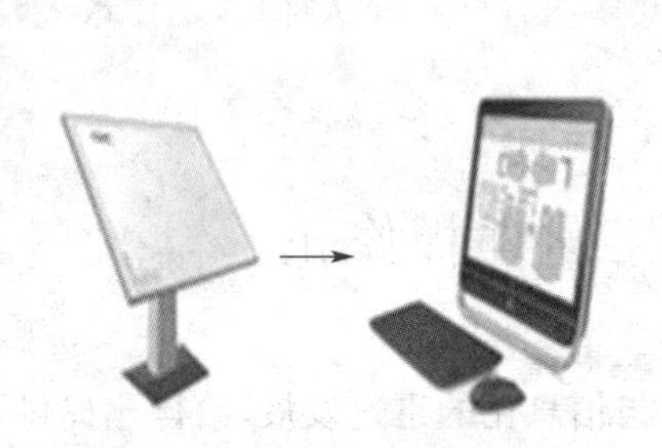

图11-2-3 数字化仪导入样板

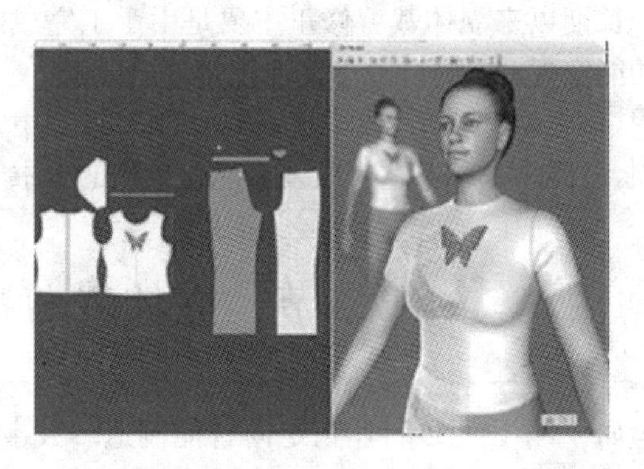

图11-2-4 三维虚拟缝制

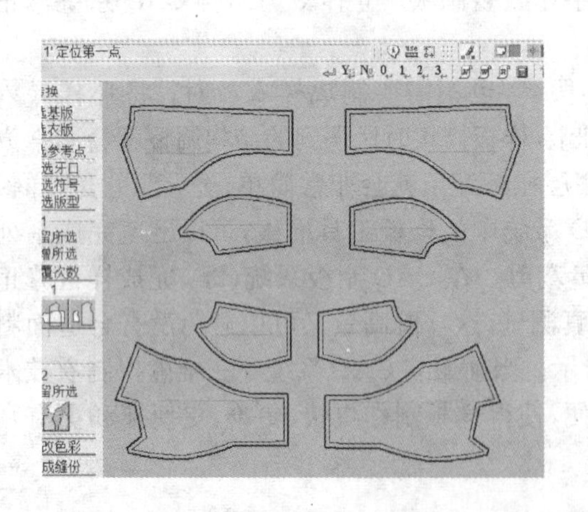

图11-2-5 CAD标准样板

图11-2-6 样板打印

二、立体裁剪数字化样板修正方法

CAD制板系统和三维虚拟试衣系统是一种高效制作样板的工具，是修正样板和实现数字化样板的平台。如何修正样板？需要制作者首先掌握样板制作原理、重点、难点等专业知识，其次能熟练操作2D、3D软件，能人机合一，高效地完成样板修正和制作。

在修正之前要全方位的了解该款式所要用到的面料的性能、工艺要求和人体特征以及运动规律等。因为不同的面料性能和工艺对样板的要求是不同的，包括缝缝等细节都不一样。因此，立体裁剪样板修正时需要把握以下几个基本原则：一是板型能反映款式风格与内涵，符合体形特征，满足人体运动功能；二是要符合样板基本属性，与面料性能、工艺等匹配；三是依据人体体型数据对样板进行局部处理。

立体裁剪数字化样板修正的具体操作方法如下：

（一）初始样板

从人台上卸下坯样修正结构线。由于立体裁剪是在人台上进行的，坯样缝合位置用大头针固定，难以保证各部位精确，会出现不自然的曲线凸凹，直线不直、拼接部位长短不一，部件造型不准确等问题，如图 11-2-7 所示。因此，需要在坯样上做一次修正，重点是线条，如图 11-2-8 所示。将所有部位重新画顺，使其线条流畅，再将所有零部件外形结构完善。简单的款式可以放好缝缝，修剪整齐，如图 11-2-9 所示。

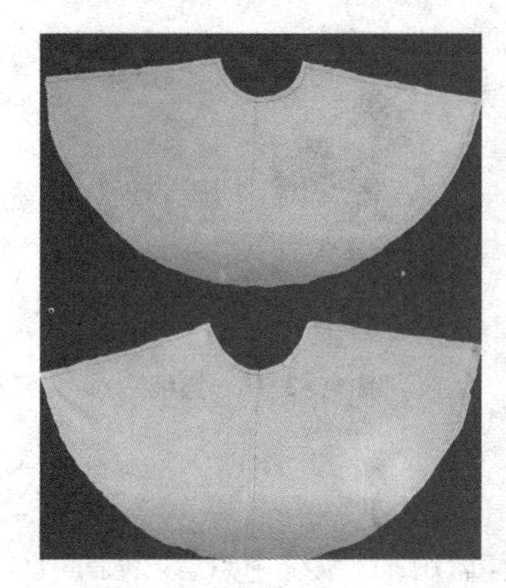

图 11-2-7　坯样

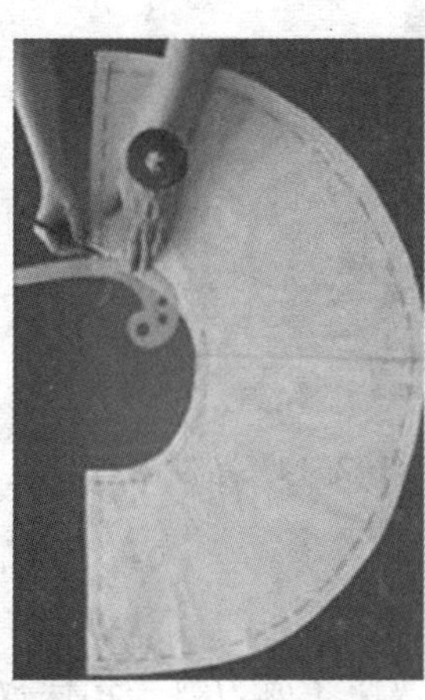

图 11-2-8　坯样修正

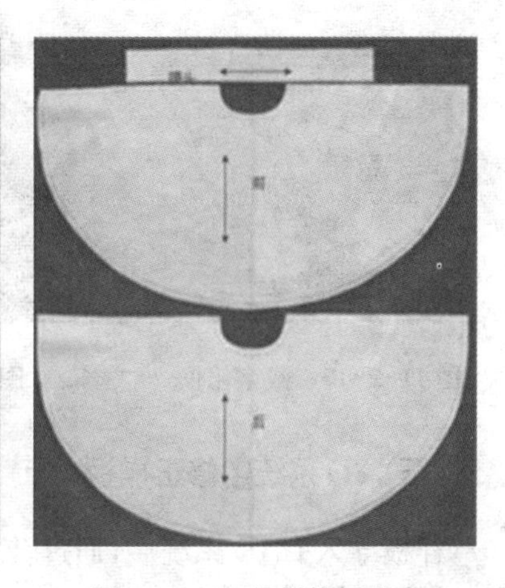

图 11-2-9　坯样修正完成

为了更有利于人台上面的造型方便和提高准确率，对于结构复杂的款式只要修正净缝线条，也不要急于加放松量，坯样导入 CAD 系统后，裁片缝缝、加放量，包括结构分割处理会更高效、便捷，如图 11-2-10、图 11-2-11、图 11-2-12 所示。

图 11-2-10　立体裁剪

图 11-2-11　坯样

图 11-2-12　CAD 坯样修正

（二）初始样板导入 CAD 制板系统

数字化初始样板导入有两种方法：三维仿真样板录入和二维导入（2D）。

三维仿真录入样板方法是，将样板直接放在仪器或者拍照系统下快速录入，然后使用 CAD 系统中工具，编辑、修正样板。这种方法高效，便捷，是发展趋势。

二维导入方法是，打开 CAD 系统，设置到描板状态，将初始样板固定在数字化仪（读图板）上，如图 11-2-13 所示。使用专用定位器，如图 11-2-14 所示，按照 CAD 系统中描板的方法逐个部位描入，如图 11-2-15 所示。描板重点是导入方法正确，描板完整，直线、弧线、标记等标注准确。目前普遍使用的是二维导入。

图 11-2-13　数字化仪

图 11-2-14　定位器

图 11-2-15　描板

（三）2D 系统中修正样板

样板导入 CAD 系统后，通过转换使之成为数字化样板，运用 2D 系统中点、线、圆等工具，进行快速编辑、修正。样板修正重点是：既要把握款式的风格，完善造型，又要考虑局部与整体的协调。同时，在细节处理上始终保持与面料性能、缝制工艺匹配。所有裁片都要配齐，包括面板、部件、定型板、里板、衬板等。

数字化样板修正主要包括以下几个方面：放松量修正、常规修正、与面料匹配修正、与工艺匹配修正。

1. 放松量修正

放松量指的是为了使服装适应人体的呼吸和各部位活动功能的需要，必须在净体数据的基础上，根据服装品种、款式和穿着用途，加放一定的余量。尤其无弹力的梭织面料制成的服装，大多数情况下需要有放松量。

放松量在裁片上加放主要有两种方法：

· 推移法（直接加放松量）

操作之前在胸宽、胸围处推出一定的放松量，并用大头针临时固定。这种方法需要立体裁剪操作者达到熟练程度，且有丰富的实践经验，即使这样，对袖子、裤片等部件还是难以处理，且不精确。

· 补入法（修正加放松量）

在立体裁剪坯样完成之后，样板修正时加放松量。在人台坯样造型过程中为了操作方便，提高准确性和追求型的完美，可以不加放松量。初始板导入 2D 后，通过计算将放松量加入相应的部位中，以保证加放松量的科学性和准确性。放松量计算方法是，用预先设定的成衣尺寸减去初始样板中相关部位的数据，即得到所需要的放松量，然后将放松量按比例分配到对应的部位中，如图 11-2-16、图 11-2-17 所示。

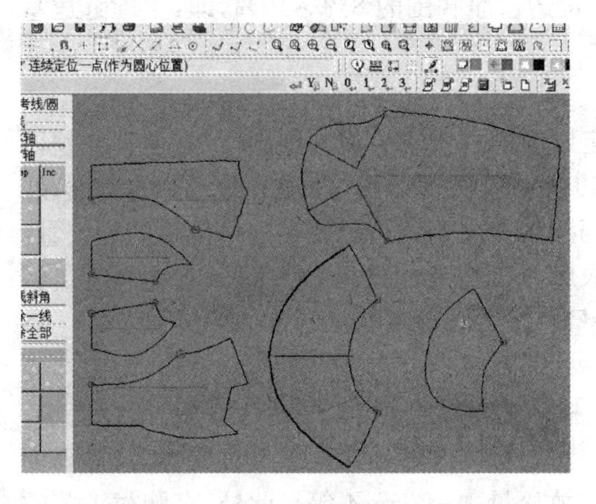

图 11-2-16　放松量分布

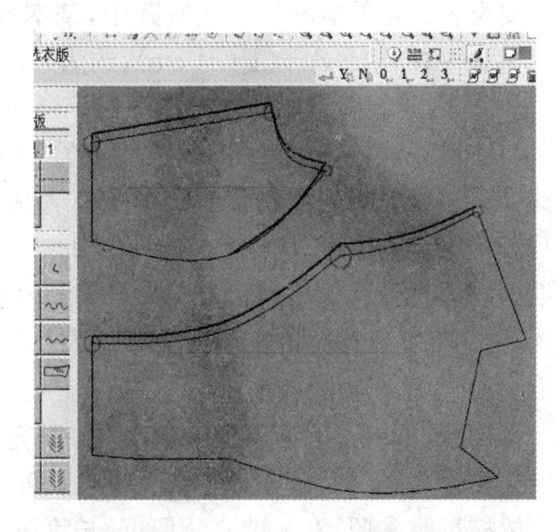

图 11-2-17　放松量完成

放松量的处理无论在人台上直接加放，还是在样板修正时加放都是有一定难度的，这也是立体裁剪的难点、重点之一。为了更好地完成这项工作，我们必须对放松量问题进行深入了解。

(1) 放松量的部位及形成

上装加放松量的部位有衣长、胸围、肩宽、领围、腰围、袖长，下装加放松量的部位有腰围、臀围、腿围。以上这些部位放松量加放后，与之相关联的部位也要随之增加，主要有胸宽、背宽、领圈、袖窿(夹圈)袖肥、袖山、横裆、中裆等。

放松量主要由人的正常呼吸量、内穿衣服的总厚度、不同地区的生活习惯、服装款式特点的要求、面料的性能和厚薄、工作性质及其活动量、流行与穿着要求等因素形成。

(2) 放松量的一般规律

① 生理舒适量(基本放松量)

根据肢体各部位活动的最大限度，裁剪时添加适度放松量。尺寸过大或过小都会影响穿着的舒适感。放松量少，在活动时会感觉衣服紧，有放不开的感觉，影响身体各部位活动范围。为了显示人体的身材曲线，裁剪时需要较少的放松量，但要考虑到人的基本姿态的运动与呼吸带来的人体缩胀，适度放松量尤为重要。

人在运动量较小时身体会发生局部变化，尤其是胸腔的变化，特别在打喷嚏时，需要足够的服装放松量。根据有关资料测得成人(净胸围为 84 cm)作深吸气时，胸围变化量为 0.9～4.8 cm，平均值为 2.1 cm；作深呼气时，胸围变化量为－1.0～0.2 cm，平均值为－0.8 cm。如考虑最小舒适量的内衣，其因呼吸而需要的舒适量，应以深吸气平均值减去深呼气时平均值。再考虑皮肤弹性的因素约为 1 cm 左右。因此，人体躯干部位最小的静态生理舒适量约为 4 cm 左右，约占净胸围的 4.7%。静态生理舒适量决定了人自身生理的活动，生理舒适量是随着人的发育过程不断变化的，学生时期的变化尤为明显。人体肢体的运动会带动身体其他部位运动，如举胳膊的同时会带动胸部与锁骨、肩部的变化，这样就会带动袖下摆上提，领口倾斜，袖窿伸展，胸部堆褶。由此可以看出，人体除了静态生理舒适量应加放松量之外，运动时的动态生理舒适量也是非常重要的。

为满足人体的基本生理要求如呼吸、皮肤弹性、手臂与躯干的适度活动等基本动作而需要设置一定的放松量。在实践中，基本放松量约占净胸围的 8%～10%，即：生理舒适量＝(8%～10%)×净胸围(84 cm)，约为 8 cm 左右。

② 内穿衣服后所需放松量

在设计服装成衣尺寸时，考虑到穿着一定厚度的衣服时会使其围度增加，通常会预留该件服装着装时内穿衣服所需的量。人体围度类似于圆形形状，内圆表示人体的围度，外圆表示服装的围度，两圆之间有一定的空隙，两圆周长之差就是服装在这一部位的放松量。根据圆周长计算方法，我们不难推算出内层衣物厚度需要的放松量＝2π×衣物厚度。例如，内穿 0.5 cm 厚的羊毛衫，则内层衣物放松量＝2π×衣物厚度(0.5 cm)，约为 3 cm。

③ 有填充物的放松量

棉袄、羽绒衫等通常都有填充物，而充绒、棉后面料就会隆起，使裁片变短、围度变小。填充物越多厚度就越厚，围度会更小，长度就更短。所以这部分的放松量也要考虑，计算围度放松量时参照：2π×填充物厚度，长度可增加放松量 1～3 cm 不等。此外，有胸衬工艺的服装也要考虑衬的厚度对放松量的影响。

④ 造型所需要的放松量

除了基本放松量、内层衣物及衣料厚度的放松量之外，还要考虑款式造型的需要，在此基础上对放松量增加或者减少，以形成不同的外观廓形。在不考虑面料质地的情况下，以女装为例，胸围加放松量 6 cm 时，为贴体型；加放松量 10 cm 时，为合体型；加放松量 15 cm 以上时，为宽松型。当流行合体服装时，可以考虑适当加放松量少些，反之则多些。

(3) 常规服装的基本放松量

常规服装无论款式还是尺寸已经约定俗成，被大部分人所接受。它们的胸围放松量的加放为我们提供了有价值的参考。掌握常规服装放松量，并以此为依据可以快速推算出相近款式的放松量。

① 女式衬衫：一般收腰的贴身的衬衣，胸围的放松量在 6～8 cm，腰围的放松量在 8～10 cm。

② 女式套装上衣：现在很多人喜欢穿收腰的上衣，这种上衣通常只考虑内穿一件衬衣，胸围加放松量比衬衫略多一点，8～10 cm 即可，肩宽加放 1～2 cm。

③ 女式长裤：裤子的腰围通常都是合体的，只需加放 2 cm 即可，但是现在很多人喜欢穿低腰的裤子，所以要测量低腰位置的周长，一般取腰围线到臀围线三分之一的位置。以低腰位置的围度加放 2 cm，而不是以腰节部位围度加放。合体牛仔裤的臀围放松量是 1～2 cm，如果面料有一定弹性，臀围还需要减去 2 cm。合体西裤臀围的放松量是 4～6 cm。

④ 裙子：腰围与裤子的放松量一致，臀围的放松量是 2～4 cm。

⑤ 女式大衣：胸围的放松量是 12～16 cm，肩宽的放松量是 2～3 cm，视款式合体还是宽松适当增减。

⑥ 合体女式无袖连衣裙：胸围的放松量是 4～6 cm，腰围的放松量是 4～6 cm，臀围的放松量是 2～4 cm。

⑦ 男式西装：胸围放松量是 12～16 cm，腰围、下摆与胸围相同。

⑧ 男衬衫：胸围放松量是 12～16 cm，腰围、下摆与胸围相同。

⑨ 男夹克：胸围放松量是 16～20 cm，腰围、下摆与胸围相同。肩宽视款式具体情况加放。

以上是采用梭织面料制作服装的各部位基本放量，对于针织面料制成的服装加放量也要有所了解。

① 含有弹性成分的面料：上衣胸围加放 2 cm；裤子净臀围减少 2 cm。

② 弹力针织面料：上衣净胸围减 6 cm；裤子净臀围至少减 6 cm。

③ 毛衣：休闲毛衣净胸围加放 4～8 cm；紧身毛衣净胸围至少减 4 cm。

2. 板型修正

(1) 样板尺寸、造型修正

影响尺寸准确的几个因素如下：

① 人台不标准，以及人台上标识线不准确会影响尺寸。人台质量参差不齐，虽然在造型前经过补正，但是难免有考虑不周到的地方，会导致尺寸偏差。

② 标识线位置不准，影响尺寸。在造型中许多部位定位需要借助于人台上的标识线，标识线位置的偏差、精确度不够，也会影响尺寸。

③ 放松量的加入影响其他部位尺寸，放松量一般加放在控制部位上，与之有联系的部位尺寸也要随之变化。

④ 结构分割影响尺寸。弧线分割时为了线条美观，可能会剪切掉一定的量，这部分的量需要补足。

修正方法如下：

对照尺寸表中各部位数据，逐个裁片测量并核对样片，如果有偏差及时调整，如图 11-2-18 所示。将放松量加入后，重新确定各个部位的位置，结构分割完成后，再次校对尺寸并修正线条。最后对整体造型做一次完整修正，如图 11-2-19 所示。

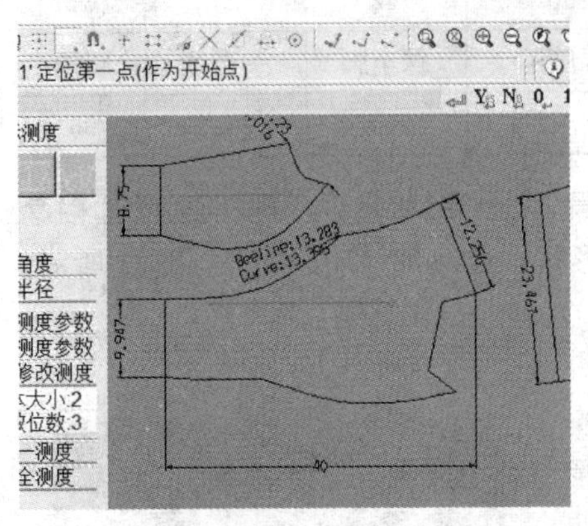

图 11-2-18　核对各部位数据

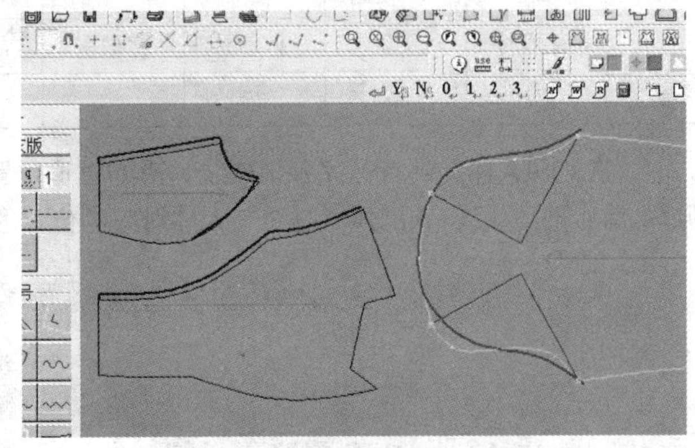

图 11-2-19　修正结构线

(2) 样板结构修正

结构设计是服装工业样板的重要组成部分和核心，也是制板过程中最复杂的环节。立体裁剪的优势在于服装表层结构设计的直观性和准确性，但是在底层结构的配伍以及裁片分割方面难度较大。立体裁剪需要立体塑型与平面结构修正相结合，才能达到最佳效果。CAD 技术卓越的样板编辑能力，可以高效地解决平面修正时所遇到的一切问题。

① 结构整体修正：对照款式风格与内涵，结合当前流行趋势，针对结构整体审视与调整，尤其是对款式结构有较大影响的腰节、中裆和袖窿等部位作移位修正，使整体结构符合

当下流行趋势。

② 局部修正:局部修正是样板技术含量较高的一项工作,局部结构往往会影响整体效果。局部修正首先需要对照人体基本数据,对坯样局部结构进行修正。用于立体裁剪的人台与人体往往有一定的差异,使用前需要对人台进行补正。但是在实践中经常是直接选用人台,而不加以补正,这样制作完成的坯样与人体必然存在差异,所以对照人体数据表进行坯样局部结构修正非常必要。人体各部位数据对照表如表 11-2-1、表 11-2-2 所示。

表 11-2-1　女子人体各部位净体数据(160/84A)

单位:cm

部位	胸围	腰围	臀围	腕围	颈根围	颈围	背宽	胸宽
数据	84	68	90	16	36	33.6	33	31
部位	肩宽	腰围高	乳高	乳宽	臂长	前腰节	股长	腰至膝
数据	38	98	24.6	18	50.5	39	24	55.5
部位	肩至肘	头围	上臂围	臂根围	膝围	踝至脚	头至颈	腿围
数据	29.5	56	28	37	36	7	24	55

表 11-2-2　男子人体各部位净体数据(170/88A)

单位:cm

部位	胸围	腰围	臀围	腕围	颈根围	颈围	背宽	胸宽
数据	88	74	90	18	40	36.4	36	35
部位	肩宽	腰围高	乳高	乳宽	臂长	前腰节	股长	腰至膝
数据	43	103	25.5	18	55.5	42	24	61
部位	肩至肘	头围	上臂围	臂根围	膝围	踝至脚	头至颈	腿围
数据	31	58	30	40	38	8.5	25.5	56

其次对照人体局部特征完善结构线。诸如省道位置、大小、形状是否合理,前后裤片裆弯弧线、前后袖窿弧线、领圈弧线是否与人体对应的位置形状一致,如图 11-2-20、11-2-21 所示。

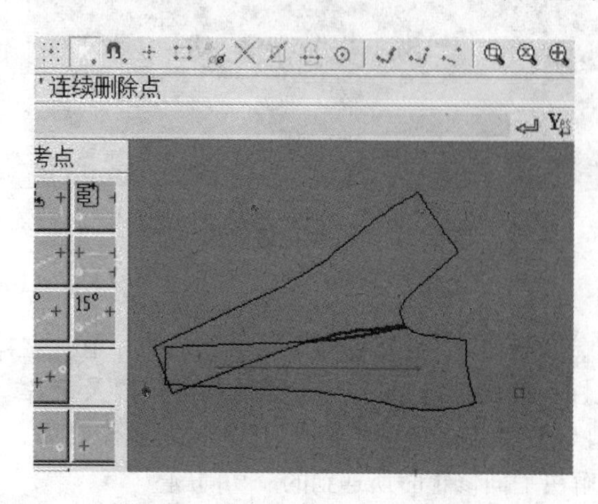

图 11-2-20　裤片前后裆弯弧线对接

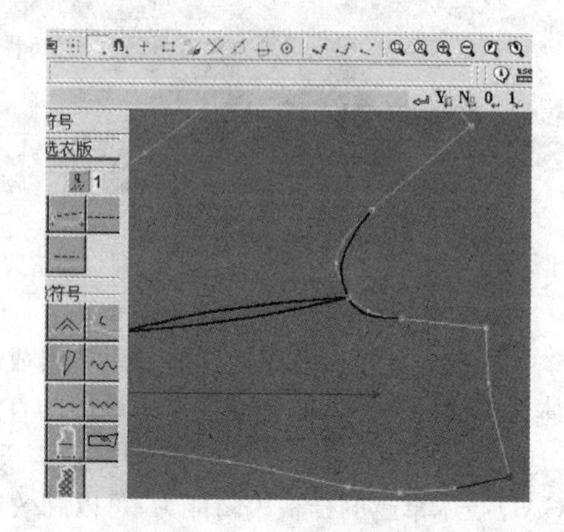

图 11-2-21　裤片裆弯弧线修正

此外,由于人台上操作的局限性,对于复杂的局部分割,需要在平面上再作技术处理。

例如，后裤片育克分割处理：将坯样扫描到 CAD 系统中，如图 11-2-22 所示。先在后裤片腰部画好育克位置，需要位置、走向、形状、大小与款式要求一致，如图 11-2-23 所示；然后在腰围线上设置省道，最后将腰省转移至分割处切开，如图 11-2-24 所示；修正育克形状并放好缝缝，如图 11-2-25 所示。

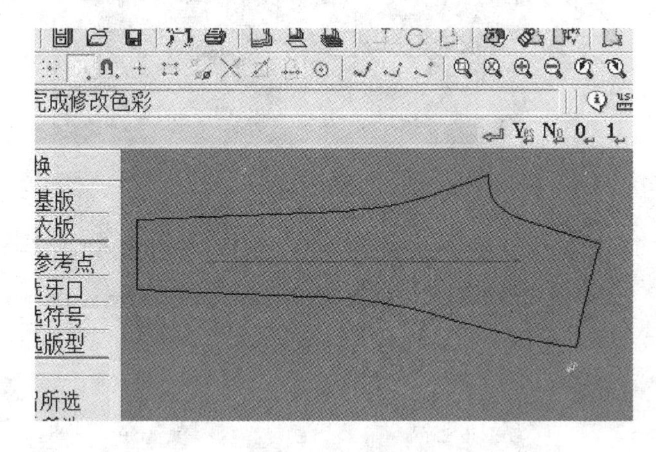

图 11-2-22　后裤片

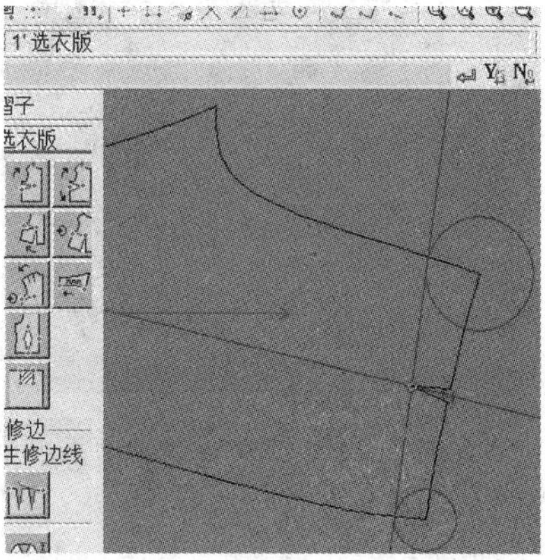

图 11-2-23　确定育克位置

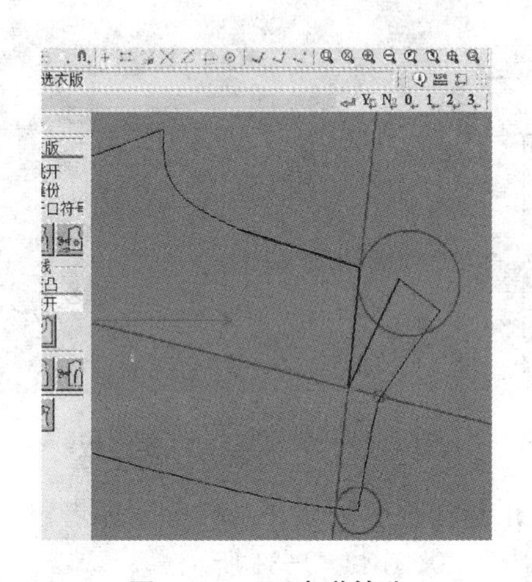

图 11-2-24　省道转移

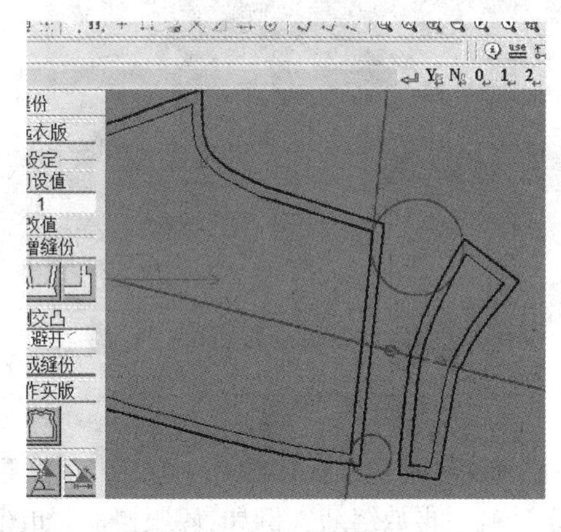

图 11-2-25　分割育克

③ 放松量加放后结构修正：放松量加放后会影响到原来的结构，需要对与之有关联的部位进行结构修正。例如，前裤片臀围部位增加放松量后，会导致烫迹线位置的移动，需要对前片结构作整体调整；上装胸围放松量加入后，袖窿结构会产生变化，袖山弧线结构也要随之调整。

(3) 样板部件修正

部件是服装的重要组成部分，分布在服装的表层、夹层和底层。有些部件在人台上制作难度大，甚至无法操作。一般表层部件样板通过粗裁后在人台上制作成型，夹层或者底层部件样板是在平面状态下，通过裁配、复制、分割或者单独绘制完成。部件样板要求精度高，需要反复比对修正，两层结构的部件还需要制作里板和定型板。

表层部件样板多数是两层结构，在 2D 中通过修型、比对、复制等步骤完成面板修正。如果部件两层所使用的面料丝绺不同，还需要修正里板。为了提高缝制板时的效率和精准度，通常还需要制作部件定型板。例如，西服领样板制作，如图 11-2-26、图 11-2-27、图

11-2-28、图 11-2-29 所示。

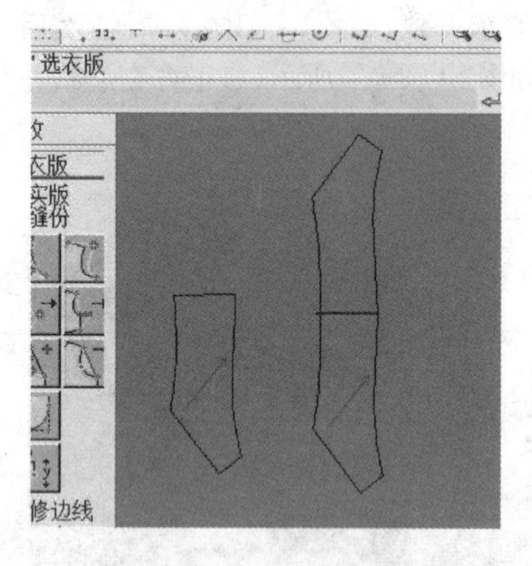

图 11-2-26　领面定型板

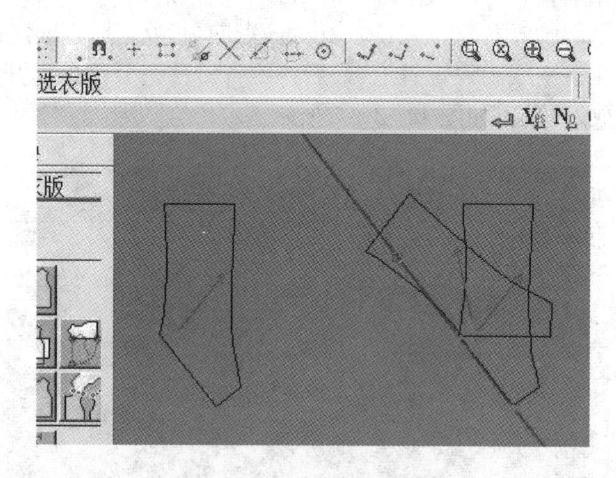

图 11-2-27　领里定型板

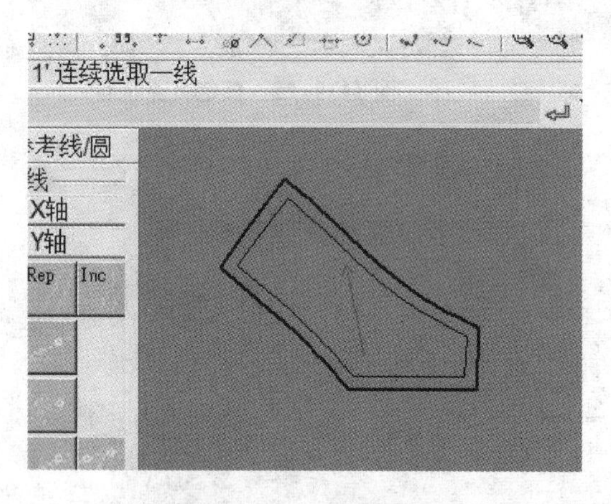

图 11-2-28　领里毛板

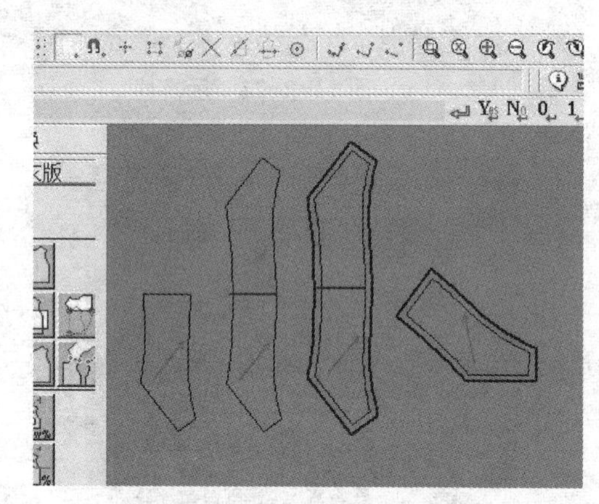

图 11-2-29　领面、里、定型板

夹层和底层部件样板多数是单层结构，需要在正身样板上配伍、复制、分割或者单独绘制，修正准确后再放缝缝。例如，西服褂面，如图 11-2-30、图 11-2-31 所示。

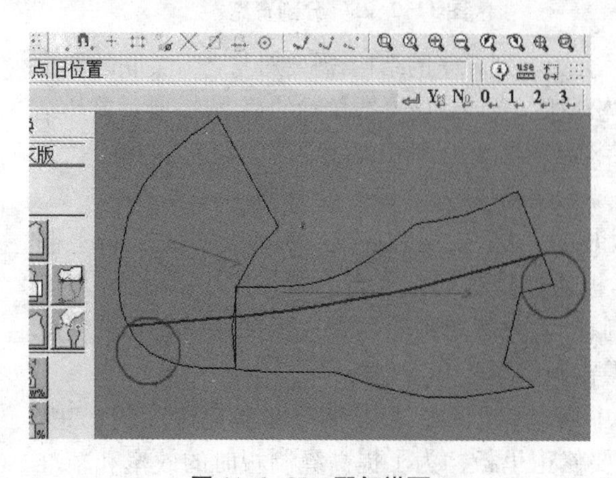

图 11-2-30　配伍褂面

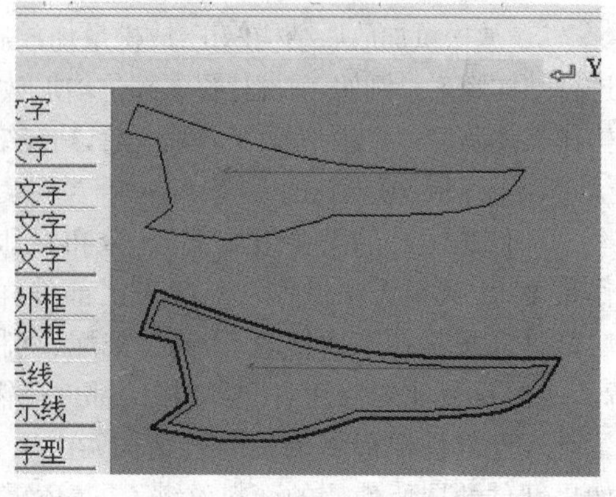

图 11-2-31　褂面面板、定型板

(4) 拼接部位修正

拼接部位主要有:直线拼接部位、弧线拼接部位、不规则拼接部位。一般来说,需要拼接的部位长度是相等的,但是,在拼接时为了满足人体特征或者缝制的需求,有些部位长度不需要相等。例如,对某一裁片作归拔、处理,“拔”的那个部位要加长。类似的情况很多,如大袖片侧缝长于小袖片侧缝,后肩缝长于前肩缝,如图 11-2-32 所示。裤子下裆缝后片长于前片,如图 11-2-33 所示。裤片腰围总和大于腰头长度;上装的领子长度小于领围,袖山弧线长度根据款式造型需要大于、等于或小于袖窿弧线长度等等。

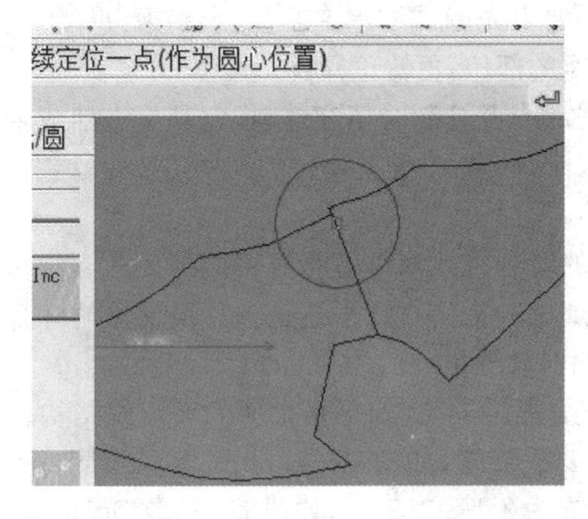

图 11-2-32　后肩长于前肩

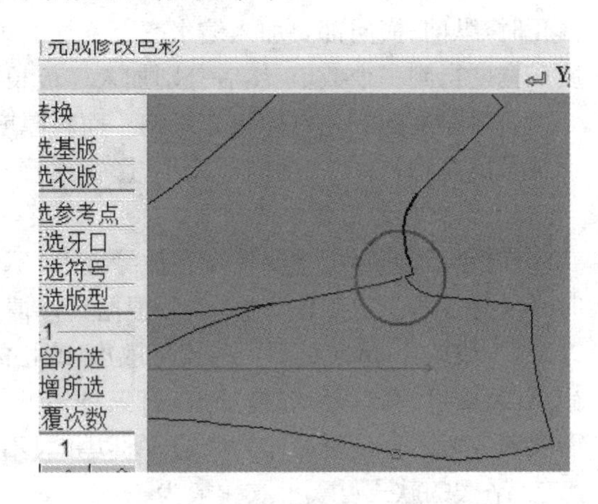

图 11-2-33　后裆缝长于前裆缝

(5) 特殊的部位修正

面料的斜丝、横丝方向具有较强的弹性,缝制过程中容易拉长或缩进,会造成拼接部位长短不一致,在样板修正时需要预先减扣或者放出,才能保证缝制质量。例如,裤片、裙片的腰围线与腰头缝合时会收缩,所以需要在每一片腰围上增加 0.3～0.5 cm 的预缩量,才能保证腰头与裤腰的缝合;上装的肩部是斜丝,缝制时会拉长,从而造成肩的尺寸变大,所以需要在肩端点处减扣 0.3 cm 左右,并重新画顺袖窿弧线,如图 11-2-34、图 11-2-35 所示。此外,面料弹性较强的,尤其是双面弹面料,在缝制时需要加装牵条,或者做结构处理。

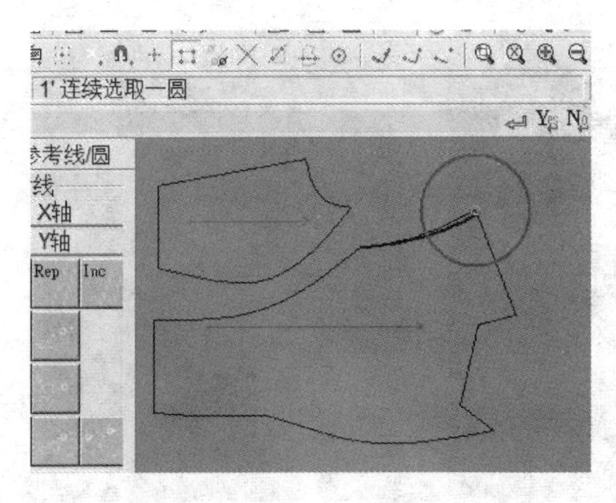

图 11-2-34　前肩端点减扣

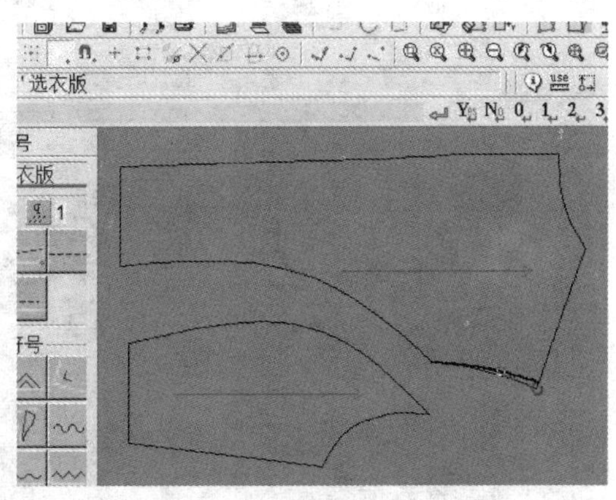

图 11-2-35　后肩端点减扣

3. 样板与面料匹配度修正

立体裁剪坯样通常使用的是坯布，与实际制作成衣的面料往往有较大差距。质地性能稳定的面料裁剪后一般不会变形，在样板修正时不需要考虑面料性能。

悬垂感强、柔软轻薄的面料对样板要求高。在没有裁床的情况下，这类面料裁剪后容易变形，样板修正时需要修正易变形部位的形状，以弥补面料性能对样板的影响。例如，裤片样板，需要修正脚口形状，调整裤中线位置，调整前后裆弯弧线弯度。

天然纤维面料如果没有进行预缩处理，而是制成成衣后水洗再处理的情况下，在样板修正时，纵向、横向都要加入缩水率。增加的量需要事先测试缩水率，用缩水率乘以样板长度或宽度得到一个数值，然后分别加入样板长和宽的部位，再修正样板。

面料厚度的变化对样板有影响。面料厚度增加或者缝制时填充辅料，尤其是夹棉或者羽绒等填充物，会使围度内径变小，影响穿着。因此，袖窿、袖肥等部位的结构需要再修正。

4. 样板与工艺匹配的修正

样板与工艺匹配主要体现在放缝缝上，不同的缝合方式对缝缝量有不同的要求。修正时必须先了解工艺制作方法，然后根据具体情况加放缝头。直线平缝是一种最常见的缝合方式，一般放 1 cm。对于一些较易散边、疏松的面料放缝量一般为 1.2 cm。服装的底边(衣裙下摆、袖口、裤口等)缝缝加放，有三种情况：一是密拷工艺，如果是很薄的而组织结构较密实的可考虑直接密拷作为收边，所以一般不需要放缝缝，如图 11-2-36 所示。二是明线工艺，平摆的款式夏天上衣一般为 2～2.5 cm，冬衣为 2.5～3.5 cm，如图 11-2-37 所示。有弧度的下摆和袖口等一般为 0.5～1 cm。三是撬边工艺，裤子、西装裙底边通常是撬边工艺，一般放 3～4 cm，如图 11-2-38 所示。

特殊的部位会影响样板缝缝，一般情况下拼接缝弧度较大的地方放缝要窄，如袖窿、领窝线等处。因为弧线部位缝缝太大，烫倒缝头后会产生皱褶。对于缝制过程中需要做二次清刀的部位，缝头适当多放点，例如衬衫领子和领圈的放缝还是为 1 cm，缝制后统一修剪领窝线为 0.5 cm。这种处理方法既可以使领圈部位平服，又有利于提高生产效率，同时也提高了产品质量。需要预备缝的地方缝缝要多放些，如西裤后片捆势线的放缝，后腰至后臀围部位缝缝是 2.5 cm，上衣背缝可放 1.5～2 cm 等。

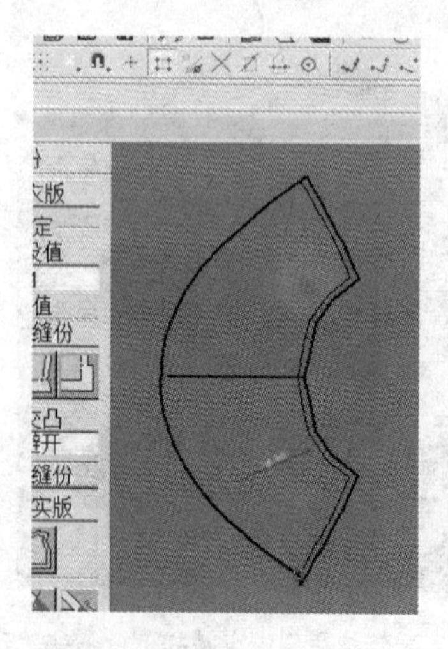

图 11-2-36　不放缝缝

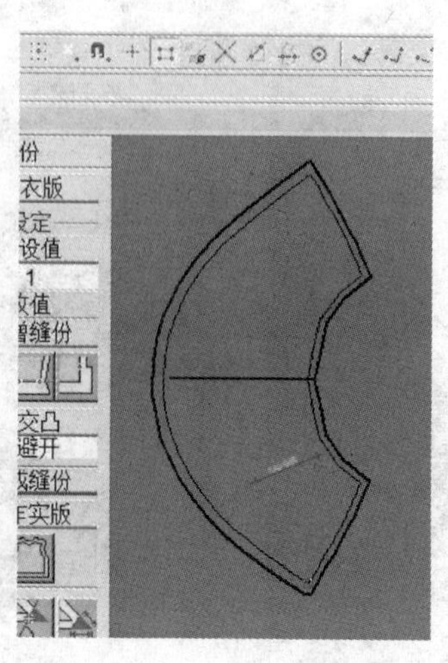

图 11-2-37　适当放缝缝

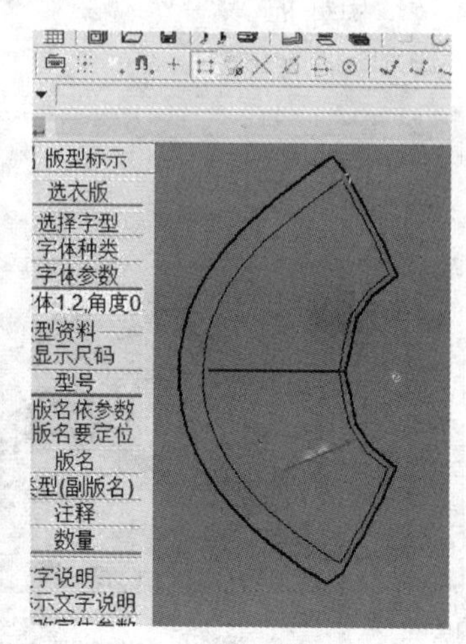

图 11-2-38　较宽缝缝

特殊工艺的部位也会影响样板缝缝。例如，牛仔裤的侧缝、内缝和后中缝常用的缝合方式是包缝的做法，需要注意前幅包后幅还是后幅包前幅，用于包的一片缝缝通常大些，约1.2 cm，被包的另一片缝缝约为0.6～0.8 cm。

5. 编辑样板

修正完成后，按照裁片数量要求进行同方向或对称复制，并摆放整齐。然后输出样板，裁剪、假缝，对有问题的部位再次修正。此外，在面板的基础上配伍里板和工艺样板。最后运用CAD工具编辑样板，使样板种类、数量、部件完整，符号、文字标注规范，达到工业样板要求，如图11-2-39所示。

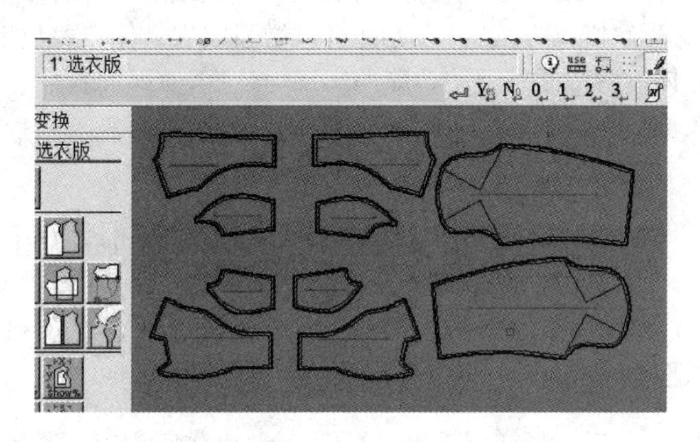

图11-2-39 样板修正完成

综上所述，立体裁剪在人台上面的制作主要是完成了款式造型设计、结构设计。要达到工业样板的要求，还需要修正。样板修正这一环节比较复杂，涉及诸多要素，需要对款式结构、局部、缝缝等做调整，还需要配伍其他部件。如果使用手工方法，会遇到很多困难。导入CAD系统后，放松量的加放、结构的调整，部件、里料的配伍以及缝缝加放等要素修正显得非常方便和快捷。立体裁剪引入二维技术进行修正后，强大的智能化平台和功能会极大地提高立体裁剪的效率，使得这一裁剪技术优势更加明显，对于我国普及立体裁剪技术和提高服装业智能制造水平将会产生重要的影响。

【思考题】

1. 数字样板修正的步骤是什么？
2. 服装放松量在加放时，需要考虑哪些要素？
3. 样板修正的主要内容是什么？
4. 面料性能、工艺要求对样板修正有哪些影响？

第十二章　立体裁剪数字化修正实例

章节提示：本章列举的案例主要是常规的日常装和礼服，通过大多数人所熟悉的款式讲解，一方面能快速理解修正方法，另一方面可以增强成衣立体裁剪数字化修正的应用能力。在修正中以人体体型特征和运动功能的实现为依据，兼顾面料性能和工艺要求，分析各个控制部位和关键点的修正方法，力求达到举一反三的目的。

第一节　一步裙立体裁剪数字化修正

一、一步裙坯样扫描

将一步裙前片、后片净缝坯样扫描入 CAD 系统。立体裁剪时不需要加放松量，放松量在修正时加入会更合理、更准确，腰头等部件也不需要在人台上预先制作，可以在系统中直接配伍，如图 12-1-1、图 12-1-2 所示。

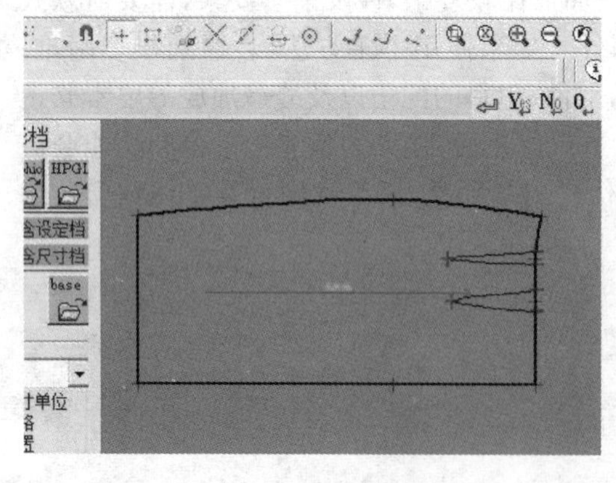

图 12-1-1　净缝前片

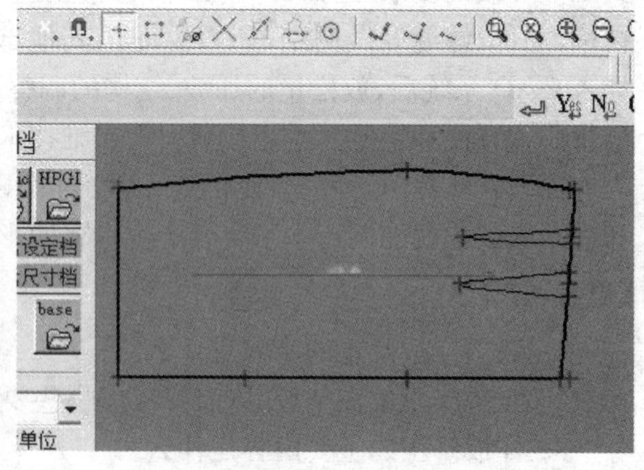

图 12-1-2　净缝后片

二、坯样修正

一步裙坯样需要修正的地方有：腰部结构，省的大小、位置及长度，放松量加入后结构线调整、后衩设置、腰头等。

1. 放松量加放修正

放松量在坯样制作完成后加放需要考虑两种情况：一是人台被补正成标准人体；二是人台未经补正。第一种情况下，根据成品尺寸减去净样（坯样实际尺寸），然后按比例分配在主要裁片中，如表 12-1-1 所示。

表 12-1-1　一步裙坯样与成衣尺寸对照表　单位：cm

	裙长	腰围	臀围
坯样尺寸	51	66	90
成品尺寸	50	68	94
差值	1	−2	−4

人台上坯样腰围 66 cm、臀围 90 cm，一步裙成衣尺寸是腰围 68 cm、臀围 94 cm。一般裙片分为 4 片，因此，每一片腰围加放松量 0.5 cm，臀围加放松量 1 cm，如图 12-1-3 所示。

第二种情况下，根据给定成衣尺寸减去净样(坯样实际尺寸)，然后按比例分配在主要裁片中，假设：未经修正的人台腰围 64 cm、臀围 88 cm，一步裙成衣尺寸是腰围 68 cm、臀围 94 cm。通常裙片分为 4 片，因此，每一片腰围加放松量 1 cm，臀围加放松量 1.5 cm，如图 12-1-4 所示。

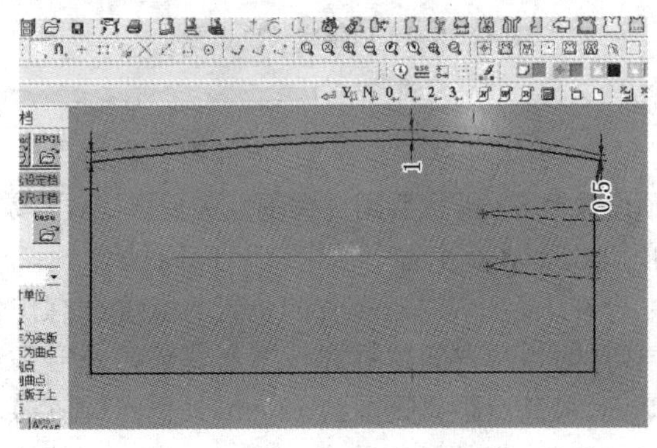

图 12-1-3　放松量加放

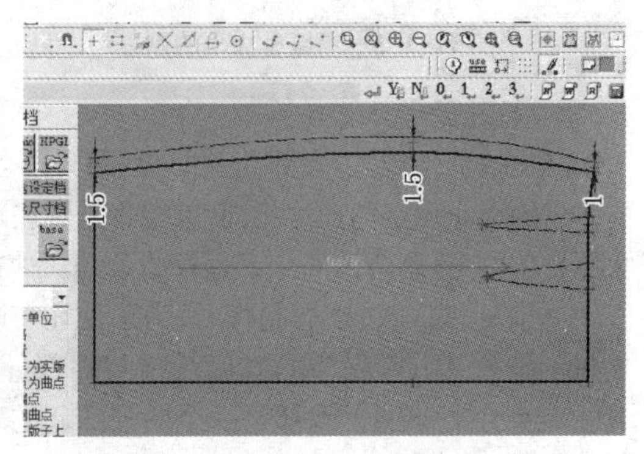

图 12-1-4　放松量加放

2. 前片腰部结构修正

由于立体裁剪坯样在制作时，为了腰、腹部平服，通常会折叠 2 道省，然而当下流行的一步裙款式前腰围只需 1 道省，甚至没有省(低腰情况下)，因此需要将裁片中的“省”调整为 1 个；在立体裁剪时，省道的位置一般不会设置得很精确，根据常规要求需要将省道位置调整至前腰围中点，腰围、侧缝结构线需要重新绘制。

(1) 前片腰省大小的修正

根据款式要求，侧缝线向内移动，将坯样前腰省合并成 1 个。省量的大小需要重新设置，计算的依据是保持腰臀差在合理的区间，使腰臀差不大于 2.5 cm($\tan 8° \times 18 \approx 2.5$)。

修正方法是：将腰臀差预设成 2.5 cm，用前臀围减去前腰围再减去腰臀差，剩余的部分就是省的量。一般情况下，单个省的量约为 2.5 cm 左右。如果省的量超过了 2.5 cm，需要再次调整结构，通常减少前臀围的量，加入后片中，或者加大前腰围的量，减少后腰围。总之，将结构调整至最佳状态，尽可能使裁片与人体外形吻合，如图 12-1-5 所示。

(2) 前片腰省位置、长度的修正

在坯样制作时，为了使坯布贴合在人台上，对省的位置与长度没有作精确的定位，因此，做成成衣后往往与腹部外形不吻合。省的位置和长度与腹部的外形是紧密联系在一起的。腹部是一个球面隆起的形状，最高点距离腰围约 13 cm，最低点(基点)离腹高点约

4 cm，根据省尖设置在基点上为最佳原则，即腹高点(13 cm)减去基点(4 cm)得到省的长度，约为 9 cm 左右。省的位置设置在前腰围中点上，如图 12-1-6 所示。

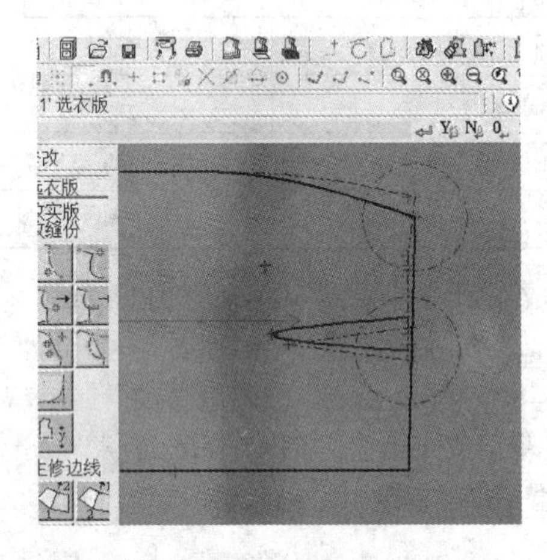

图 12-1-5　前腰省大小的设置

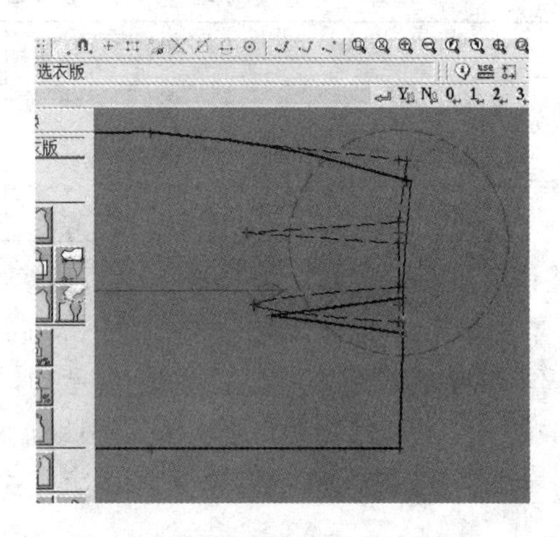

图 12-1-6　前腰省长度设置

3. 后片腰部结构修正

从人体后部观察，臀部凸起明显，腰臀落差较大，为了使这部位平服，腰部需要设置 2 个省。省的大小设定与前片相同，首先将腰臀差预设成 2.5 cm，然后用后臀围减去后腰围，再减去腰臀差的量，剩余的部分就是省的量，最后均匀地分配在 2 个省中，如图 12-1-7 所示。

与前片一样，在坯样制作时，为了使坯布贴合在人台上，对后腰省的位置与长度没有作精确的定位，因此，做成成衣后往往与臀部外形有偏差。省的位置和长度与臀部的外形是紧密联系在一起的。臀部是一个向外凸起的球面，最高点距离腰围约 18 cm，最低点(基点)离臀高点约 7 cm，根据省尖设置在基点上为最佳原则，省的长度约为 11 cm 左右。省的位置设置在后腰围三等分处，如图 12-1-7 所示。

由于女子体型特征是臀部凸起上翘，背部后倾下压，裙子后片腰部受体型上下挤压会出现余量，因此，后腰围线需要适当降低，如图 12-1-8 所示。

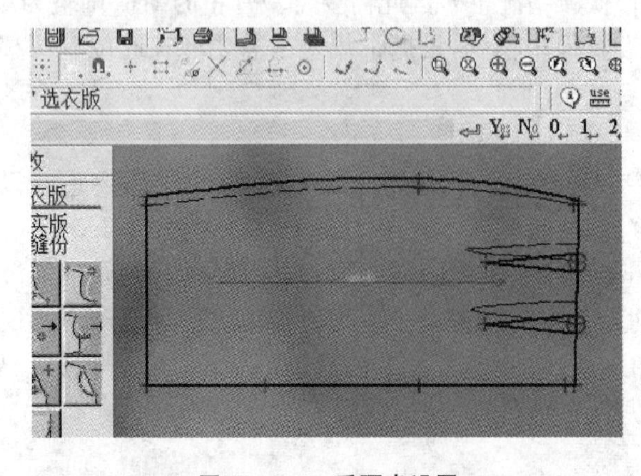

图 12-1-7　后腰省设置

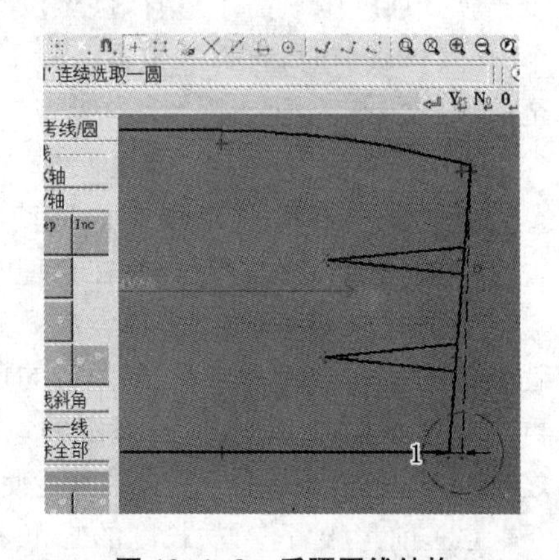

图 12-1-8　后腰围线结构

4. 后衩修正

开衩主要是为了满足人的运动功能。坯样通常是在人台上制作的，很难模拟人的运动状态，因此，衩的位置就很难确定。这种情况很常见，所以，需要通过对人的运动规律进行分析，才能找到比较准确的位置。

我们对同一个人腿部在两种运动状态下的围度进行测试，当人跨出一步时，两条腿就会形成一个交叉点，在交叉点上下各取三个位置测量，并获得一组数据。然后使人保持立正状态，在相对应的部位测量，又会获得一组数据。通过两组数据比对，我们发现，在腿部交叉点上方两组数据几乎相等。在交叉点下方，两组数据有了比较大的差距，跨出一步时几个部位围度明显大于立正状态下相同部位的围度。测量结果表明，当裙摆围度较小时，会影响人的走动，需要开衩，衩的最佳位置就在两条腿的交叉点。经过进一步测量，交叉点距离腰围线约 36 cm。通过以上分析，我们将一步裙后衩位置设置在距离腰围线下方 36 cm 的地方，再修正出衩的完整形状，如图 12-1-9 所示。

5. 配伍零部件

一步裙零部件只有腰头，立体裁剪中非主要部件通常在修正时单独绘制，腰头也不例外。根据腰部特征，腰头应该呈现为上口长度小于下口的弧形形状，如图 12-1-10 所示。

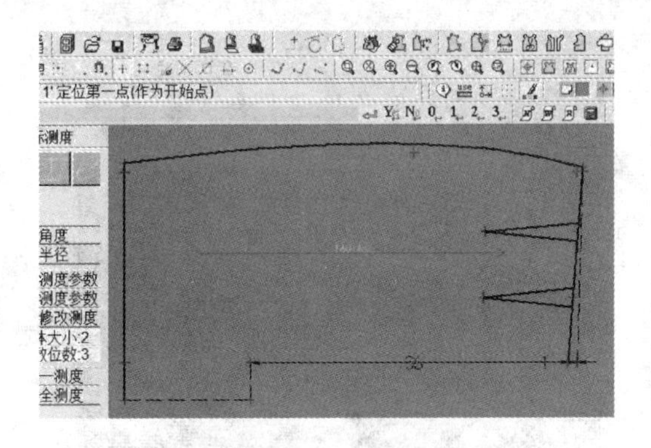

图 12-1-9　后衩位置修正

图 12-1-10　腰头样板修正

6. 样板后整理

充分考虑款式、面料性能、工艺要求等放缝缝，同时，在各个裁片上做好标记、符号、线条、文字等必要的样板说明。最后打印、裁剪、假缝，并再次验证样板，如图 12-1-11、图 12-1-12 所示。

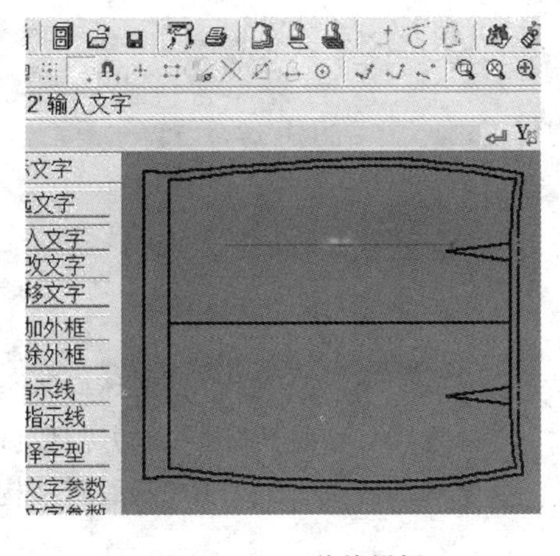

图 12-1-11　前片样板

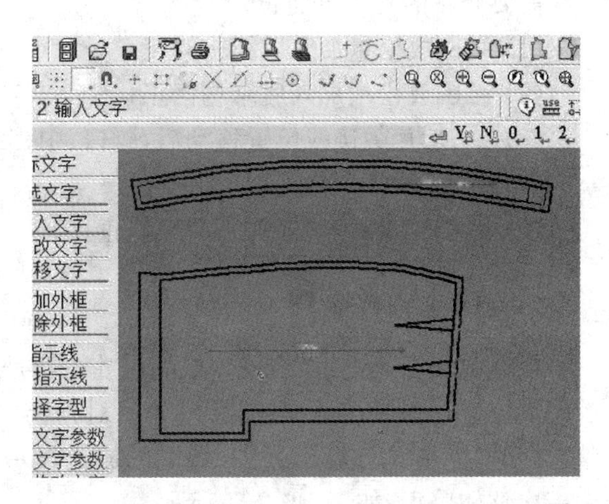

图 12-1-12　后片、腰头样板

第二节　女裤立体裁剪数字化修正

裤子立体裁剪并不常见，原因是多方面的。一是制作难度比较大；二是对模型要求高，国内现有的下肢模型与人体体型差距比较大，补正比较困难；三是需要修正的部位比较多，技术要求高。但是，裤子使用立体裁剪也有其优势，它能快速制作成基本结构；同时，可以在其基础上很直观地进行多种款式变化和结构设计，无论夸张的造型，还是复杂结构分割、部件位置的确定，都有较大的优势。因此，裤子的立体裁剪与修正也有必要学习。本节将对基本型修正成女西裤进行讲解。

一、女裤坯样扫描

将女裤前片、后片净缝坯样扫描进 CAD 系统。该款式在人台上制作时不建议加放松量，如图 12-2-1、图 12-2-2 所示。

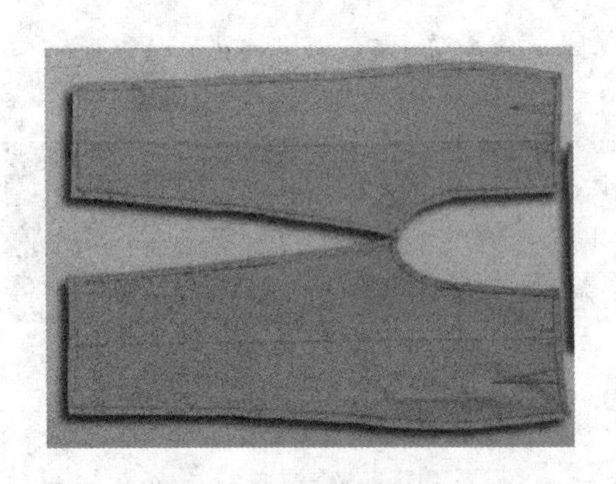

图 12-2-1　前后裤片坯样

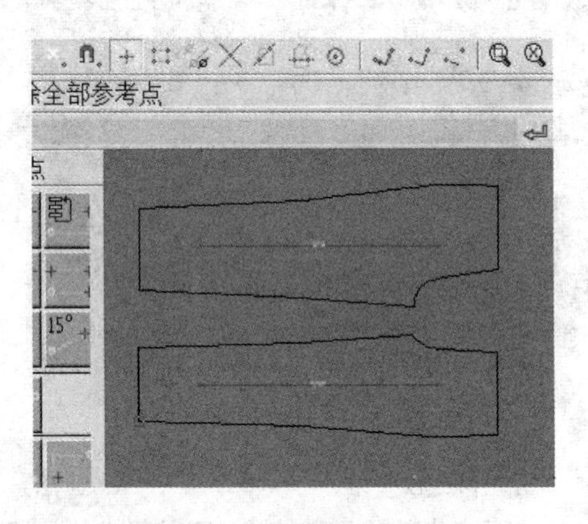

图 12-2-2　前后裤片描板

需要修正的几个方面：

(1) 臀围放松量加入后结构修正；

(2) 腰围放松量加入后结构修正；

(3) 前、后片烫迹线位置移动后，脚口、中裆结构修正；

(4) 前、后片裆弯修正；

(5) 后裆缝线斜度(捆势)、起翘修正。

二、修正廓形结构

根据服装工业化生产要求，成品尺寸一般是预先设计好的。在修正时首先将坯样各个控制部位进行测量，然后与成品尺寸比对，就会很清楚地看到裤片廓形在哪些地方需要调整。同时，能清楚计算出腰围、臀围的放松量，并将它按比例加放到前后片中，然后对结构做一次整体修正，如表 12-2-1 所示。

表 12-2-1　坯样、成品比对(160/68A)　　单位:cm

	裤长	腰围	臀围	前脚口	后脚口	前中裆	后中裆	股上长
坯样尺寸	92	68	90	19	20	21	22	26.5
成品尺寸	94	70	96	18	22	20	24	24.5
差值	−2	−2	−6	1	−2	1	−2	2

从测量结果来看,裤长需要加长 2 cm。根据传统西裤脚口特点,为了保持侧缝处于合理位置,一般前脚口小于后脚口,相差 4 cm 左右,前后中裆大小与脚口类似。前脚口大小调整为 18 cm,后脚口调整为 22 cm,前中裆调整为 20 cm,后中裆调整为 24 cm。

1. 前片加放量修正

表 12-2-1 中腰围、臀围的差值是放松量,因此,腰围增加 2 cm,按 4 片分配,每一片 0.5 cm,臀围增加 6 cm,每一片增加 1.5 cm。将前腰围向前中线方向移动 0.5 cm,臀围增加 1.5 cm,裆弯位置同时移动,以增加横裆的放松量,前裆弯的值控制在合理区间,如图 12-2-3 所示。

裆弯位置移动后,横裆相应增大,需要重新确定横裆中点,以便画出新的烫迹线,为修正脚口、中裆、腰省位置做准备,如图 12-2-4 所示。确定横裆中点位置,经过横裆中点画烫迹线。调整脚口、中裆使其位置、大小符合成品要求。

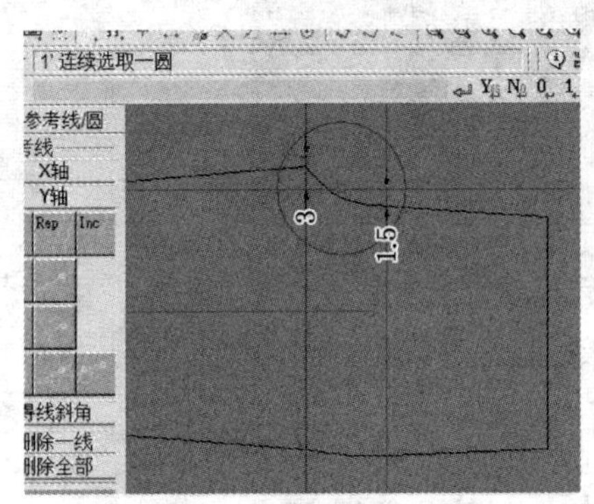

图 12-2-3　前裆弯位置修正

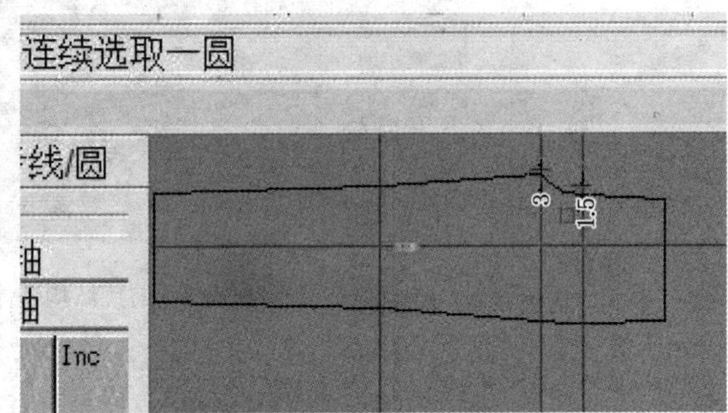

图 12-2-4　前片烫迹线修正

2. 前片腰围结构修正

将前腰围两侧撇去的量保持在合理区间,前中劈势约 1 cm 左右,侧缝处腰臀差控制在 0～2.3 cm。重新计算褶裥的量并确定位置,第 1 个褶裥约 3 cm,相依在烫迹线附近,第 2 个约 2 cm,设置在第 1 褶裥至侧缝中点上,如图 12-2-5 所示。

3. 前脚口、中裆修正

脚口、中裆以新的烫迹线为中心线,重新调整位置,宽度与成品尺寸一致,如图 12-2-6 所示。

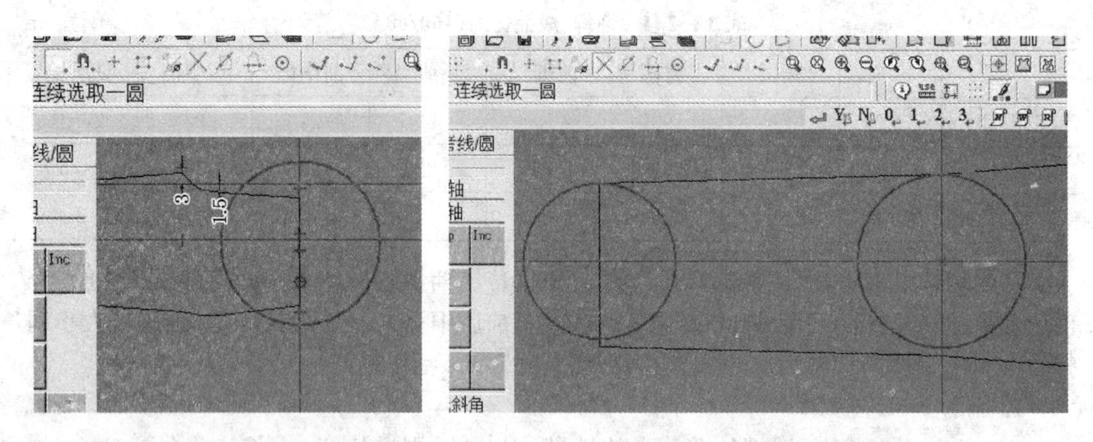

图 12-2-5　前腰围结构修正　　　　图 12-2-6　前脚口、中裆修正

4. 完成前片样板修正

将新设置的点连接，并完成前片样板修正，如图 12-2-7、图 12-2-8 所示。

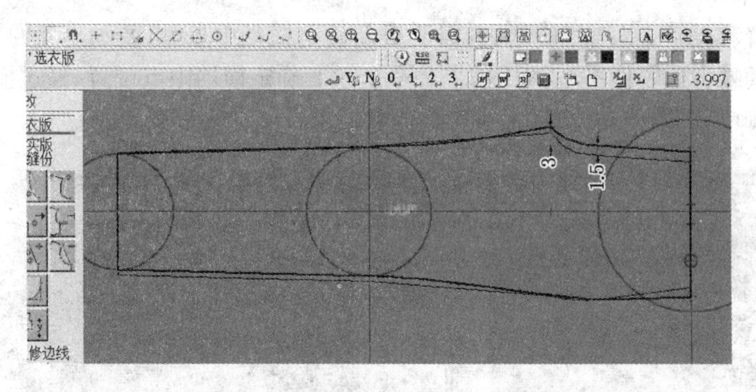

图 12-2-7　前片结构整体修正

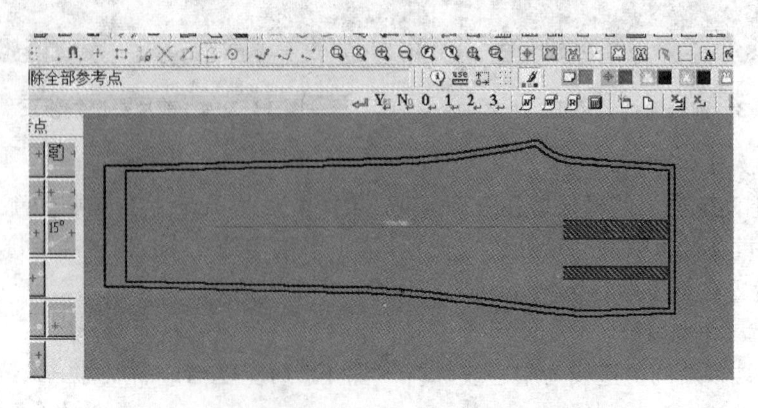

图 12-2-8　前片样板修正完成

5. 后片放松量修正

先将臀围放松量均匀地放在两侧，横裆也同步放出等量。腰围放松量从侧缝放出，如图 12-2-9 所示。

后裆弯大小调整为 8 cm，位置移动后，横裆已经增大。重新确定横裆中点，为了与人体该部位体型相吻合，裆弯一侧可以适当增大，画出新的烫迹线，如图 12-2-10 所示。确定烫迹线，调整脚口、中裆使其位置、大小符合成品要求。

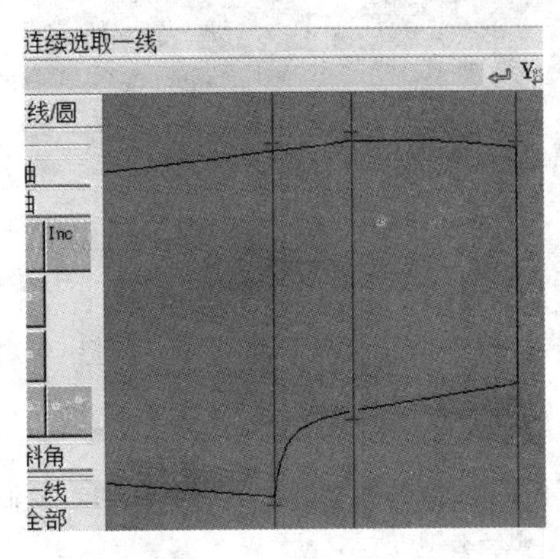

图 12-2-9 后片放松量修正

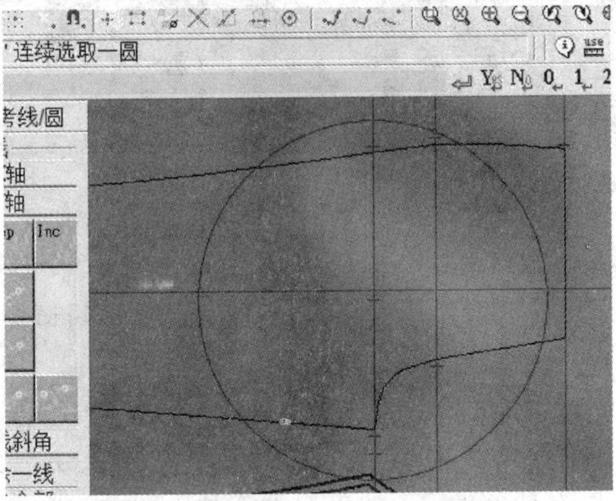

图 12-2-10 后片烫迹线修正

6. 后脚口、中裆修正

脚口、中裆以新的烫迹线为中心线，重新调整位置，宽度与成品尺寸一致。

7. 后片腰围结构修正

将后腰围“捆势”的量保持在合理区间，约 3～4 cm 处定位，为了满足运动的需要，应在捆势处“起翘”一定的量，约 2 cm，如图 12-2-11 所示。根据款式特点，在后腰围设置一道省，重新计算后腰围，并确定后腰围结构线，如图 12-2-12 所示。

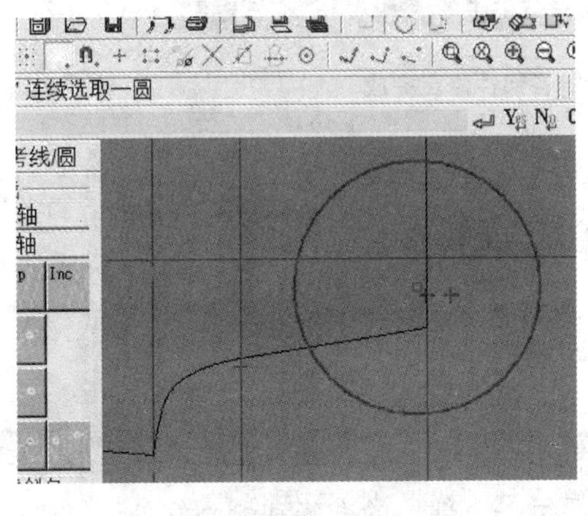

图 12-2-11 后腰围位置修正

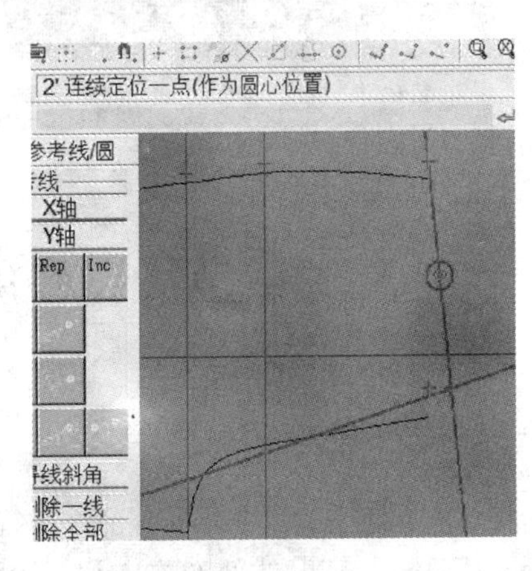

图 12-2-12 后腰围线修正

8. 完成后片样板修正

将修正好的各个部位连接，如图 12-2-13 所示，并完成后片样板，如图 12-2-14 所示。

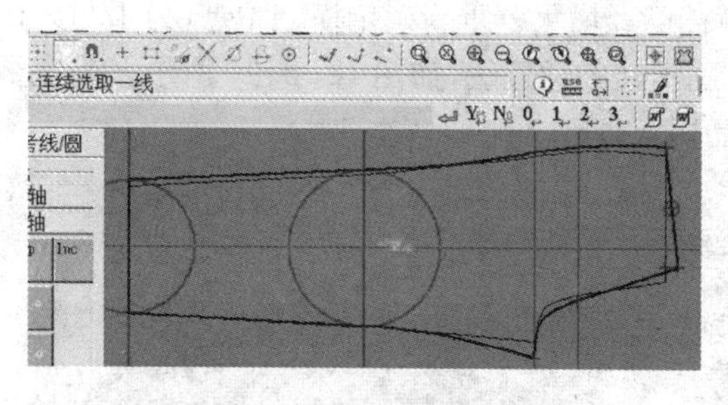

图 12-2-13　后片结构整体修正

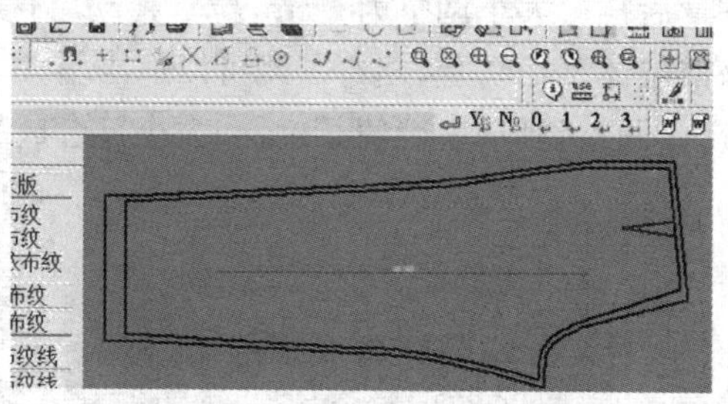

图 12-2-14　后片样板修正完成

9. 假缝验证样板

将前后裤片样板打印、裁剪、假缝，通过试穿验证样板的达成度，如果有问题可以继续在 CAD 系统中修正。

10. 配伍部件

本款部件主要有前后裤片各 2 个、腰头 1 个、门襟 1 个、里襟 1 个。前后裤片通过复制完成；其他部件需要按着款式要求绘制并完善，如图 12-2-15 所示。

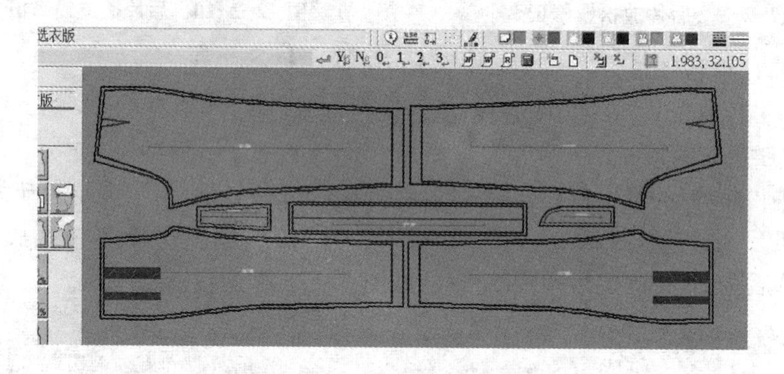

图 12-2-15　女裤各部件修正完成

第三节　连衣裙立体裁剪数字化修正

一、连衣裙坯样扫描

将连衣裙前片、后片等所有部件净缝坯样扫描到 CAD 系统中，如图 12-3-1、图 12-3-2 所示。这是一款高贴体低胸连衣裙，为了确保每一个部位的准确和恰到好处，最好以净尺寸在人台上制作坯样，不建议加放松量。

连衣裙坯样需要修正的几个方面：

(1) 连衣裙与人体对应部位修正；

(2) 连衣裙胸围放松量加入后型的修正；

(3) 连衣裙腰围放松量放入后型的修正；

(4) 连衣裙腰围结构修正；

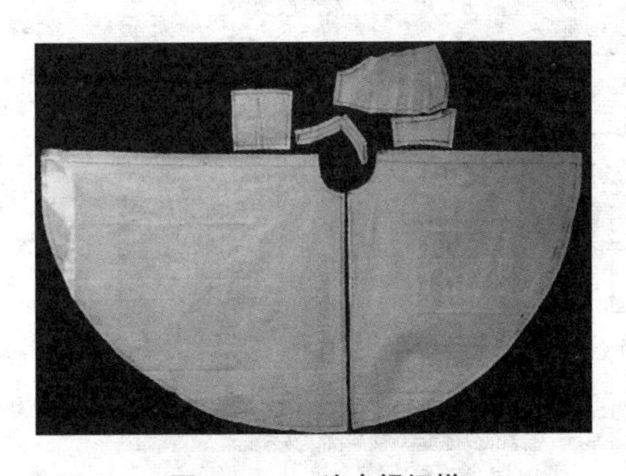

图 12-3-1　连衣裙坯样

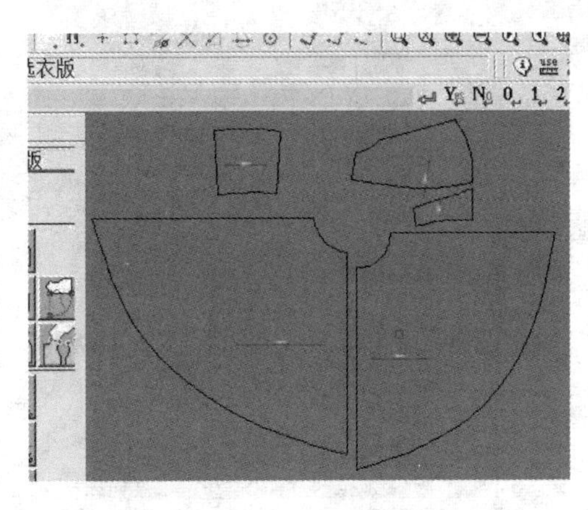

图 12-3-2　连衣裙描板

(5) 连衣裙长修正。

二、修正廓形结构

这款连衣裙腰节以上非常合体,要求衣服与人体各部位高度吻合。鉴于人台存在客观缺陷,且没有进行补正的情况下,必须修正廓形结构。在修正之前,首先要对人体各个部位数据非常了解,才能将结构修正到位。下面列出一组该款式与人体对应部位相关联的净体数据,如表 12-3-1 所示。

表 12-3-1　人体净体数据(160/84A)　　单位:cm

	胸围	腰围	腰围高	乳高	乳宽	前腰节	腰至膝	胸宽	臂根围
净体数据	84	68	98	25	18	38	55.5	34	37

根据服装工业化生产要求,成品尺寸通常是预先设计好的。修正时首先将坯样各个控制部位进行测量,然后与成品尺寸比对,就会清楚地看到连衣裙坯样结构图在哪些部位需要调整。核对完成后,对结构做一次整体修正,如表 12-3-2 所示。

表 12-3-2　坯样、成品比对(160/84A)　　单位:cm

	前中长	腰围	胸围	后中长	后上衣长	前上衣长
坯样尺寸	88	68	84	116	18	26
成品尺寸	83	72	88	124	17	26
差值	5	−4	−4	−8		

从着装效果看,前衣长长度在膝盖上方约 10 cm 左右的地方,后衣长长度在小腿中部偏下。根据表 12-3-1 提供的人体数据测算,颈侧点至膝盖长度约 93 cm、颈侧点至小腿中部约 120 cm。以此为依据,将前衣长定为 83 cm,后衣长定为 124 cm。根据测量结果比对,裙片前中长减少 5 cm,如图 12-3-3 所示;后中加长 8 cm,如图 12-3-4 所示。

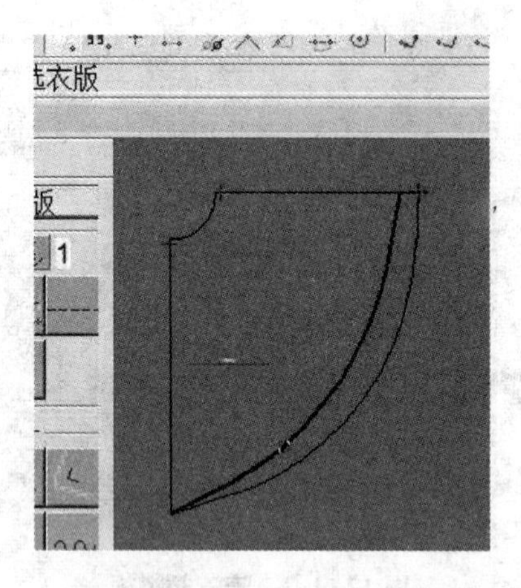

图 12-3-3　裙前片长度修正

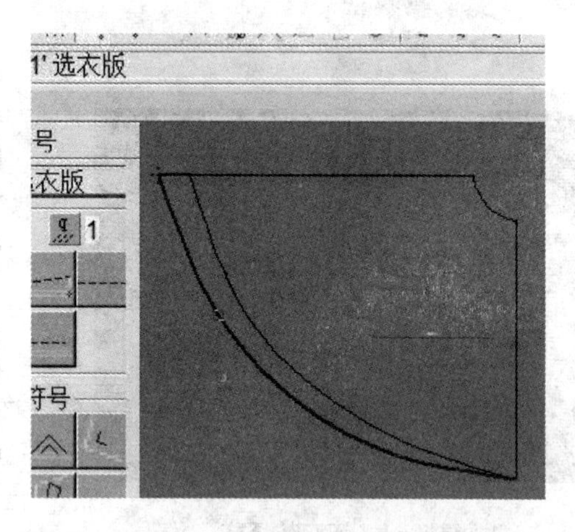

图 12-3-4　裙后片长度修正

1. 前片加放量修正

表 12-3-2 中腰围、臀围的差值是放松量，都是 4 cm。由于上装胸围、腰围同时加放 4 cm，因此，每一片从侧缝平行增加 1 cm，并修正袖窿弧线，如图 12-3-5 所示。下装两个前片是连口结构，单片前腰围加大 1 cm，并修正腰围弧线，如图 12-3-6 所示。

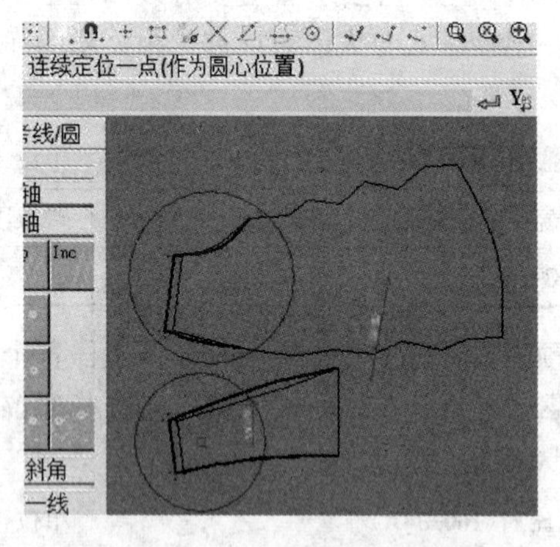

图 12-3-5　侧面加放后结构修正

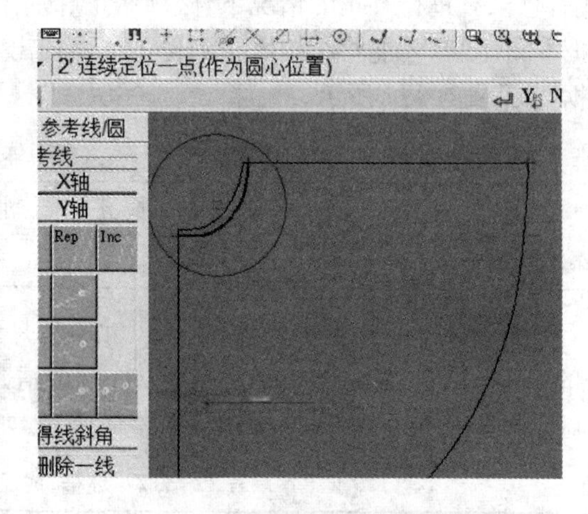

图 12-3-6　腰围加放后结构修正

2. 前片结构修正

完善裙前片结构，将其镜射成连口形状。由于前腰围是弧线，制作时很容易拉长，腰围尺寸会变大，需要在两侧各减去一定的量，分别约为 1 cm。此外，由于面料斜丝的原因，裙摆中间部分很容易拉长，需要在腰围线中间降低 1 cm，如图 12-3-7 所示。

对照表 12-3-1，核对上装前片乳高、乳宽和分割位置，调整好结构，并完善造型。如图 12-3-8 所示。

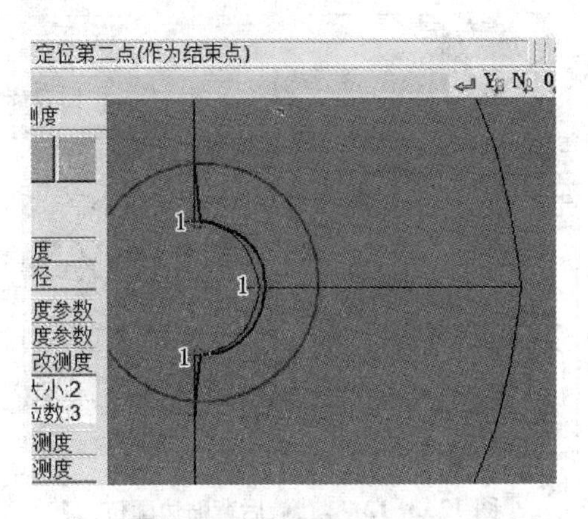

图 12-3-7　腰围结构修正

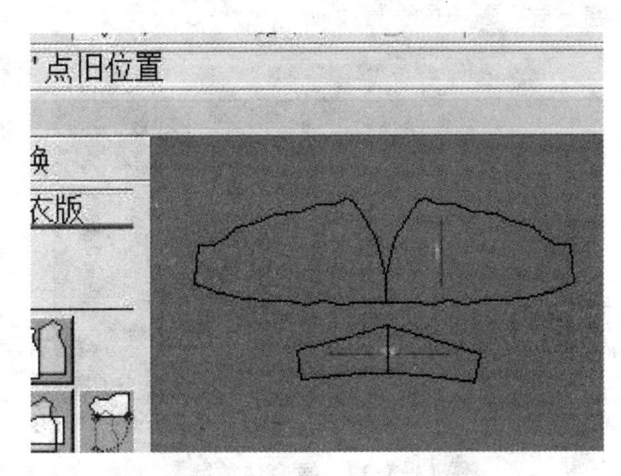

图 12-3-8　上装前片结构修正

3. 后片结构修正

完善裙后片结构，将其镜射成连口形状。与前片情况相同，腰围是弧线，制作时很容易拉长使腰围尺寸变大，需要在两侧减去一定的量，分别约为 1 cm。此外，由于面料斜丝的原因，大摆裙底边后中部分很容易拉长，需要在后腰围线中间降低 1.5 cm，如图 12-3-9 所示。

由于后片上装上沿线，处在背部凹陷处，两侧需要向内收掉一定的量才能合体，分别修剪 0.5 cm。如图 12-3-10 所示。

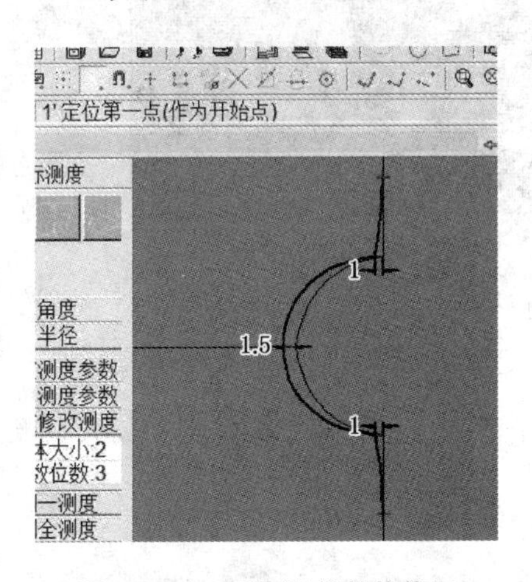

图 12-3-9　后腰围线结构修正

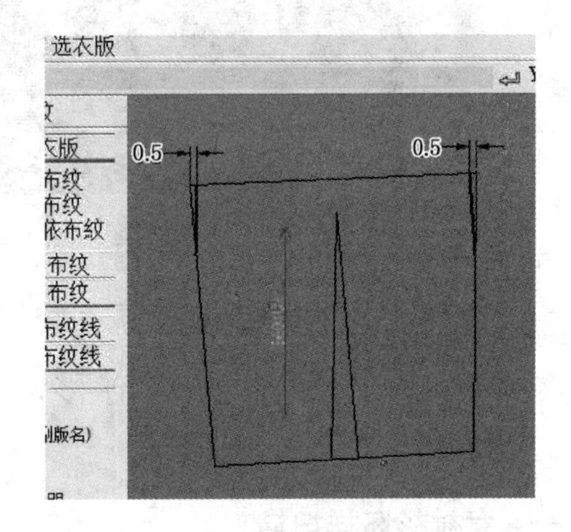

图 12-3-10　两侧结构修正

4. 假缝验证样板

将所有修正完成的样板打印、裁剪、假缝，通过试穿验证样板的达成度，如果有问题可以继续在 CAD 系统中修正。

5. 放缝缝、配伍部件

校对前后片所有拼接部位长度，根据工艺要求放好缝缝，由于裙底边弧度较大，不宜折边缝制，密拷工艺效果会更好，所以不放缝缝，如图 12-3-11 所示。将所有表层、底层部件配齐，前片胸部和背部需要配伍贴边，如图 12-3-12 所示。

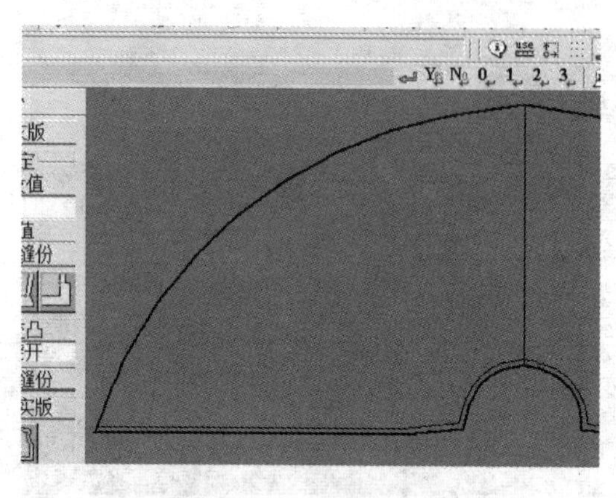

图 12-3-11　裙底边放缝

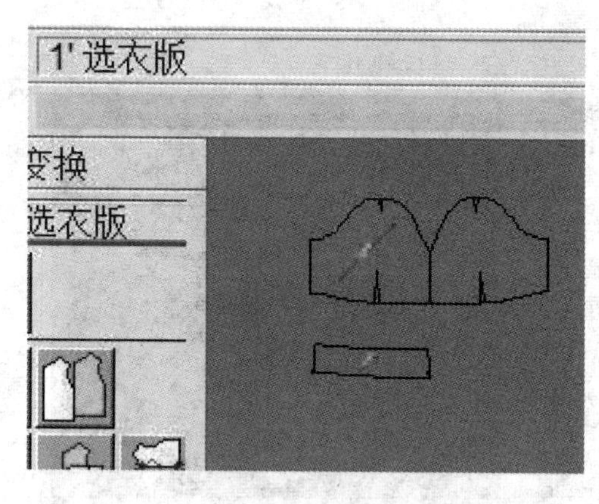

图 12-3-12　前胸、后背贴边配伍

6. 连衣裙数字化样板修正完成

本款部件主要有前后裙片各 1 片；上装前片 2 片，后片 2 片；前后贴边各 1 个；背带 2 根。考虑到裙子重力使背带被拉长的原因，背带按照实际长度减 1 cm，如图 12-3-13 所示。

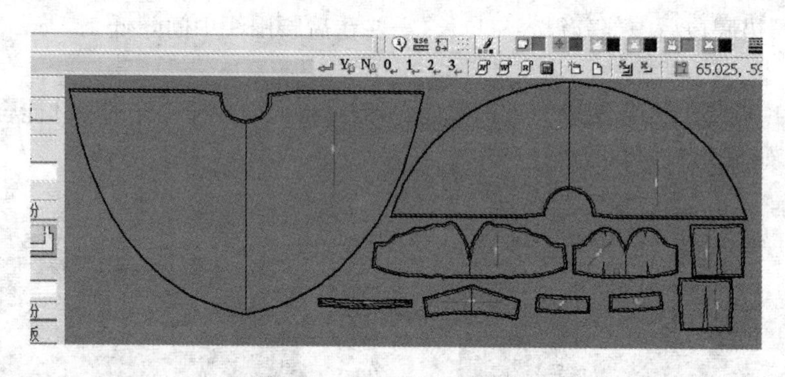

图 12-3-13　样板修正完成

第四节　女式衬衫立体裁剪数字化修正

一、女衬衫坯样扫描

将女衬衫前片、后片、袖子等部件净缝坯样扫描进 CAD 系统，如图 12-4-1、图 12-4-2 所示。这是一款高贴体公主线开刀女式衬衫，为了使分割部位的位置准确和结构修正的方便，最好以净尺寸在人台上制作坯样，不建议加放松量。

女衬衫坯样需要修正以下几个方面：

(1) 女衬衫坯样胸围、胸宽放松量加入后，前后片结构修正；

(2) 女衬衫坯样腰围放松量加入后，前后片结构修正；

(3) 女衬衫坯样后肩结构修正；

(4) 女衬衫坯样袖子结构修正。

图 12-4-1　坯样裁片

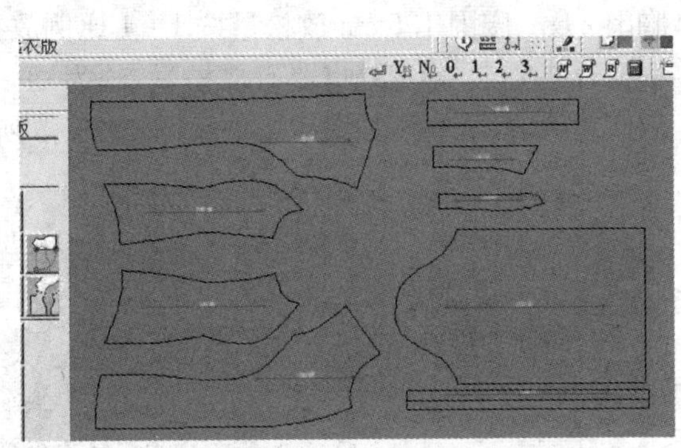

图 12-4-2　净缝描板

二、修正廓形结构

该女衬衫款式是日常穿着服装，根据服装工业化生产要求，成品尺寸一般在生产之前已经设定完成。修正时首先对坯样各个控制部位进行测量，然后与成品尺寸比对，并对结构作整体修正，如表 12-4-1 所示。

表 12-4-1　坯样、成品数据比对(160/84A)　　单位:cm

	衣长	腰围	胸围	袖长	领围	袖口
坯样尺寸	62.5	68	84	52	35	22
成品尺寸	60	74	92	56	38	18
差值	2.5	−6	−8	−4	−3	4

1. 前片放松量加入后结构修正

表 12-4-1 中腰围、胸围的差值是放松量，本款式正身前后共有 8 片。由于前片有公主线分割结构，为了保持分割线不产生位移，需要将前片胸围 2 cm、腰围 1.5 cm 的放松量按照 1∶1 比例放入前中片和前侧片中，不宜全部放在侧缝上。根据着装要求，胸宽处也需要加放松量，约为 0.5 cm。各部位放好后，重新修正袖窿弧线、分割线和侧缝线结构，如图 12-4-3、图 12-4-4 所示。

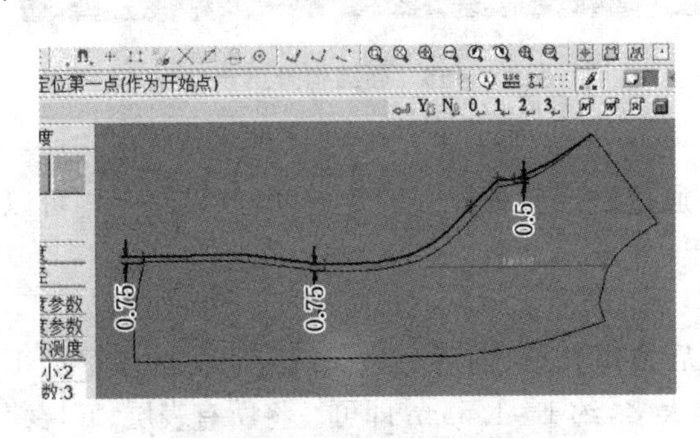

图 12-4-3　前中片结构修正

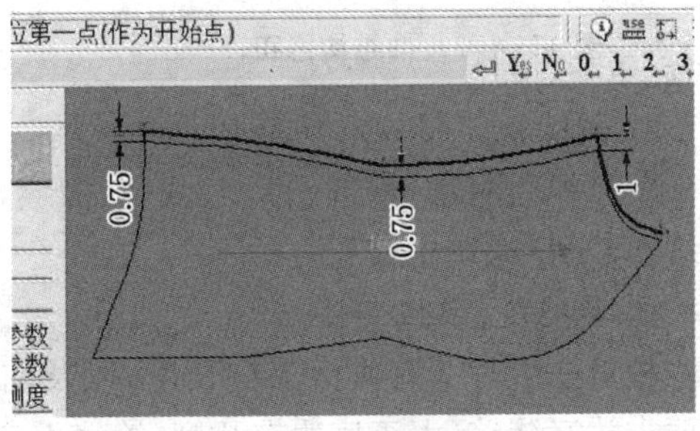

图 12-4-4　前侧片修正

2. 后片放松量加入后结构修正

由于后片也有公主线分割结构，与前片同理，为了保持分割线不产生位移，需要将后片胸围 2 cm、腰围 1.5 cm 放松量按 1∶1 比例放在后中片和后侧片中，不宜全部放在侧缝上。根据着装要求，背宽处也要有放松量，约为 0.5 cm。各部位放好后，重新修正袖窿弧线、分割线和侧缝线结构，如图 12-4-5、图 12-4-6 所示。

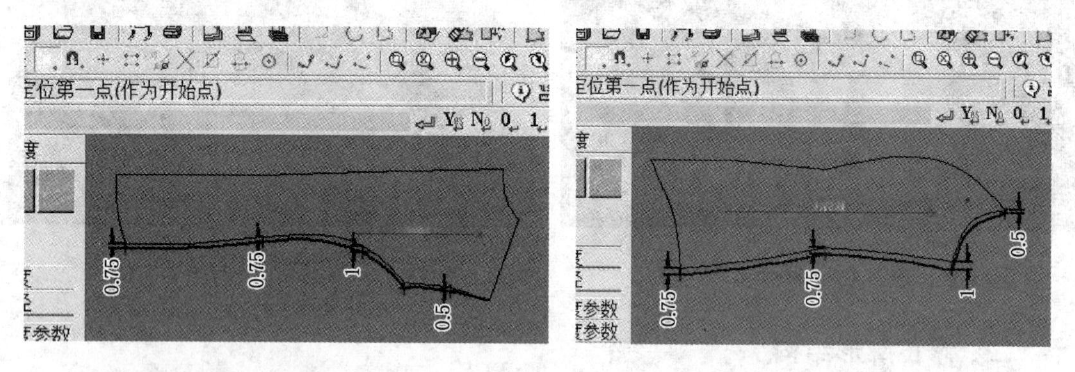

图 12-4-5　后中片结构修正　　　图 12-4-6　后侧片修正

3. 袖片放松量加入后结构修正

袖山弧线长度与袖窿弧线长度是对应的，由于正身前后片胸围、胸宽放松量加入后，必然使袖窿弧线增长，所以袖山弧线也应该相应增加。增加的方法有两个，一是袖山深度不变，增加袖肥的量；二是袖肥的量不变，增加袖山深度。本款选择第一种方法，测量袖窿增长的量，分别在袖肥两侧加放，如图 12-4-7 所示。

4. 领子放松量加入后结构修正

将上、下领放松量加入，修正领子造型，并完善结构，如图 12-4-8 所示。

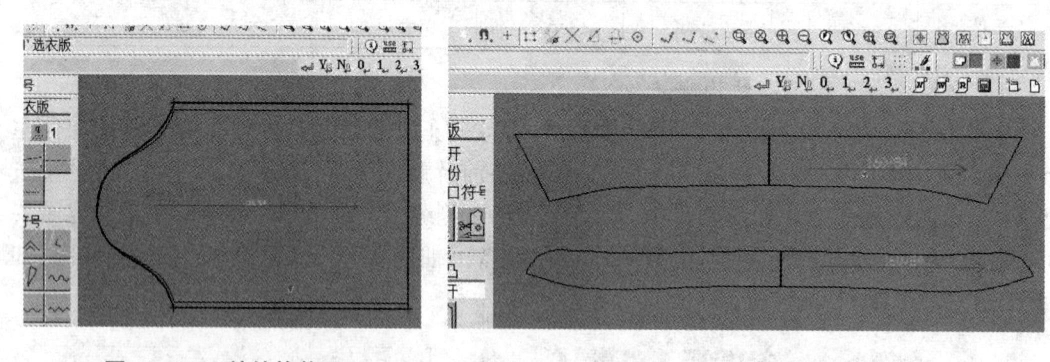

图 12-4-7　袖结构修正　　　图 12-4-8　领结构修正

5. 假缝验证样板

将衬衫所有部件样板打印、裁剪、假缝，通过试穿验证样板的达成度，如果有问题可以继续在 CAD 系统中修正。

6. 放缝缝、配伍部件

校对前后片所有拼接部位长度，以及前后袖窿弧线、前后底边弧线是否圆顺。根据工艺要求放好缝缝，由于底边有弧度，缝缝不宜太多，约 1～1.5 cm 即可。将所有表层、底层部件配齐，领子还需要配伍工艺样板。

7. 数字化样板修正完成

本款部件主要有前后衣片 8 片；袖子 2 片，上、下领各 2 片；门襟 2 个；袖克夫 2 个。如

图 12-4-9 所示。

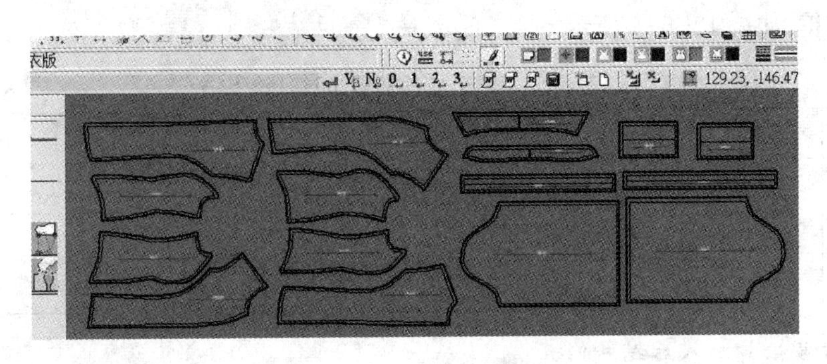

图 12-4-9　样板修正完成

第五节　女西装立体裁剪数字化修正

一、女西装坯样扫描

将女西装前片、后片所有部件净缝坯样扫描进 CAD 系统，如图 12-5-1、图 12-5-2 所示。这是一款结构比较复杂的高贴体女式西装，为了确保结构、位置、分割的准确性，最好以净尺寸在人台上制作坯样，不建议加放松量。

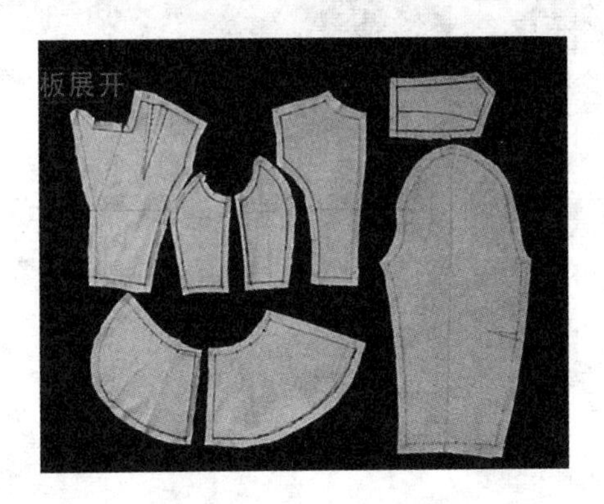

图 12-5-1　女西装坯样

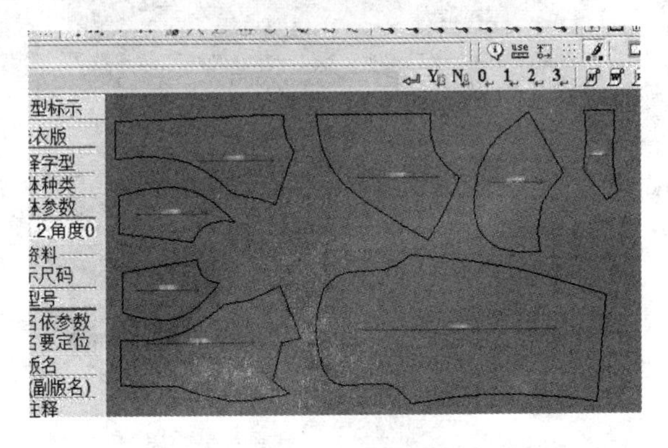

图 12-5-2　女西装描板

女西装坯样需要修正的几个方面：

(1) 女西装坯样胸围、胸宽放松量加入后，前后片结构修正；

(2) 女西装坯样腰围放松量加入后，前后片结构修正；

(3) 女西装坯样领子结构修正；

(4) 女西装坯样袖子结构修正；

(5) 女西装坯样零部件配伍。

二、修正结构

该女西装款式是日常穿着服装，根据服装工业化生产要求，成品尺寸一般在生产之前已经设定完成。修正时首先对坯样各个控制部位进行测量，然后与成品尺寸比对，并对结构作整体修正，如表 12-5-1 所示。

表 12-5-1　坯样、成品数据比对(160/84A)　　单位：cm

	前衣长	后衣长	胸围	腰围	袖长	袖口	肩宽
坯样尺寸	58	64	84	68	52	22	39
成品尺寸	55	62	92	72	56	20	40
差值	3	2	−8	−4	−4	2	−1

1. *前片放松量加入后结构修正*

表 12-5-1 中腰围、胸围的坯样尺寸与成品尺寸间的差值就是胸围、腰围的放松量。本款式正身腰节线以上前后共有 8 片，下摆有 3 片弧形裁片。由于前片有公主线分割结构，为了保持分割线不产生位移，需要将前片胸围放松量 2 cm、腰围放松量 1 cm 均匀地放在前中片和前侧片中，不宜全部放在侧缝上，公主线分割处和侧缝各 1 cm，腰节处大小片各 0.5 cm。根据着装基本需求，肩宽、胸宽处也需要加放松量，约为 0.5 cm。各部位放好后，重新修正袖窿弧线、分割线和侧缝线结构线，如图 12-5-3 所示。前片下摆部分沿侧缝放 2 cm 加放量，如图 12-5-4 所示。

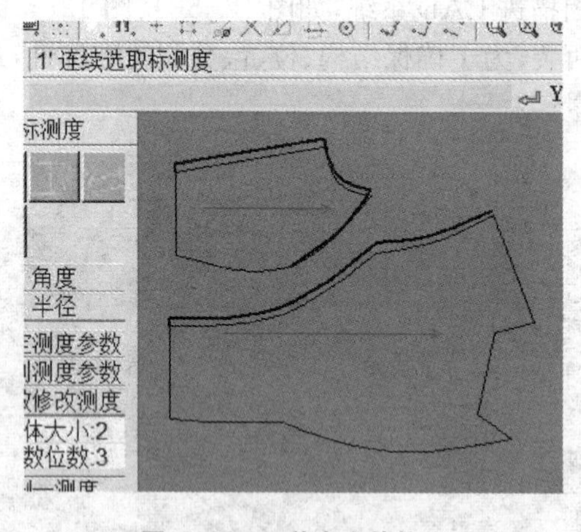

图 12-5-3　前大小片修正

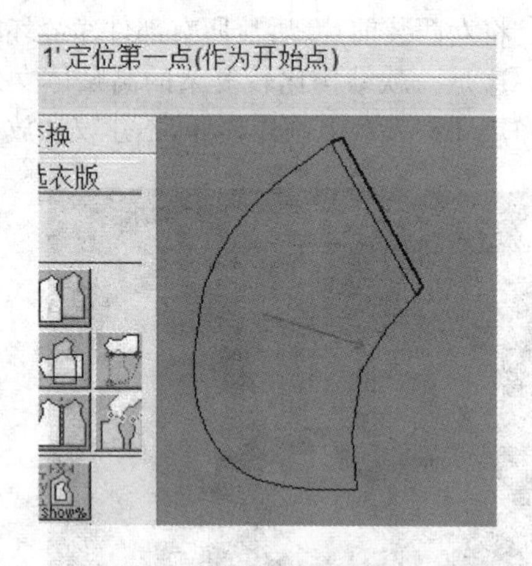

图 12-5-4　前下摆修正

2. *后片放松量加入后结构修正*

由于后片也有公主线分割结构，与前片相同，为了保持分割线不产生位移，需要将后片胸围放松量 2 cm、腰围放松量 1 cm 均匀地放入到后中片和后侧片中，不宜全部放在侧缝上。公主线分割处和侧缝各 1 cm，腰节处大小片各 0.5 cm。根据成衣基本规律，后肩宽、背宽处也需要加放松量，约为 0.5 cm。各部位放好后，重新修正袖窿弧线、分割线和侧缝线结构，如图 12-5-5 所示。后片下摆腰围左右本应该各放出 2 cm，但由于腰围线是斜丝，缝制时容易被拉长，所以，两侧各减扣 0.5 cm，各放 1.5 cm 即可。底边左右各放 2 cm 加放量。腰围后中低落 0.5 cm 后，这样可以使底边波浪更均匀，如图 12-5-6 所示。

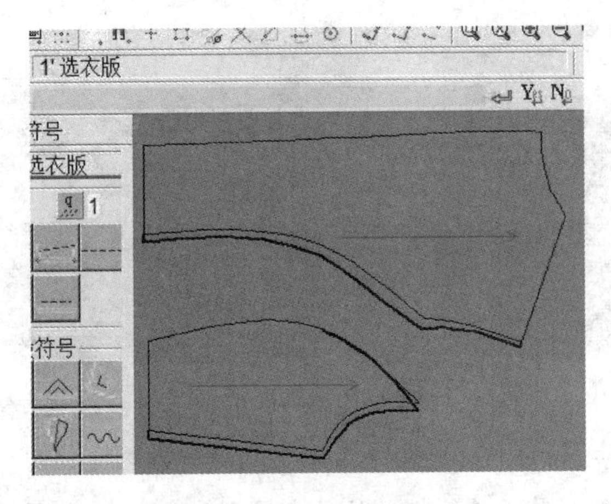

图 12-5-5　后片大小片修正

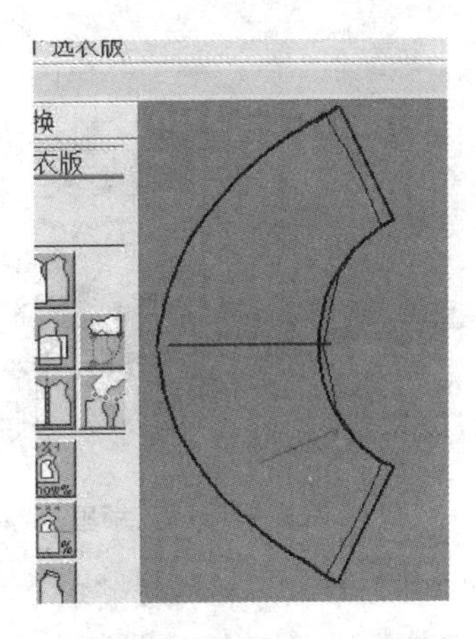

图 12-5-6　后下摆修正

3. 袖片放松量加入后结构修正

袖山弧线长度与袖窿弧线长度是对应的，由于正身前后片肩宽、胸围、胸宽加放量加入后，必然使袖窿弧线增长，影响缝制效果，所以袖山弧线也应该相应增加才能匹配。增加的方法有两种：一是袖山深度不变，增加袖肥的量；二是袖肥的量不变，增加袖山深度。本款选择第一种方法，测量袖窿增加的量，分别在袖肥两侧加放，如图 12-5-7 所示。

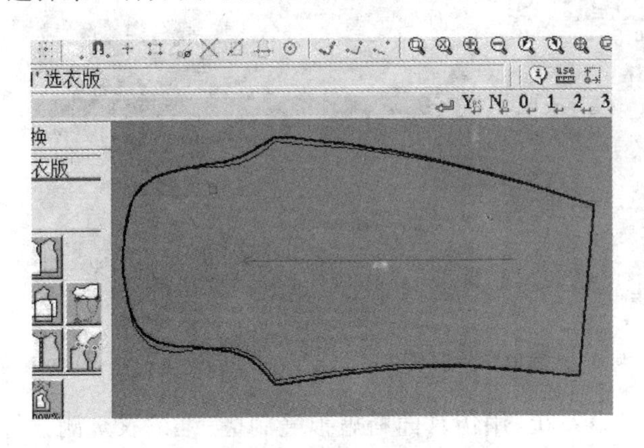

图 12-5-7　袖片修正

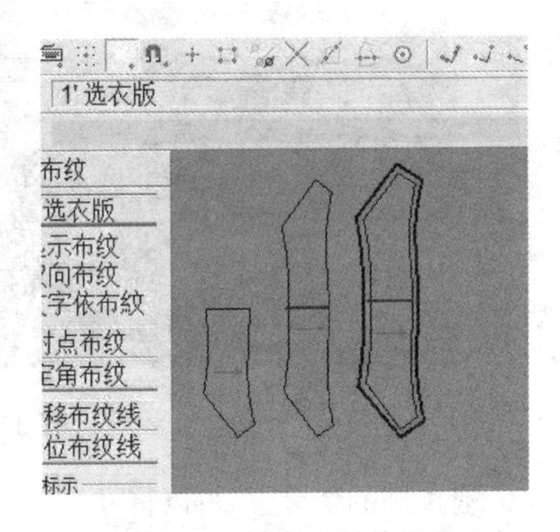

图 12-5-8　领子结构修正

4. 领子修正

将领子与领圈长度核对，为了满足工艺要求，使领底长度略小于领圈长度。修正好 1/2 领结构后，再将领面修正成连口状，并完善结构，如图 12-5-8 所示。

5. 部件配伍与修正

本款服装需要配齐领面、领里、褂面、里子等部件，领子和褂面还需要有定型板。领面修正，将单片领子结构线修正，镜射成连口状，并放好缝缝形成领面样板。领里修正，将单片领子串口旋转至水平状，放好缝缝形成领里样板。复制领面净板，并根据工艺要求修正成定型板，如图 12-5-9 所示。

褂面及定型板，在前衣身门襟处配伍褂面并复制，一片作为定型板，另一片放好缝头制作成面板，如图 12-5-10 所示。此外，在后衣身领圈处配好“领托”样板。

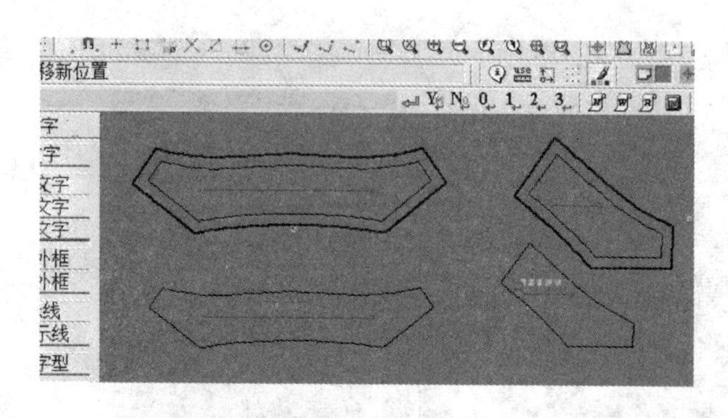

图 12-5-9　领面、领里、定形板修正

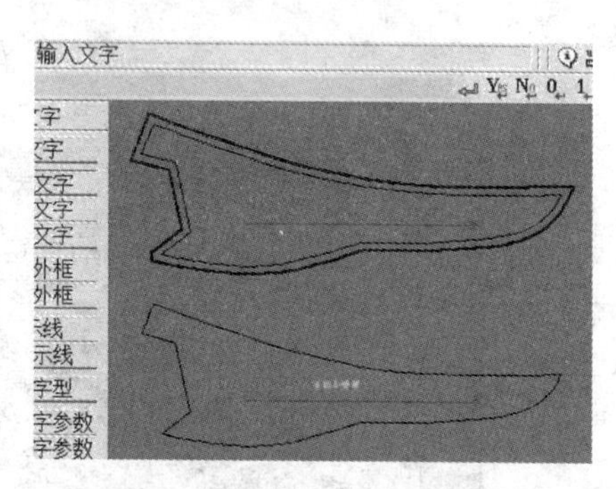

图 12-5-10　褂面样板、定型板修正

6. 女西装数字化样板整理

所有裁片样板修正后，首先需要校对前后片拼接部位长度是否符合要求；前后袖窿弧线、前后底边弧线是否圆顺；然后将所有表层、底层部件配齐。最后将前后衣片、袖子、衣摆等对称部件放好缝缝，采用对称复制等工具编辑样板。

本款部件主要有前后衣片 11 片；袖子 2 片，领面 1 片、领里 2 片；褂面 2 片；领托 1 个。领子、褂面工艺板各 1 个。将样板摆放整齐，标注好符号、标记和文字等，如图 12-5-11 所示。

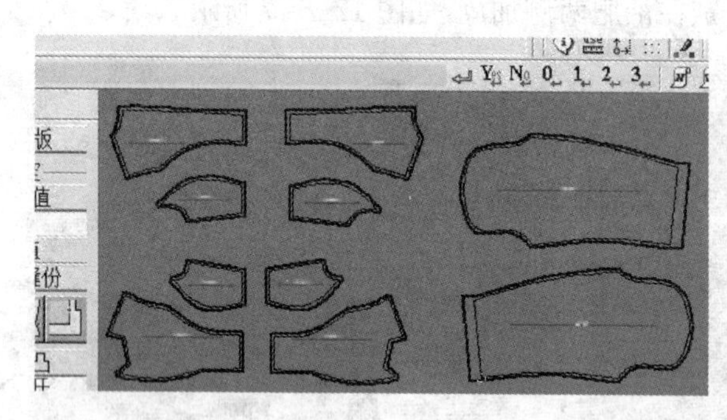

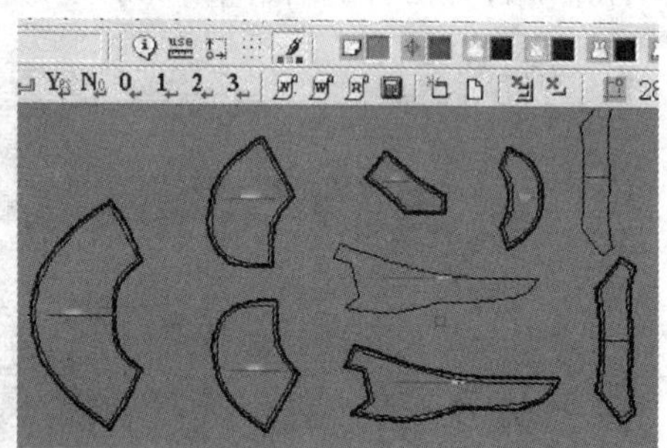

图 12-5-11　样板整理完成

有条件的情况下，可以将样板导入 3D 系统，用仿真面料虚拟缝制（三维试衣），测试样板的正确性。

虚拟试衣完成后，将样板转入 2D，对有问题的部位再修正，最后整理并确定样板并输出。

运用 CAD 系统中自动推板或者人机一体推板工具完成系列样板制作。

【思考题】

1. 数字化样板修正的基本原则是什么？
2. 数字化样板修正时需要考虑哪些因素？
3. 一步裙放松量如何修正？
4. 西裤结构修正的重点是哪些方面？
5. 如何配伍女西装零部件？

第十三章　3D 虚拟试衣

章节提示：本章主要讲述连衣裙虚拟试衣、西装连衣裙套装虚拟试衣等关键技术，旨在探讨网络环境下服装立体造型的展示及实时修正。

第一节　连衣裙虚拟试衣

引言

据统计，网购服装中约有 20％～40％都被退了回去，原因通常就是不合身，这个问题给电子零售商造成了数以百万计的损失。现在很多技术人员正致力于解决这个问题。

有些公司，比如和 Macy 以及 Nordstrom 合作的 TrueFit 公司，会利用数学公式去分析消费者的三围数据，并向他们推荐合适的尺码。也有一些公司，比如 Metail 和 Fits. me，都有先进的数字试衣间，用虚拟的模特儿模仿顾客的尺寸，并展示出这些衣服穿在模特儿身上的样子。当然，还有一些公司仍然依靠顾客输入自己三围的尺寸，然后看自己是否适合这些心仪的衣服。

接下来，以连衣裙为例，运用 V-Stitcher 工具来完成该服装的虚拟试衣。主要有以下几个步骤：人台设定、版型汇入并设定、设定群集、缝合、设置面料、后期调试。

一、人台设定

本款连衣裙使用的人台为 V-Stitcher 自带的人台“Tina”，调用方法如下：

(1) 选择 3D 窗口中“人台＞管理”命令，如图 13-1-1 所示；

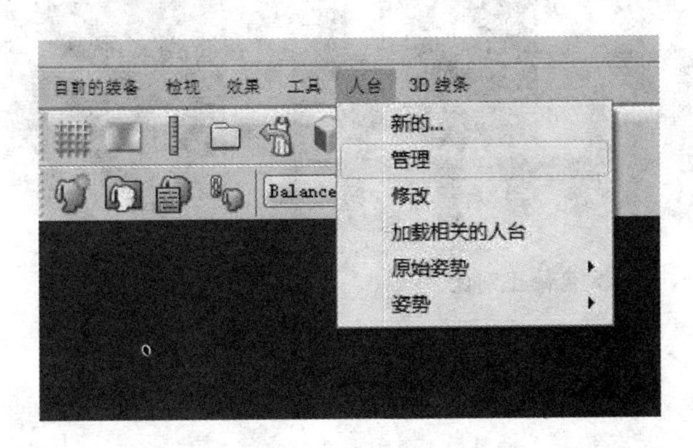

人台	叙述
男性	
Alex	青少年，岁数介于6-14
David	青年(男)/偏瘦型男人，岁数介于13-30
Adam	健壮男士
Peter	扫描人台范例，不可修改其体型
女性	
Girl	男/女孩，岁数介于4-12
Maya	女孩，岁数介于6-14
Deborah	青年(女)，岁数介于12-30
Kim	亚洲女性，岁数介于12-30
Tina	黑人女性，岁数介于12-30
Women Sara	女性，修改参数少于Deborah
Rachel	胖妈妈体型
婴孩	
Baby	婴童，岁数介于0-4

图 13-1-1　管理命令

(2) 在弹出的“新的人台”窗口中找到 Tina 后，单击“新的”按钮，如图 13-1-2 所示。数据库里面有不同地区、不同年龄、不同性别的人台可供选用。

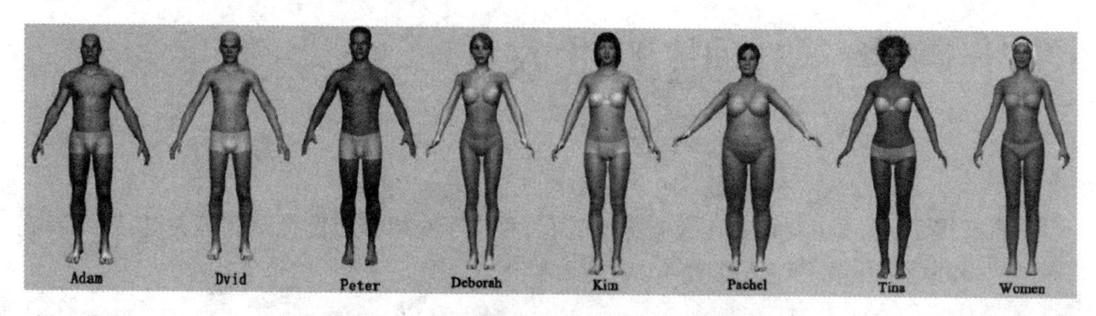

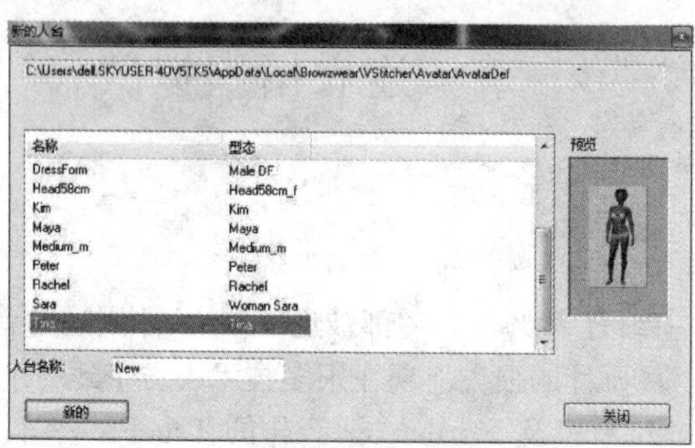

图 13-1-2 选择人台

选择人台后，可以进行人台的参数修正，具体如下：

躯干：颈、肩斜、胸围、乳间距、胸下围、腰围、下臀围、上臀围；

腿：内长、腿围 、膝围、小腿肚围、脚踝；

手：夹圈、手臂全长、上臂围、手肘、下臂围、手腕等，如图 13-1-3 所示。

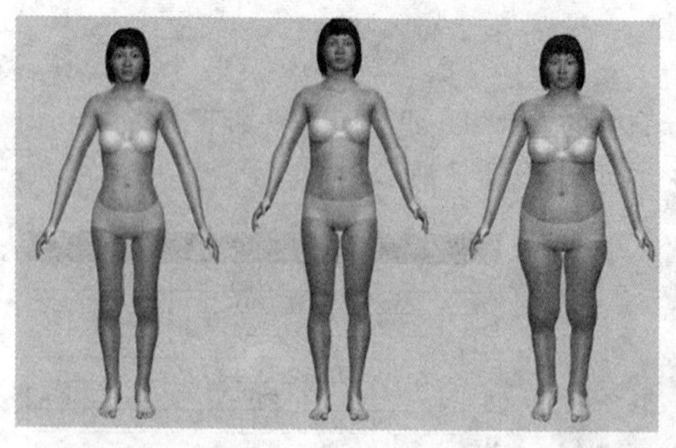

图 13-1-3 人台修正对比

二、版型汇入并设定

(1) 汇入服装样版

执行“文件>汇入”命令，在打开的对话框中选择档案格式“ *. dxf; *. aam”，找到所需样版所在的文件夹，选择要导入的版型，点击“打开”。

（2）设置

下一步会弹出“import Dxf”对话框，根据需要进行设置。此例中，选择默认数据即可，点击“OK”完成，如图 13-1-4 所示。

接下来，会弹出“Import settings”对话框，确认服装比率与版型的旋转角度。通过水平和垂直标尺可以看到从服装的常规尺寸来看，这件衣服的衣长应与此版型长度一致，因此在“Size Factor Multiply”下选择“×1”。

通常我们需要将服装样板竖直放置，因此在“Default Shape Rotation”中输入 90，即将版型旋转 90°，然后点击“OK”完成，如图 13-1-5 所示。

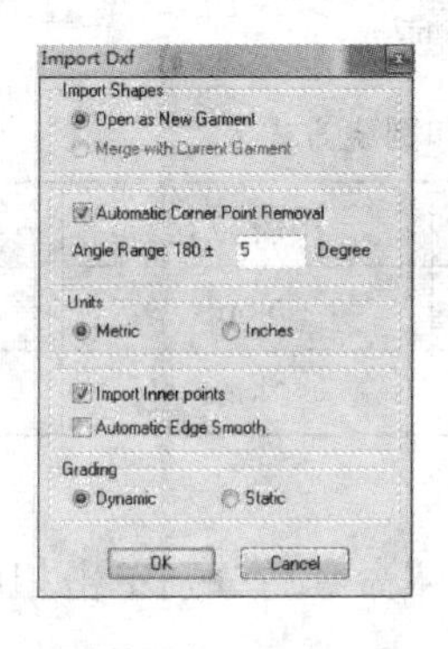

图 13-1-4　设置参数

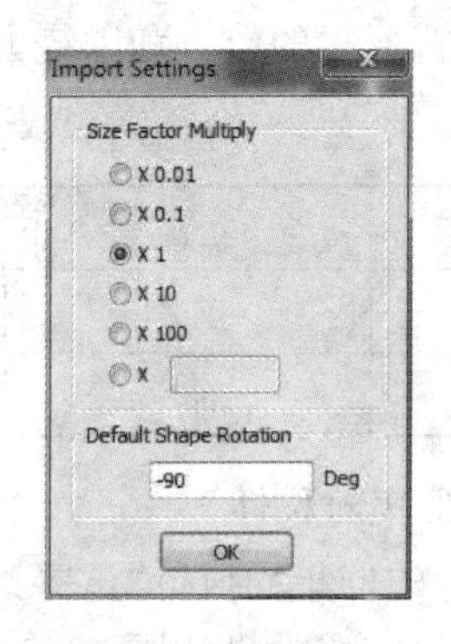

图 13-1-5　设置参数

（3）衣服摘要

之后弹出“衣服摘要”对话框，在该对话框中设置衣服的主要信息，如图 13-1-6 所示。

（4）排列版型

首先要对版型进行展开，执行“试穿>版型>展开版型”。接下来，执行“试穿>版型>以 Y 轴向翻转/以 X 轴向翻转/旋转”，将部分版型旋转到合适角度。点击“移动”（快捷键“M”），将版型摆放到适当的位置，完成后如图 13-1-7 所示。

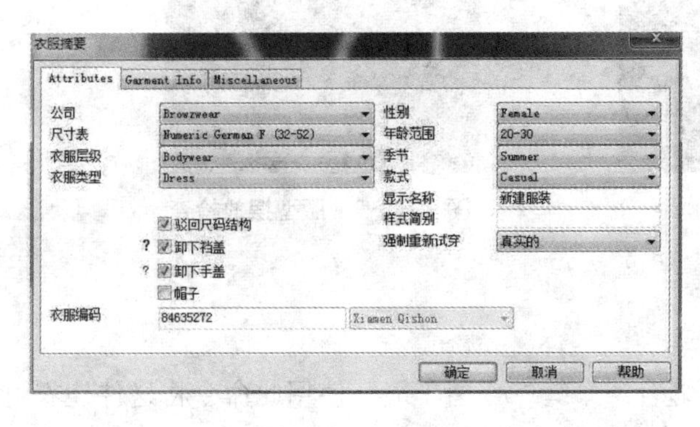

图 13-1-6　衣服信息

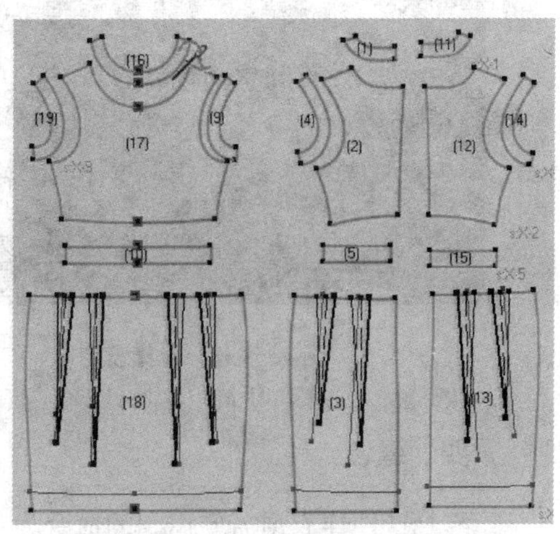

图 13-1-7　版型设置

三、设定群集

(1) 创建新群集

在此连衣裙案例中，一共分为2个群集，分别是：所有前片版型、所有后片版型。

创建方法如下：选择“试穿＞群集＞创造新群集”，分别单击一个版型或框选几个版型为一个群集。创建完成后，会在每个群集上出现一个标签，按照创建的顺序标号，并标示出群集的位置，默认的位置是“front”。

(2) 编辑群集

执行“试穿＞群集＞编辑群集”命令，依次点击单个群集，弹出群集编辑对话框，对群集进行设置。设置群集的位置和围绕方式，如表13-1-1所示。

表13-1-1 设置群集的位置和围绕方式

群集编号	位置		围绕方式	是否置中
0	前片	Front	None	是
1	后片	Back	None	是

(3) 设定群集对称性

前片、后片的群集均执行“试穿＞群集＞内部对称”命令后分别单击相应的群集即可。群集设定的最终完成效果如图13-1-8所示。

(4) 准备查看

使用工具栏中准备按钮，确认版型在人台的周围摆放合理，如图13-1-9所示。

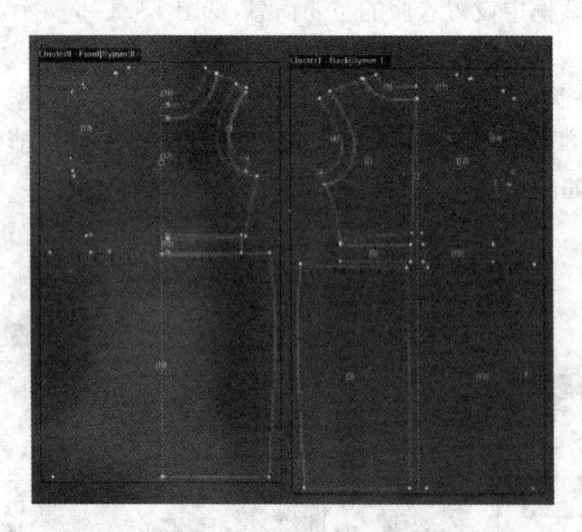

图13-1-8 群集设定

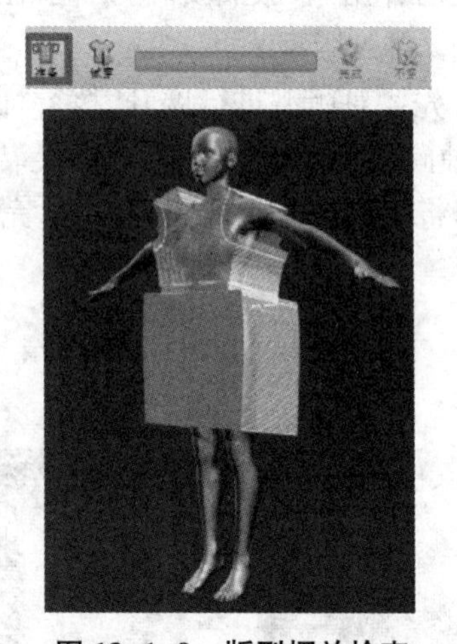

图13-1-9 版型摆放检查

四、缝合

缝合这件连衣裙需要用到的命令为“缝合＞车缝＞普通车缝”，使用此命令将这件连衣裙所需缝合的边缘依次进行车缝。最终缝合完成的线迹如图13-1-10所示。

缝合完成后，再次准备查看，确认缝合与人台没有穿插，如图13-1-11所示。

图 13-1-10　缝合完成线迹

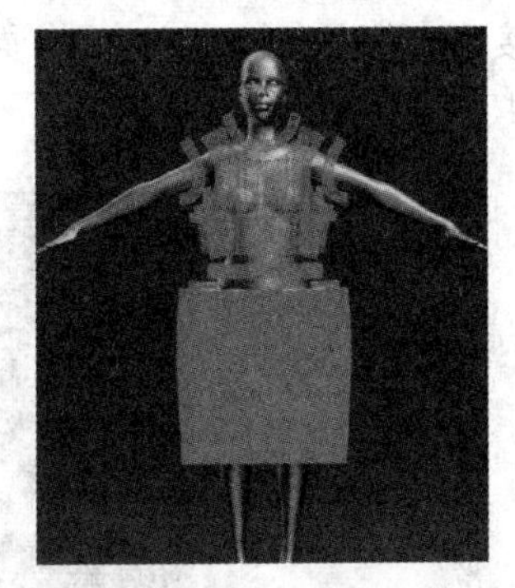

图 13-1-11　确认缝合

五、设置布料

(1) 创建新布料

本例中共使用了两种布料，一种是橙色面料，用于领口、袖口和腰头；另一种是花纹布，用于其他版型。

① 橙色面料

执行“材质>新的>布料”命令，在弹出的“新增织物”对话框中名称栏里输入“橙色”，并按照下面的参数选择面料属性，如图 13-1-12 所示。

单击完成，接下来在弹出的对话框选择相应的橙色影像，点击“打开”即可。

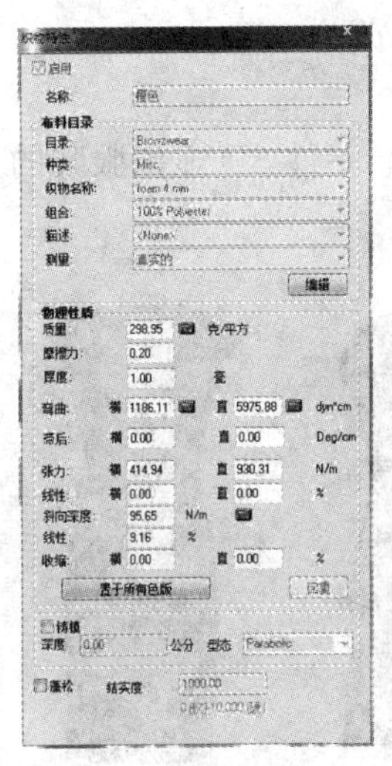

图 13-1-12　面料属性

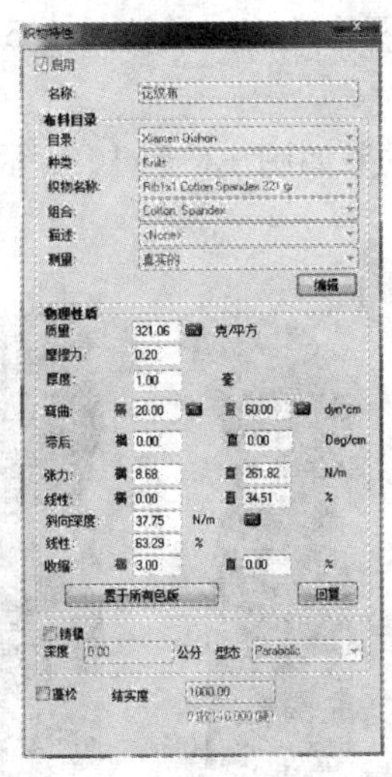

图 13-1-13　面料属性

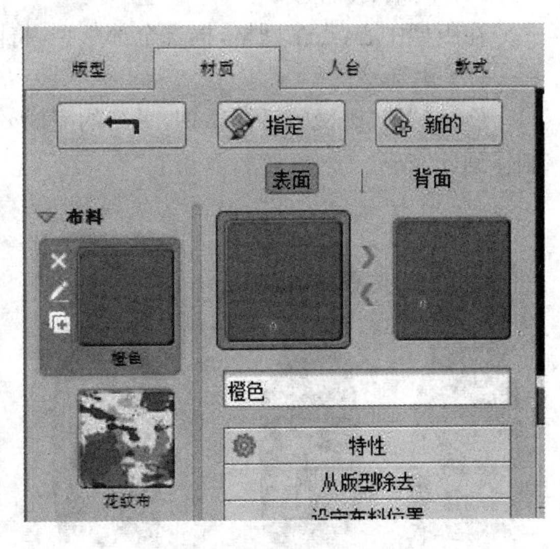

图 13-1-14　“材质”界面

② 花纹布

执行“材质>新的>布料”命令，在弹出的“新增织物”对话框中名称栏里输入“花纹布”，并按照下面的参数选择面料属性，如图 13-1-13 所示。

单击完成，接下来在弹出的对话框选择相应的花纹布影像，点击“打开”即可。

完成后，“材质”界面的“布料”品类下出现两张缩略图，如图 13-1-14 所示。

接下来使用指定工具，将面料指定到相应的版型上，指定完成后版型上的效果如图 13-1-15 所示。

图 13-1-15 版型上的效果

六、后期调试

(1) 网格的调整

在版型中心，点击网格，框选全部版型，将网格数值由默认的 1.5 改为 0.8。

(2) 试穿检视

经过拉拽、熨烫等后期整理，最终的完成效果如图 13-1-16 所示，一件 3D 虚拟服装的制作到此完成。

图 13-1-16 模拟网格示意图

第二节　西装连衣裙套装的虚拟试衣

西装与连衣裙搭配的套装是女性上班族的经典款式，如图 13-2-1 所示。在连衣裙虚拟试穿的基础上，讲述多层服装的虚拟试穿。

图 13-2-1　西装连衣裙套装

首先介绍西装外套的制作，主要步骤与连衣裙的制作一致 。包括以下几个步骤：选择合适的人台、版型汇入并设定、设定群集、缝合、设置面辅料、后期调试。

一、人台设定

为了在后续试穿套装时效果良好，本款套装使用与连衣裙同款人台，调用方法如下：

(1) 选择 3D 窗口中“人台>管理”命令，如图 13-2-2 所示。

(2) 在弹出的“管理人台”窗口中找到 Tina 后，单击“开启”按钮，如图 13-2-3 所示。

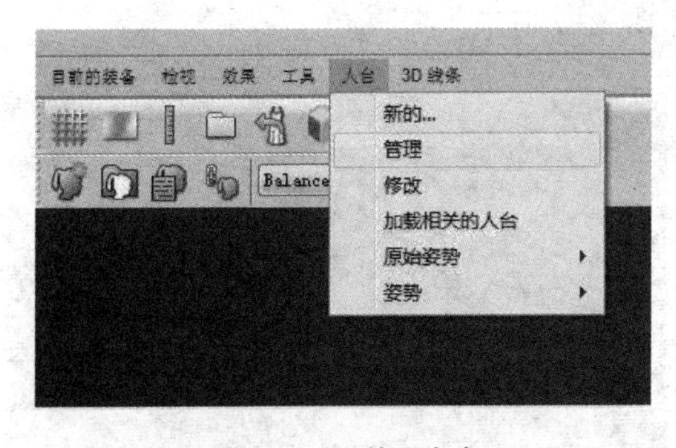

图 13-2-2　管理命令

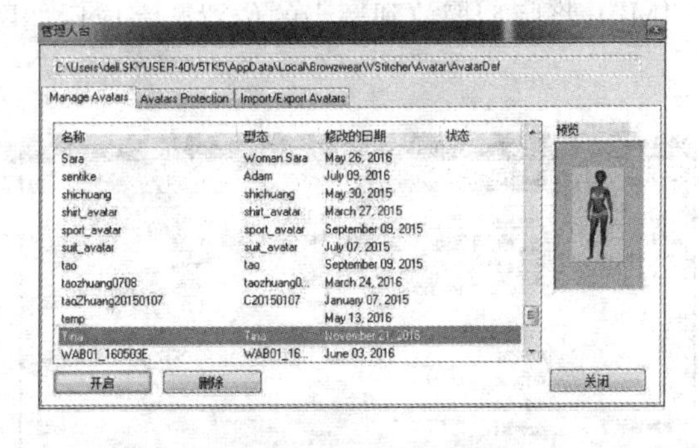

图 13-2-3　人台选择

二、版型汇入并设定

1. 汇入服装样版

执行“文件>汇入”命令，在打开的对话框中选择档案格式“ *. dxf; *. aam”，找到所需样版所在的文件夹，选择要导入的版型，点击“打开”。

2. 设置

下一步会弹出“Import Dxf”对话框，根据需要进行设置。此例中，选择默认数据即可，点击“OK”完成，如图 13-2-4 所示。

接下来，会弹出“Import Settings”对话框，确认服装比率与版型的旋转角度。通过水平和垂直标尺可以看到从服装的常规尺寸来看，这件衣服的衣长应与此版型长度一致，因此在“Size Factor Multiply”下选择“×1”。

通常我们需要将服装样板竖直放置，因此在“Default Shape Rotation”中输入－90，即将版型旋转 90°，然后点击“OK”完成，如图 13-2-5 所示。

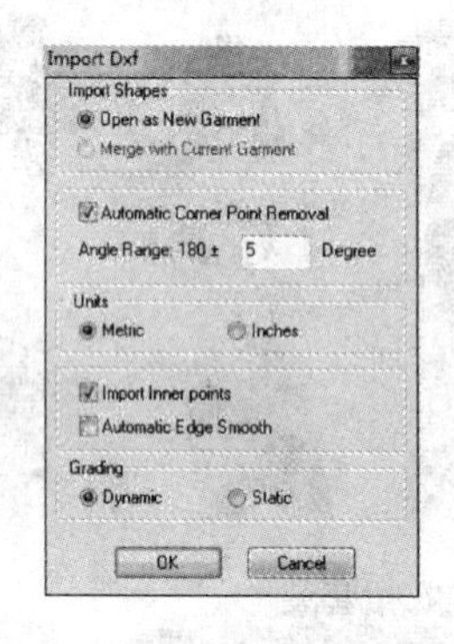

图 13-2-4　设置参数

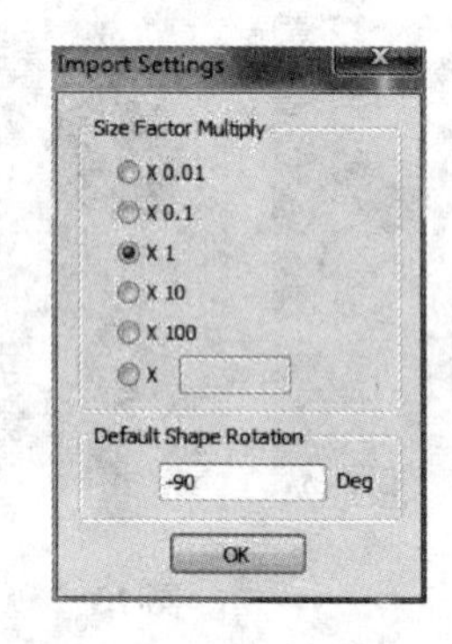

图 13-2-5　设置参数

3. 衣服摘要

之后弹出“衣服摘要”对话框，在该对话框中设置衣服的主要信息，如图 13-2-6 所示。

4. 排列版型

首先要对版型进行展开，执行“试穿＞版型＞展开版型”。接下来，执行“试穿＞版型＞以 Y 轴向翻转/以 X 轴向翻转/旋转”，将部分版型旋转到合适角度。点击“移动”（快捷键“M”），将版型摆放到适当的位置。完成后如图 13-2-7 所示。

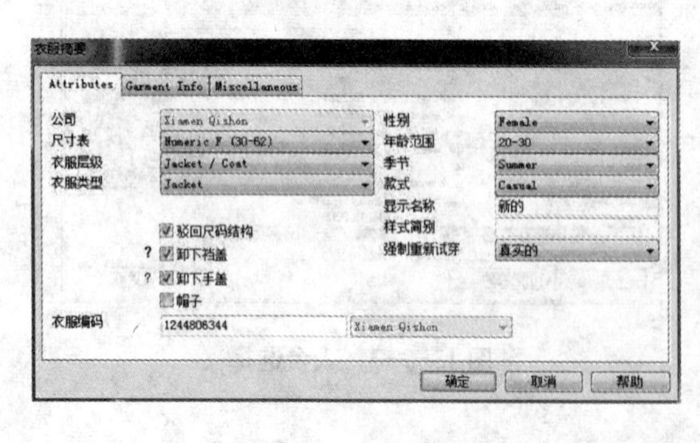

图 13-2-6　衣服信息

图 13-2-7　版型排列图

三、设定群集

1. 创建新群集

在此西装案例中，一共分为 5 个群集，分别是：所有前片版型、所有后片版型、左袖、右袖、肩垫。

创建方法如下:选择“试穿>群集>创造新群集”,分别单击一个版型或框选几个版型为一个群集。创建完成后,会在每个群集上出现一个标签,按照创建的顺序标号,并标示出群集的位置,默认的位置是“front”。

2. 编辑群集

执行“试穿>群集> 编辑群集”命令,依次点击单个群集,弹出群集编辑对话框,对群集进行设置。设置群集的位置和围绕方式,如表 13-2-1 所示。

表 13-2-1　设置群集的位置和围绕方式

群集编号	位置		围绕方式	是否置中
0	前片	Front	None	是
1	后片	Back	None	是
2	右袖	Right	None	否
3	左袖	Left	None	否
4	垫肩	Straps	None	是

3. 设定群集对称性

前片、后片、垫肩的群集均执行“试穿>群集>内部对称”命令后分别单击相应的群集即可。群集设定的最终完成效果如图 13-2-8 所示。

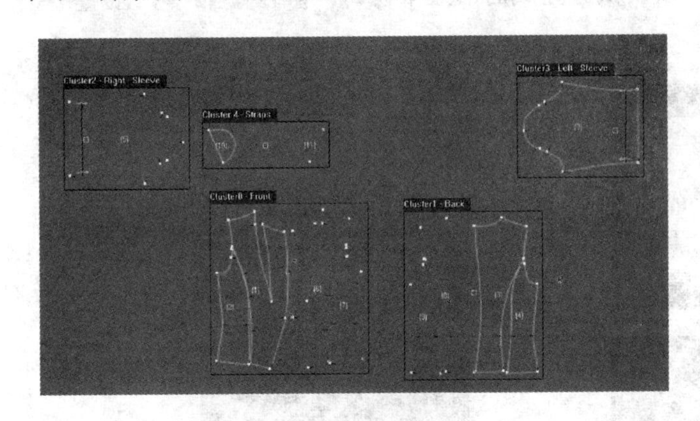

图 13-2-8　群集设定

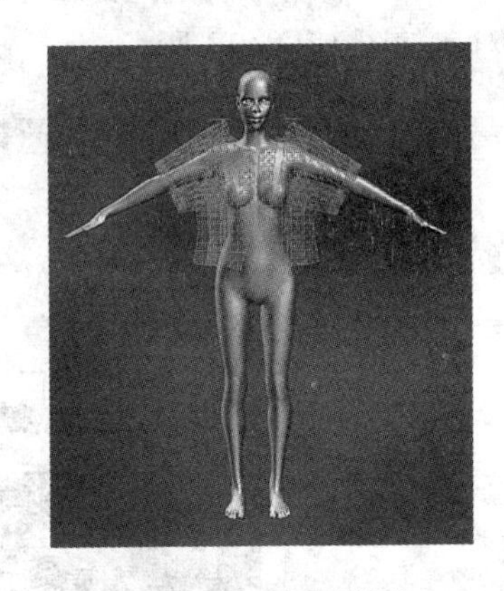

图 13-2-9　版型检查

4. 准备查看

使用工具栏中准备按钮,确认版型在人台的周围摆放合理,如图 13-2-9 所示。

四、缝合

1. 缝合的命令与确认

缝合这件西装需要用到的命令为“缝合>车缝>普通车缝”,使用此命令将这件西装所需缝合的边缘依次进行车缝。最终缝合完成的线迹如图 13-2-10 所示。

缝合完成后,再次准备查看,确认缝合与人台没有穿插,如图 13-2-11 所示。

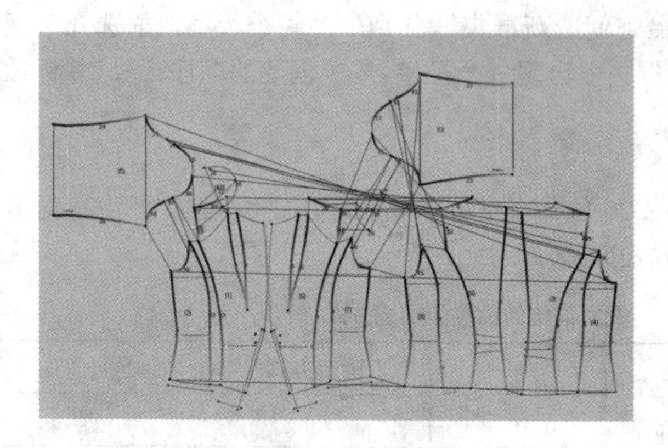

图 13-2-10　缝合完成的线迹

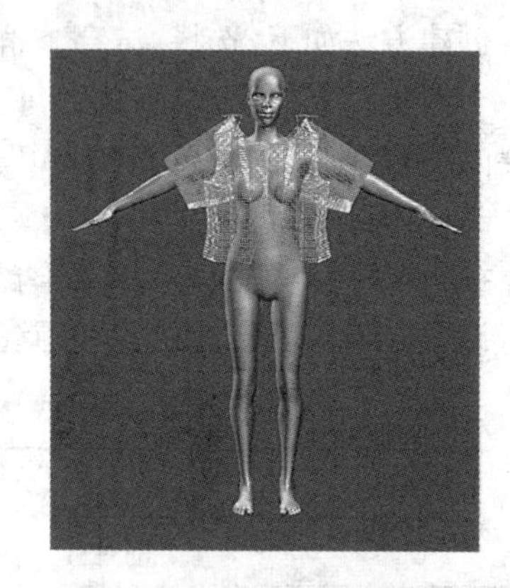

图 13-2-11　确认缝合

2. 袖口翻折设置

设置翻折效果使用的命令为“版型＞试穿＞翻折”，首先使用“创造”命令，在袖口两个剪口点中间从上至下单击两次，然后设置翻折线的参数，使用“特性”命令，在弹出的“特性”对话框中按照图 13-2-12 所示进行参数设置。

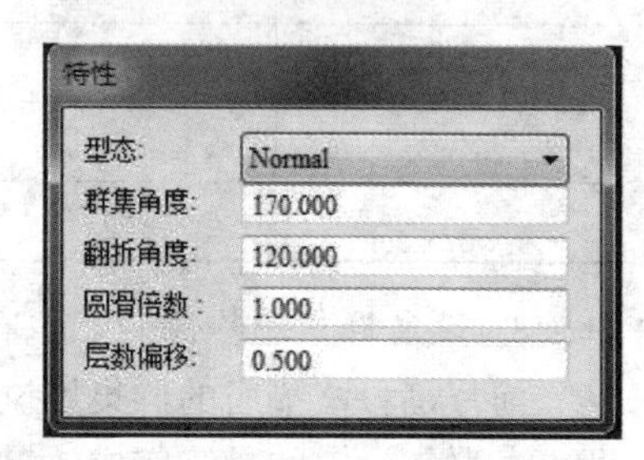

图 13-2-12　参数设置

完成后的 2D 版型和 3D 准备以及试穿完成后的效果对比如图 13-2-13 所示。

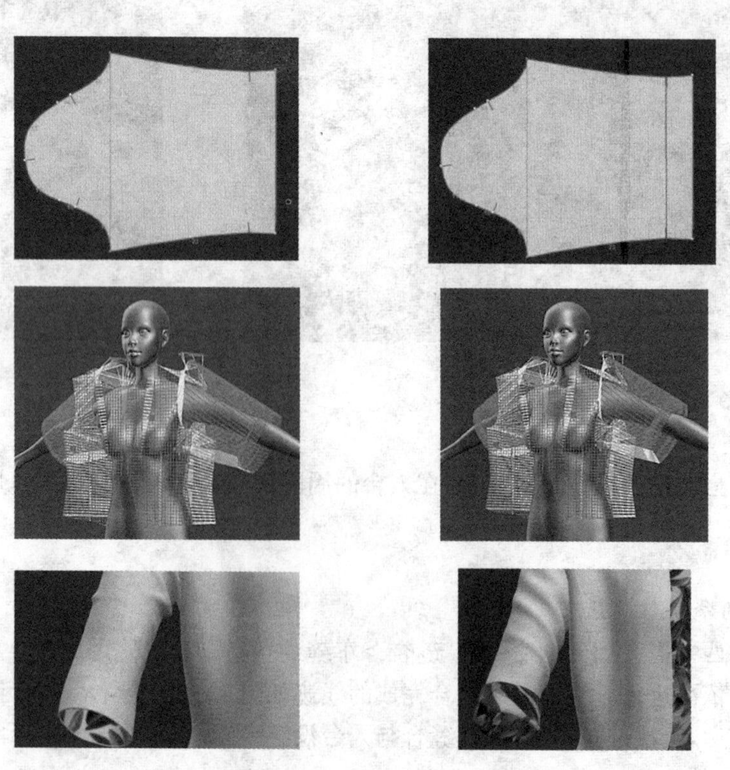

图 13-2-13　效果对比

五、设置面辅料

本例中共使用了三种材料，一种是白色(有里衬)面料，用于前侧、后侧、后片、袖片；另一种是白色(无里衬)面料，用于前中片；垫肩材质，用于垫肩片。

(1) 白色(有里衬)面料

① 执行“材质>新的>布料”命令，在弹出的对话框中名称栏里输入“白色(有黑衬)”，并按照图 13-2-14 的参数选择面料属性。单击完成，接下来在弹出的对话框选择相应的白色面料图片，点击“打开”即可，如图 13-2-15 所示。完成后“材质”界面下呈现如图 13-2-16 所示。

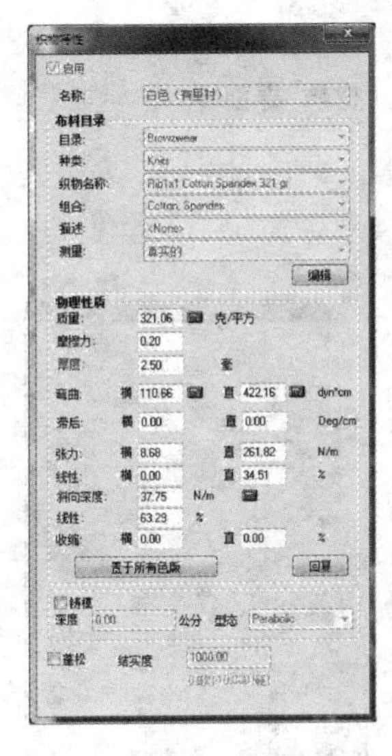

图 13-2-14 面料属性

图 13-2-15 面料图片

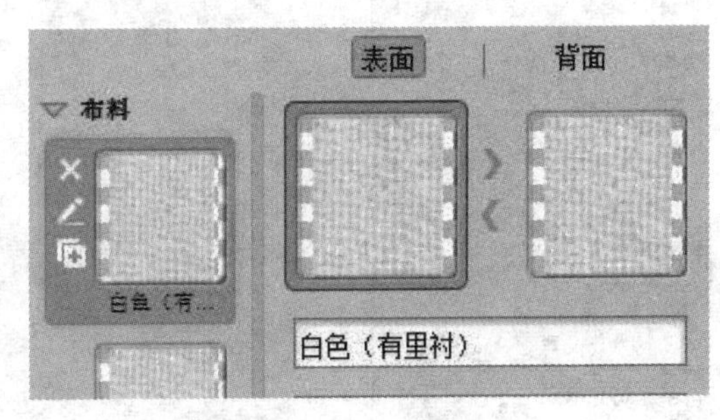

图 13-2-16 “材质”界面

② 更换里布材质：单击背面缩略图，在图像处理器中点击取代按钮，如图 13-2-17 所示。

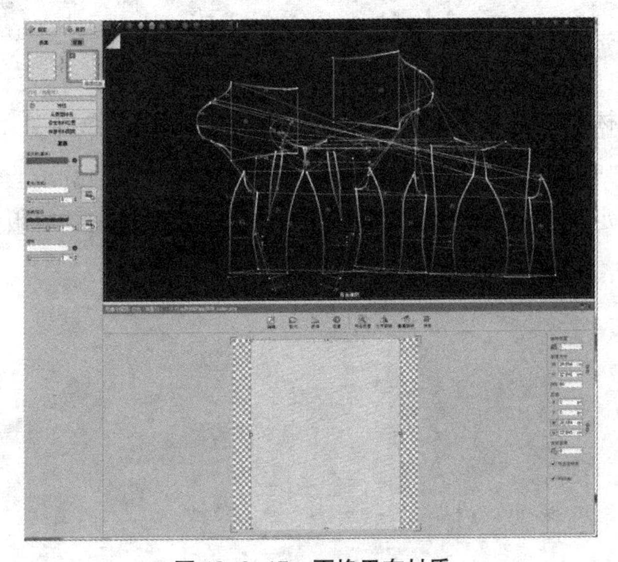

图 13-2-17 更换里布材质

在弹出的文件选择器中选择花纹布，如图 13-2-18 所示；完成后“材质”界面下呈现如图 13-2-19 所示。

图 13-2-18　花纹布

图 13-2-19　“材质”界面

(2) 垫肩材质使用的特性和贴图如图 13-2-20 所示。

(3) 白色(无里衬)使用的特性和贴图如图 13-2-21 所示。

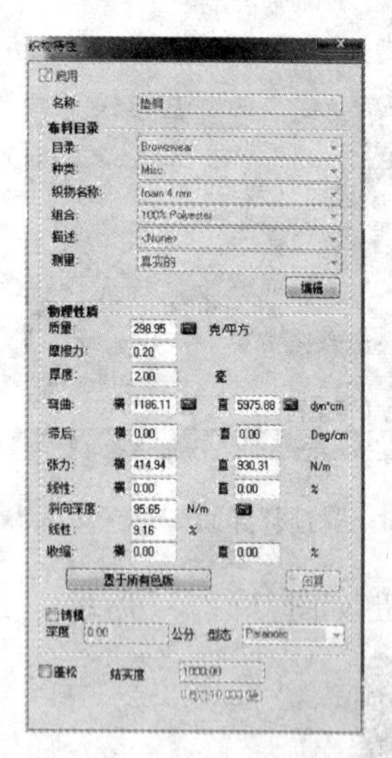

图 13-2-20　垫肩材质使用的特性和贴图

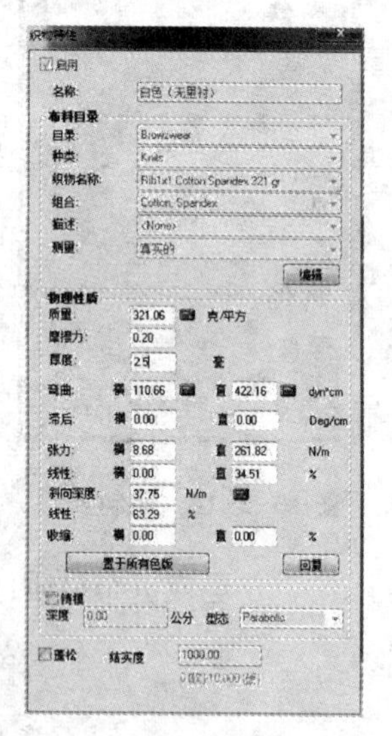

图 13-2-21　白色(无里衬)使用的特性和贴图

完成后，“材质”界面的“布料”品类下出现三张缩略图，如图 13-2-22 所示。

接下来使用指定工具，将面料指定到相应的版型上，指定完成后版型上的正反面效果如图 13-2-23 所示。

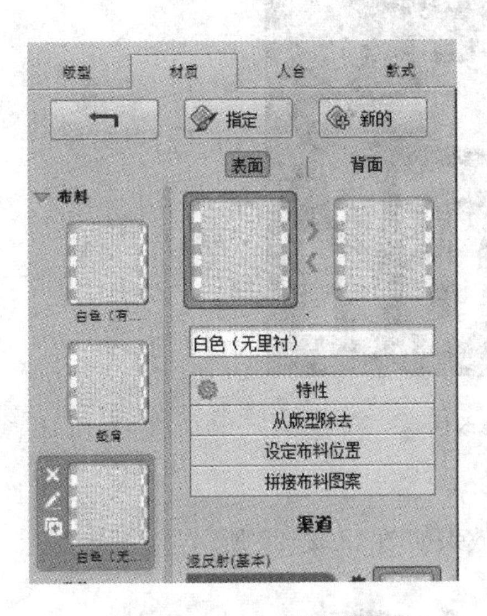

图 13-2-22 “材质”界面

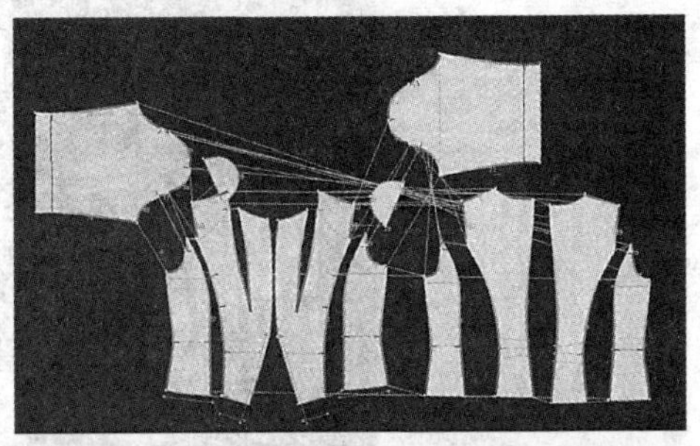

图 13-2-23 版型上的正反面效果

六、后期调试

1. 网格调整

在版型中心，点击网格，框选左、右袖片版型，将网格数值由默认的 1.5 改为 0.5；框选袖片以外的其他版型，将网格数值由默认的 1.5 改为 1.0，如图 13-2-24 所示。

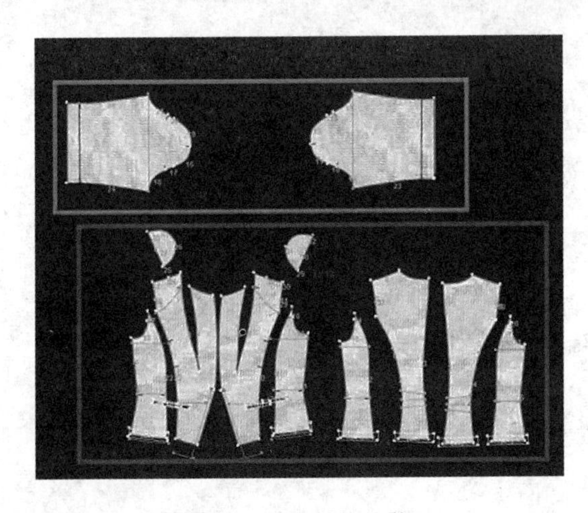

图 13-2-24 修改前

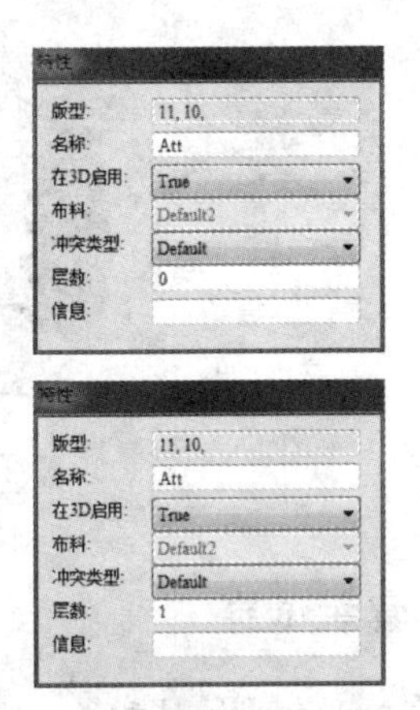

图 13-2-25 参数设置

2. 层数设置

在版型中心，使用“试穿>版型>特性”命令，框选两个垫肩的版型，将层数数值设置为默认的 0；框选除垫肩以外的其他版型，将层数数值由默认的 0 改为 1，如图 13-2-25 所示，修改后的效果如图 13-2-26 所示。

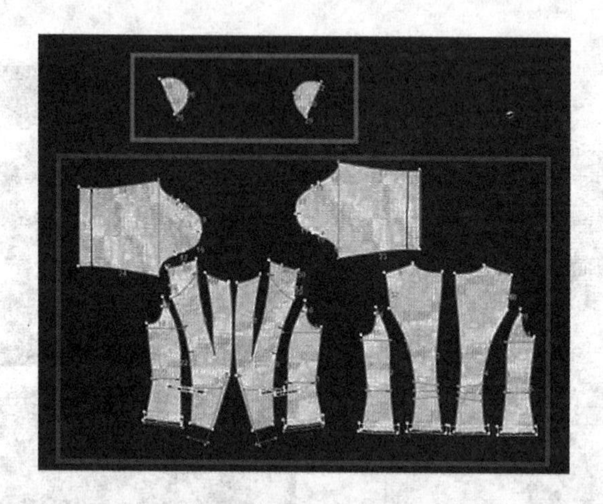

图 13-2-26　修改后

3. 试穿检视

经过拉拽、熨烫等后期整理，西装最终的完成效果如图 13-2-27 所示。

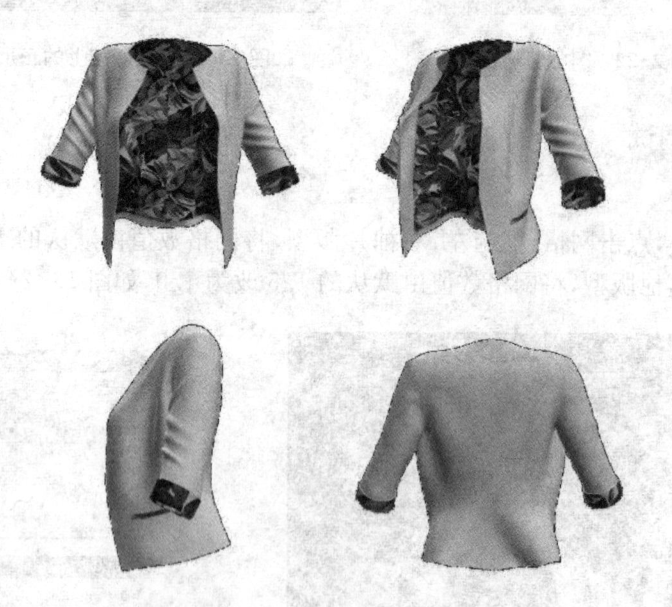

图 13-2-27　西装试穿效果

七、套装试穿

1. 导入两款 VS 档案

打开 V-Stitcher，使用“文件＞新套装”命令，依次设置衣摘要，然后在弹出的“套装摘要”中，单击“增加”按钮，在弹出的文件选择器中，找到之前完成的西服和连衣裙的档案，依次增加到套装里面，并可以在套装摘要中选择需要进行套装试穿的尺码和颜色，确认选择完成后，单击“完成”按钮，如图 13-2-28 所示。

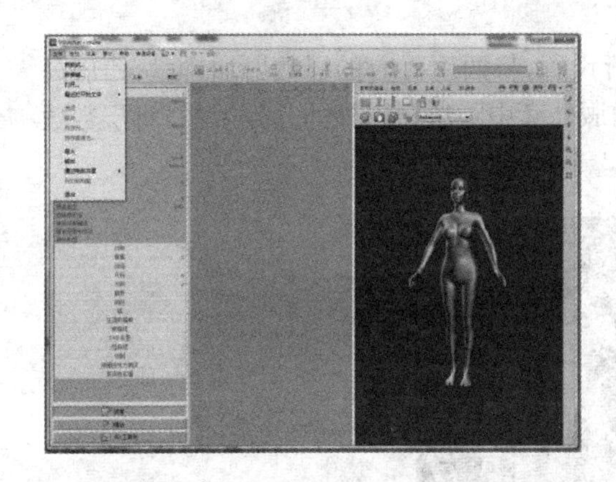

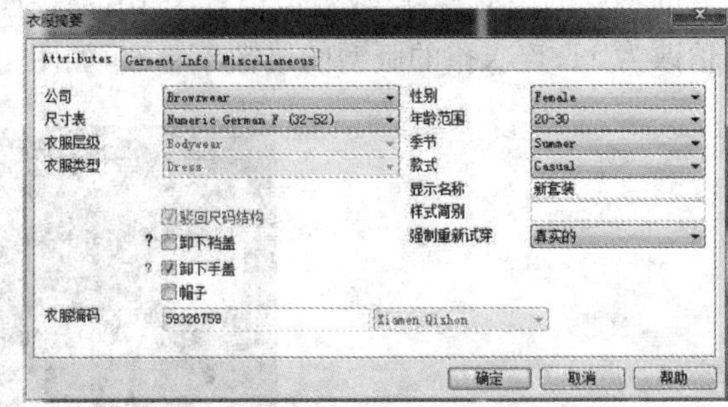

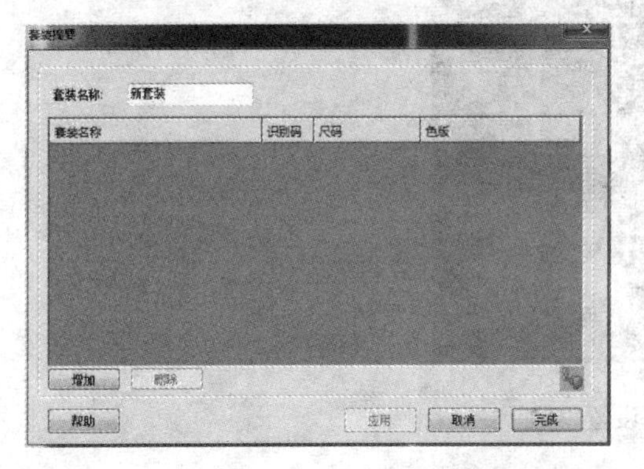

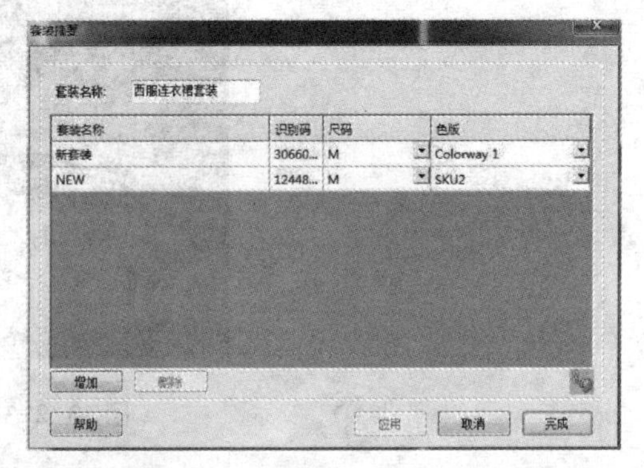

图 13-2-28　导入 VS 档案

完成后，2D 界面版型摆放如图 13-2-29 所示。此时，这两款服装的缝合、材质完全导入至这个新的套装档案里面，不需要再进行群集、缝合材质等的设置。

图 13-2-29　2D 界面版型摆放

2. 设置层数

为避免面料的冲突，需要对服装的层数进行设置，将西服外套的层数增加，框选西服外套的垫肩的版型，将层数数值设置为 10；框选西服外套中除垫肩以外的其他版型，将层数数值改为 11；连衣裙的版型的层数不更改，如图 13-2-30 所示。

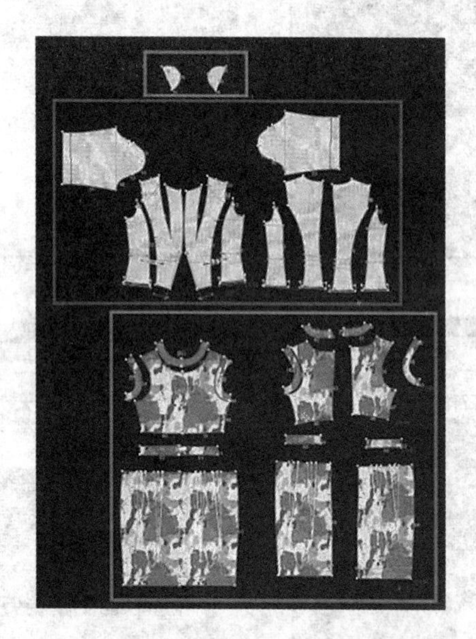

图 13-2-30 设置层数

3. 试穿调试

经过拉拽、熨烫等后期整理，最终的完成效果如图 13-2-31 所示。

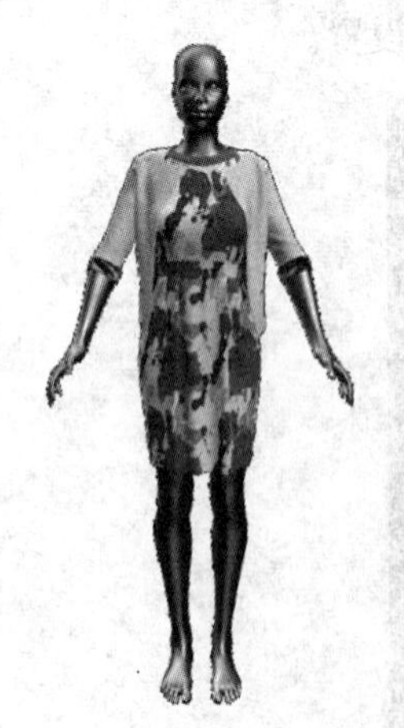

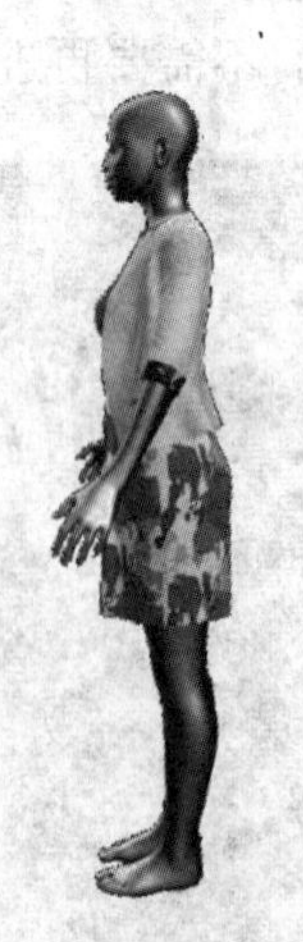
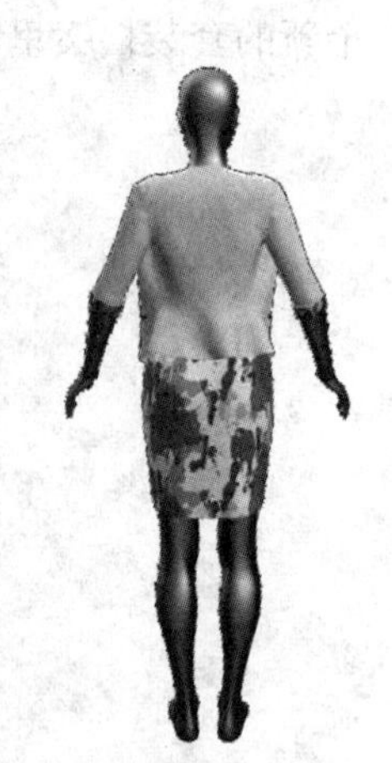

图 13-2-31 最终的完成效果

【思考题】

1. 连衣裙虚拟试衣的关键技术有哪些？
2. 西装连衣裙套装虚拟试衣的关键技术有哪些？
3. 面料性能参数对虚拟试衣的影响是什么？

参考文献

[1] 张文斌. 服装立体裁剪[M]. 北京:中国纺织出版社,2012.

[2] 张祖芳. 服装立体裁剪[M]. 上海:上海人民美术出版社,2007.

[3] 邹平,吴小兵. 服装立体裁剪[M]. 上海:东华大学出版社,2013.

[4] 魏静. 成衣设计与立体造型[M]. 北京:中国纺织出版社,2012.

[5] 魏静. 礼服设计与立体造型[M]. 北京:中国纺织出版社,2011.

[6] 刘咏梅. 服装立体裁剪(基础篇)[M]. 上海:东华大学出版社,2009.

[7] 刘咏梅. 服装立体裁剪(礼服篇)[M]. 上海:东华大学出版社,2013.

[8] Zheng R, Yu W N, Fan J T. Development of a new Chinese bra sizing system based on breast anthropometric measurements[J]. International Journal of Industrial Ergonomics, 2007(3): 697-705.

[9] Kuang C Y. Prediction of the Main Girths of Young Female based on 3D Point Cloud Data[J]. Journal of Fiber Bioengineering and Informatics, 2012, 5(3): 289-298.

[10] Kuang C Y. Study on Classification and Discriminance of Young Men's Body Shapes based on Surface Angles[C]. TBIS, 2012: 932-939.

[11] 匡才远. 人体图像边缘提取在泳装结构设计中的应用[J]. 北京服装学院学报(自然科学版),2015,35(3):12-17.

[12] 袁卫娟. 基于点云数据女紧身原型省道分布研究[D]. 苏州:苏州大学,2010.

[13] 倪世明. 基于纵截面曲线形态的青年女性体型识别研究[D]. 杭州:浙江理工大学,2014.

[14] 邱佩娜. 创意立裁[M]. 北京:中国纺织出版社,2014.

[15] 普兰温·科斯格拉芙. 时装生活史[M]. 尤靖遥,张莹,郑晓利,译. 上海:东方出版中心,2004.

[16] 尤珈. 意大利立体裁剪[M]. 北京:中国纺织出版社,2006.

[17] 杨焱. 服装立体造型的工艺方法[M]. 重庆:重庆大学出版社,2007.

[18] 林燕萍. 机织面料对服装造型设计的影响[J]. 毛纺科技,2017,45(6):19-21.

[19] 叶晓露. 短裤结构参数及面料性能对着装形态的影响研究[D]. 杭州:浙江理工大学,2015.

[20] 蒲婷. 平接式圆形荷叶边成型效果及其设计实践研究[D]. 杭州:浙江理工大学,2017.